Gero Wendt und Henrique da Rosa (Hrsg.)

AKTUELLE ANSÄTZE IM MARKETING

11 TRENDS FÜR DIE PRAXIS IM ÜBERBLICK

Verlagsredaktion: Ralf Boden
Technische Umsetzung: TypeArt, Grevenbroich
Umschlag: Thomas Gnahm, Weimar
Titelfoto: © Yunus Arakon / iStockfoto

Informationen über Cornelsen Fachbücher und Zusatzangebote:
www.cornelsen.de/berufskompetenz

1. Auflage

© 2012 Cornelsen Verlag, Berlin

Druck: H. Heenemann, Berlin

ISBN 978-3-06-151009-1

 Inhalt gedruckt auf säurefreiem Papier aus nachhaltiger Forstwirtschaft.

Vorwort

Es gibt nichts, was so praktisch wäre wie eine gute Theorie.
Kurt Lewin, Psychologe

Damit das stimmt, müssen Theorie und Praxis in Dialog miteinander treten. Womit eigentlich schon die Grundidee hinter diesem Buch beschrieben ist. Wir, das heißt der Theoretiker Gero Wendt und der Praktiker Henrique da Rosa, wollten von Anfang an den Transfer relevanten Wissens von der Theorie in die Praxis und von der Praxis in die Theorie befördern. Gleichzeitig soll das Buch eine Art Marketing-Updater sein, d.h. dem Leser aktuelles, praxisrelevantes Wissen in kurzer, verständlicher und fundierter Form zur Verfügung stellen.

Entstanden ist dabei eine Art Reader, in dem Theoretiker und Praktiker aktuelle Themen beschreiben, die mehr sind als nur kurzlebige Trends, sondern das Potenzial haben, die Marketinglandschaft in den nächsten Jahren zu prägen.

So werden Erkenntnisse aus den Neurowissenschaften auch in Zukunft helfen, menschliches Verhalten besser zu verstehen und mit Hilfe des Neuro-Marketings natürlich auch zu beeinflussen. Die konstante, weil evolutionär begründbare Bedeutung von Storytelling wird Ihnen im Beitrag von Werner T. Fuchs, einem der besten theoretischen und – wie Sie beim Lesen merken werden – auch praktischen Experten zu diesem Thema, sehr verständlich und anwendungsorientiert verdeutlicht.

Ein Schwerpunkt liegt natürlich bei den Themen, die im Zusammenhang mit dem Internet stehen, wie Social Media, Online Marketing, Mobile Marketing, Videomarketing und Targeting. Außerdem greifen wir aber auch einige Ausprägungen des Marketing auf, die Konsumenten über ungewöhnliche (Sinnes-)Kanäle (Multisensorisches Marketing und Guerilla Marketing) erreichen wollen. Integrierte Kommunikation ist ein schon seit Jahren gefordertes und deutlich seltener umgesetztes Konzept, mit dem in Zeiten knapper Marketingbudgets die Effizienz und Effektivität von Marketingkommunikation gesteigert werden soll. Der Beitrag von Henrique da Rosa bringt dazu aus der Sicht eines erfahrenen Praktikers mit Hilfe einer Fülle von Best Cases etwas Licht ins Dunkel.

Zu Beginn des 21. Jahrhunderts haben sich wichtige Rahmenbedingungen für das Marketing geändert. Die Welt ist schneller, vernetzter, komplexer und damit auch unvorhersehbarer geworden. Daher müssen sich alle im Marketing Tätigen up to date halten. Denn mit dem Wissen von gestern fällt es schwer, die Probleme von morgen zu lösen.

Insofern richtet sich das vorliegende Buch nicht nur an „Junioren" in der Aus- und Weiterbildung, sondern eben auch an den erfahrenen Praktiker, der sich hier einen ersten schnellen, aber dennoch fundierten Überblick über aktuelle Marketingtrends mit Praxisrelevanz verschaffen möchte.

Das Ganze ist mehr als die Summe seiner Teile.
Aristoteles

Über diesen Satz bin ich auf den Begriff „Summatives Marketing" gekommen und das damit verbundene Konzept zur Markenführung im 21. Jahrhundert soll Ihnen in unserem letzten Beitrag einen visionären Ausblick geben, Fragen aufwerfen und Sie dadurch hoffentlich zum eigenen Weiterdenken inspirieren.

Das vorliegende Buch ist unserer Meinung nach eine gelungene Mischung aus fundiertem Fachwissen, Handlungsanweisungen für die praktische Umsetzung und Denkanstößen für die weitere zukünftige Arbeit. Sodass auch dieses Buch am Ende mehr sein wird als die Summe seiner Beiträge.

Viel Spaß beim Lesen und bei neuen Erkenntnissen!

Düsseldorf, im Sommer 2012

Gero Wendt
Henrique da Rosa

Inhalt

Neuromarketing
Verkaufen von Hirn zu Hirn

Gero Wendt

Nachdem die von der US-Regierung 2000 ausgerufene „Decade of the Brain" beendet ist und es tatsächlich in atemberaubendem Tempo neue Erkenntnisse gegeben hat, tritt das Thema „Neuro" inzwischen auch den Siegeszug durch die Marketingabteilungen der Unternehmen, die Marktforschung und die strategische Planung in den Agenturen an.

Beim Blick auf die Erkenntnisse, die unter dem Schlagwort „Neuromarketing" publikums- bzw. neugeschäftswirksam vermarktet werden, fällt auf, dass einiges tatsächlich alter Wein in neuen Schläuchen ist. Aber beim Blick „ins Hirn" der Konsumenten, das Verdauungssystem für Marketingkommunikation, entdeckt man eben auch das ein oder andere Neue. Oder man kann zumindest Maßnahmen, die man früher mit dem Hinweis auf das eigene „Bauchgefühl" empfohlen hat, heute durch Rückgriff auf wissenschaftliche Forschungsergebnisse rational begründen.

Im Folgenden möchte ich Ihnen lediglich einen kleinen Einblick in zentrale für das Marketing nutzbare Erkenntnisse und Zusammenhänge der Neurowissenschaften geben. Schon der Überblick der Wissenschaftsbereiche, die unter dem Begriff „Neuromarketing" zusammengefasst werden können, zeigt, dass eine breitere Darstellung den hier gesetzten Rahmen sprengen würde.

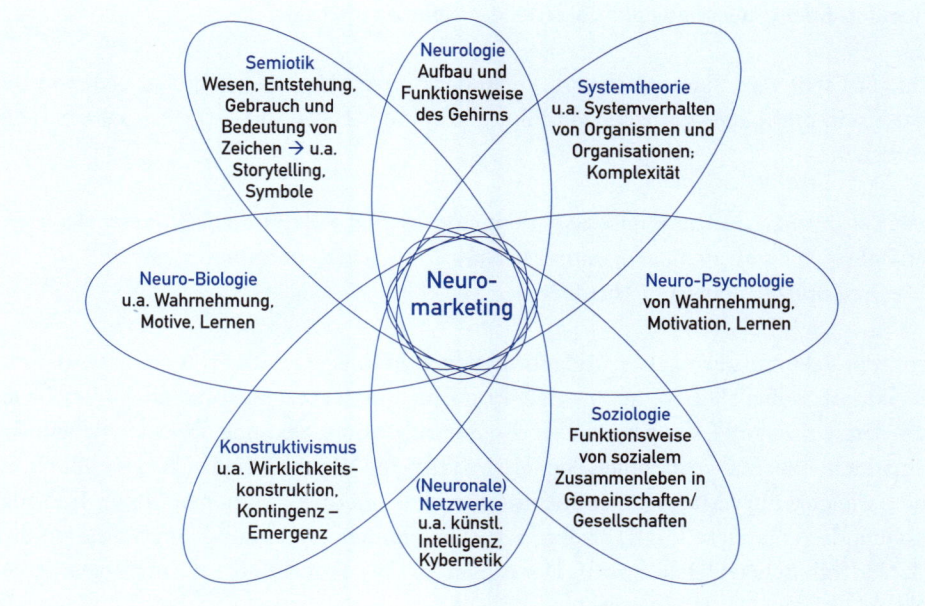

Den Aufbau unseres Hirns aus drei eng miteinander verbundenen, aber trotzdem auf bestimmte Aufgaben spezialisierten Regionen hat schon der US-Hirnforscher Paul Mac Lean (1913–2007) beschrieben.

Plakativ formuliert könnte man seine 1950 entwickelte Theorie des Dreieinigen Gehirns wie folgt beschreiben:

- Großhirn denkt,
- limbisches System fühlt und
- Stammhirn sichert die Überlebensautomatik.

Diese drei „Gehirne" sind über Billionen von synaptischen Verbindungen zwischen den über 100 Milliarden Neuronen zu einer fantastischen „Netzstruktur" verknüpft, die schon in der Steinzeit unseren wichtigsten Überlebensvorteil gegenüber allen anderen Lebewesen auf diesem Planeten bildete. Der Preis für dieses hoch entwickelte Gehirn ist aber hoch, denn kein anderes Lebewesen verbraucht mehr Energie für die Aufrechterhaltung des Betriebs. Selbst im Ruhezustand verbraucht der Mensch ca. 20 bis 25 Prozent seiner Energie für das Gehirn (zum Vergleich Affen acht bis zehn Prozent, andere Säugetiere drei bis fünf Prozent). Bei starker geistiger Aktivität dürfte sich dieser Energiebedarf noch deutlich erhöhen, was jeder selber schon einmal bei „Hungerattacken" in Phasen erhöhter Lernaktivität erlebt haben wird.

Während sich in den letzten Jahrhunderten seit Descartes' „Ich denke, also bin ich" vieles um das Goldene Kalb Großhirn als „Krone der Schöpfung" drehte, rückten seit Freud die Bereiche Unbewusstes und Emotion stärker in den Vordergrund.

Gerade die Bedeutung von unbewussten Prozessen und Emotionen prägt die neueren Erkenntnisse aus dem Bereich des Neuromarketings.

Da wird statt vom Stammhirn vom Reptilienhirn (vgl. H.G. Häusel) oder statt von Bewusstsein und Unbewusstsein von Pilot und Autopilot (vgl. Chr. Scheier / D. Held) gesprochen.

„Wir nehmen zwar nicht immer alles wahr, aber wir sind nicht in der Lage, unser Wahrnehmungssystem daran zu hindern, immer so viel wie möglich wahrzunehmen."
Manfred Spitzer, deutscher Hirnforscher

In jeder Sekunde gelangen mehr Informationen in unser Gehirn als unser Bewusstsein registriert, wobei all diese unbewussten Informationen eben auch irgendwo verarbeitet werden. Unser Auge kann beispielsweise nur 40 Bits pro Sekunde bewusst erleben, das entspricht maximal acht Zahlen oder einem kürzeren Wort von sieben bis zehn Buchstaben. Gleichzeitig versorgt unser Sinnessystem uns mit ca. elf Millionen Bits an Informationen, das entspricht ungefähr dem Speichervolumen einer alten Floppy-Disk (zu den Zahlen vgl. Scheier/Held 2006). Diese mehr als 99 Prozent an Informationen gehen aber eben nicht vollständig verloren, sondern werden unbewusst verarbeitet und manchmal bleibt da eben auch etwas hängen. Das, was da mehr oder weniger bewusst hängen bleibt, hat aber teilweise erhebliche Einfluss beispielsweise auf die weitere Wahrnehmung einer Marke (Priming) oder auf spätere (Kauf-)Entscheidungen, die durch den meist unbewusst gesetzten Markenrahmen (Framing) vorgeprägt werden (vgl. zum Thema Vorprägung U. Lachmann, 2004).

„Context is everything"

Bei Neuprodukten hat Werbung meistens die Funktion, einen ersten Rahmen (frame) zu erzeugen, der anschließend für weitere Kommunikationsinstrumente genutzt werden kann. Dieser Rahmen kann aber auch unbewusst erzeugt werden (vgl. Autopilot) und dient insofern als Vorbereitung oder Anbahnung (Priming) der Folgekontakte.

Bei bereits etablierten Marken (Beck's ⇨ Musik, Schiff als Symbol; Telekom ⇨ Farbe, akustisches Logo) müssen die entsprechenden Markenschemata eigentlich nur noch unbewusst ausgelöst werden, um die Marke in den Köpfen der Verbraucher aktuell zu halten.

Befragungen nach dem Einfluss von Werbung auf die Kaufentscheidung sind hier ohnehin mit Vorsicht zu genießen, denn in den seltensten Fällen können die Konsumenten erklären, warum sie das gekauft haben, was sie soeben gekauft haben. *„Kunden können häufig keine Auskunft über die wahren Gründe ihres Kaufverhaltens geben, weil viele Signale unbewusst wirken."* (Scheier/Held 2006)

Gleichzeitig handelt unser Gehirn sehr energieeffizient, wenn es durch unbewusste Verarbeitung und unbewusstes Handeln quasi auf Autopilot schaltet, denn Gewohnheiten, Entscheidungsroutinen (Heuristiken), Faustregeln und Automatismen schonen unsere Energiereserven.

Diese Strategie des „Nicht-Denkens" bzw. Einschaltens des Autopiloten greift beim Menschen besonders gerne bei

- Stress/Zeitdruck,
- information overload,
- hoher Komplexität und
- geringem Interesse am Thema (Low Involvement).

Und diese Faktoren spielen in der von außen verdichteten Arbeitswelt, aber auch in der beispielsweise über Smartphones, Tablets, oder Social Media selbst verschuldet verdichteten Freizeit des 21. Jahrhunderts nicht nur in Einkaufssituationen eine besondere Rolle. Ulrich Lachmann schätzt, dass grundsätzlich ca. 90 Prozent der anzusprechenden Zielgruppen *nicht* am Thema interessiert sind.

Autopilot: Implizites schafft den Rahmen für Explizites

Neben den oben beschriebenen psychologischen Phänomenen wie Framing oder Priming belegen weitere wie der Mere-Exposure-Effekt (Wirkung von Kommunikation bei beiläufiger Wahrnehmung) oder der Halo-Effekt („Abstrahlen" einer wichtigen Eigenschaft wie z.B. Attraktivität auf andere Eigenschaften, wie Glaubwürdigkeit) die besondere Bedeutung des impliziten Systems für das Marketing.

Die Vorteile für das Marketing sind:

- Ein unbewusster Markenrahmen schafft Vertrauen und damit die Voraussetzung für Markenbindung. Denn bei der Wahrnehmung von Markenbotschaften kann das Hirn im Energiesparmodus arbeiten (kortikale Entlastung). Eine der wichtigsten, auch im „Hirnscanner" nachgewiesenen Funktionen einer starken Marke (vgl. Kenning/Deppe 2002).
- Markenbotschaften „unterfliegen" gewissermaßen den Bewusstseinsradar. Sie können also nicht bewusst abgewehrt werden. (Auch Nieselregen macht nass.)

Die Konsequenz für das Marketing ist:

 Auf der impliziten Ebene müssen Marken markiert werden!

Bei der Gestaltung von Marketingkommunikation sollte man daher nicht nur wegen des hohen Anteils low-involvierter Adressaten immer an die Kraft des Unbewussten denken. Das heißt, ein genauer Blick, was z.B. unbewusst durch ausgewählte Bilder ausgelöst werden könnte, hilft schon enorm weiter. Wer dann noch prägnante, zum Markenkern passende und differenzierende Kommunikationselemente kreiert, besitzt mit Sicherheit bereits einen Wettbewerbsvorteil.

Problematisch ist natürlich, dass die Kommunikation hier eher über die periphere Route läuft (vgl. Elaboration-Likelihood-Modell nach Petty und Cacioppo), d.h., eine etwaige Einstellungsänderung aufgrund der Kommunikation hat eher den Charakter des „Überredens" als den des „Überzeugens". Daher müssen die möglichst selbstähnlichen Kommunikationsbotschaften auch mit einer erheblichen Wiederholungsfrequenz transportiert werden. Dass dies für die Adressaten nicht zu penetrant wird, dürfte klar sein, denn ansonsten erfolgt statt Akzeptanz die Ablehnung der Botschaft (Reaktanz).

Hier einige Hinweise für die Gestaltung von Markenkommunikation unter Low-Involvement-Bedingungen:

Folgende Strategien machen es Ihren Adressaten leicht, Ihre Botschaften aufzunehmen:

- Einhaltung des von Ulrich Lachmann empfohlenen 3-K-Prinzips (Kontrast, Konsistenz und Klarheit).
- Einfachheit der Wahrnehmung und Reduktion der Komplexität: möglichst wenige Elemente, Argumenten folgen Nutzenversprechen. Man muss den Absender leicht, schnell und eindeutig erkennen können.

- Anknüpfen an das Vorwissen (z.B. Markenschemata) der Zielgruppe: Informationen werden besser erkannt, schneller verarbeitet und besser erinnert, wenn sie zu einem aktivierten Schema passen.
- Vermeidung von Fremdwörtern oder Fach- und Fremdsprachen.
- Eher Bild als Text: am besten Schlüsselbilder / Key Visuals, die wichtige Elemente des Markenkerns repräsentieren und über einen längeren Zeitraum eingesetzt werden.

Emotion ist nicht alles, aber ohne Emotion ist alles nichts

Emotionen bilden gewissermaßen die Schnittstelle zwischen dem bewussten Piloten und dem unbewussten Autopiloten. Das limbische System liegt ja auch zwischen Groß- und Stammhirn.

Menschen vergessen, was jemand gesagt hat. Menschen vergessen, was jemand getan hat. Aber sie vergessen nie, wie sie sich gefühlt haben.

Die Nachhaltigkeit der Erinnerung an Gefühle verdanken wir dem limbischen System, in dem alle wichtigen gemachten Erfahrungen wie mit einer Art Post-it markiert werden. Der weltbekannte Hirnforscher Antonio Damasio spricht in diesem Zusammenhang von somatischen Markern, die eine Erfahrung z.B. als positiv oder negativ abspeichern. Wichtige Erfahrungen, die man das erste Mal macht, werden dabei natürlich besonders stark markiert. Was dazu führen kann, dass unbewusst wahrgenommene Sinneseindrücke, die im Zusammenhang mit der Erfahrung aufgenommen wurden, wie beispielsweise bestimmte Düfte, auch noch nach Jahrzehnten die entsprechenden Gefühle hervorrufen können. Somatische Marker sind insofern ein wichtiger Bestandteil unseres „Emotional Positioning Systems", das uns bei wichtigen Entscheidungen meist unbewusst den Weg weist.

Emotionen sind aber nicht nur für die Erinnerung, sondern auch für die konkrete Handlungssteuerung von besonderer Bedeutung.

Denn unser Gehirn ist ohne das limbische System nicht dazu in der Lage, zu stabilen Mustern zu kommen. Stabile Muster waren und sind für das Überleben des Menschen von besonderer Bedeutung, denn unser Gehirn sucht ständig nach bekannten Mustern, um auf dieser Basis Entscheidungen zu treffen. Unser Hirn „nextet", wie es der amerikanische Psychologe Daniel Gilbert nennt. Wenn das limbische System beispielsweise anzeigt, dass es sich um ein bekanntes und ungefährliches Muster handelt, schaltet es auf Energiesparmodus, bei bekannten und positiv besetzten Mustern findet eine Annäherung statt, und wenn es um unbekannte oder um bekannt negativ besetzte Muster geht, wird der „Kampf- oder Flucht-Mechanismus" ausgelöst. Insofern reduziert das limbische System Komplexität und garantiert damit die Stabilität des Hirns.

Was heißt das dann für Marketeers:

▶ **Schaffe positive emotionale Muster mit einer Marke, denn dann kann über diese positiven Vorurteile (Images) eine stabile Bindung entstehen.**

Dass dazu wieder auch auf Kongruenz der unbewusst wahrnehmbaren Markenreize (Multisensorik) geachtet werden muss, leuchtet unmittelbar ein.

Pilot: Vor allem Explizites schafft Vertrauen und Bindung

Unsere Wahrnehmung arbeitet eigentlich genau so, wie es Rainer Maria Rilke in seinem Gedicht „Der Panther" beschrieben hat:
„...Nur manchmal schiebt der Vorhang der Pupille,
sich lautlos auf –. Dann geht ein Bild hinein,
geht durch der Glieder angespannte Stille –
und hört im Herzen auf zu sein."

Nur dass dieses „Manchmal" bei uns ein im verlässlichen Dreisekundentakt arbeitendes Wahrnehmungsfenster ist, d.h., nur alle drei Sekunden nehmen wir etwas bewusst wahr. Außerdem springen unsere Augen in sog. Saccaden über die Umwelt, scannen diese nach Ungewöhnlichem ab, damit der Körper ggf. darauf reagieren kann. Ansonsten füllt unser Hirn die Wahrnehmungslücken einfach mit den wahrscheinlichsten Erwartungen, sodass trotz der „Lücken" ein einheitliches Bild entsteht.

Das Gehirn verarbeitet nur fünf Prozent aller Informationen bewusst. Nur fünf bis zehn Prozent aller Entscheidungen werden vom bewussten Piloten getroffen (vgl. zu den Zahlen Zaltman 2003).

Trotzdem schafft oft nur die intensive, bewusste Auseinandersetzung mit den Markenbotschaften Überzeugung bzw. führt nur Explizites am Ende zu Kauf, bewusster Bewertung oder Weiterempfehlung. Dies gilt vor allem für sog. High-Involvement-Käufe, bei denen ein hohes finanzielles und/oder soziales Risiko dazu führt, dass man von der Marke überzeugt werden will (vgl. zentrale Route im Elaboration-Likelihood-Modell nach Petty und Cacioppo).

Hier einige Hinweise für die Gestaltung von Markenkommunikation unter High-Involvement-Bedingungen bzw. der Ansprache des „Piloten":

- Starke, überprüfbare Argumente verwenden,
- Behauptungen sollen durch spezielle Informationen belegt werden (z.B. Studien, Testergebnisse, glaubhafte Testimonials etc.).
- Es können auch Pro- und Kontra-Argumente aufgeführt werden – dies erhöht die Glaubwürdigkeit.

- Zielgruppe anregen, zu eigenen Schlussfolgerungen zu gelangen, denn selbst erarbeitetes Wissen wird besser erinnert, – z.B. durch (rhetorische) Fragen oder Auslassungen.
- Storys erzählen, in denen der Nutzen der Marke im Vordergrund steht – besonders wirksam ist das „Andocken" an die Geschichten vom ersten Mal.
- Nutzen visualisieren.

 Auf der expliziten Ebene müssen Marken verkauft werden!

Ein entscheidender Faktor für die Möglichkeiten, den Piloten zu aktivieren, ist also das Involvement der anzusprechenden Personen bzw. die Motivation, sich mit der Marke auseinanderzusetzen.

An die Motivstruktur der Zielpersonen anzuknüpfen, erhöht deren Involvement

„Die Frage danach, wie man Menschen motiviert, ist etwa so sinnvoll wie die Frage, ‚Wie erzeugt man Hunger?‘ Die einzige vernünftige Antwort lautet, ‚Gar nicht, er stellt sich von alleine ein.‘"
Manfred Spitzer, deutscher Hirnforscher

Eine zunächst für alle mit Marketingkommunikation beschäftigten Menschen frustrierende Erkenntnis. Denn dies bedeutet, dass man das Engagement bzw. Involvement des Menschen nicht von außen erhöhen kann.

Das ist aber nur die halbe Wahrheit, denn da unser Verhalten natürlich von unseren Motiven gesteuert wird, kann Markenkommunikation, die an die Motivstruktur der Zielpersonen anknüpft, sehr wohl das Interesse an einer Marke erhöhen.

Gerade zu diesem Thema sind in den letzten Jahren sehr viele Erkenntnisse aus (Neuro-)Biologie und (Neuro-)Psychologie erfolgreich ins Marketing transferiert worden. Eine zentrale Basis ist das von dem anerkannten deutschen Psychologen Norbert Bischof entwickelte Züricher Modell der sozialen Motivation. Das Lebenswerk des Verhaltensforschers Bischof stellt eines der ausdifferenziertesten Modelle der menschlichen Motivstruktur dar und wurde von Hans Georg Häusel (Unternehmensgruppe Nymphenburg) sowie Christian Scheier und Dirk Held (decode Unternehmensberatung) leicht abgewandelt auf das Marketing übertragen.

Alle Forscher unterscheiden drei Grundmotive des Menschen (decode verwendet die Begriffe von Bischof, die Begriffe von Häusel stehen in der Klammer):
1. Sicherheit (Balance),
2. Erregung (Stimulanz) und
3. Autonomie (Dominanz).

Alle drei Grundmotive finden sich in jedem Menschen in seiner sehr individuellen Mischung. Neben den Vitalbedürfnissen des Menschen wie Nahrung, Schlaf, Atmung und Sexualität bildet das Sicherheitsmotiv (Balance) die starke Basis. Die Wünsche nach Geborgenheit, Familie, Vertrauen, Stabilität etc. zielen primär auf das Erhalten bzw. Konservieren des Status quo. Die beiden anderen Motive sind da schon deutlich anders gelagert.

Beim Erregungsmotiv (Stimulanz) geht es um die Suche nach Neuem, Veränderung, Spiel, Abenteuer, Kreativität ..., während es beim Autonomiemotiv (Dominanz) vor allem um Macht, Dominanz und Leistung geht.

Die neurobiologische Fundierung findet sich unter anderem in der Zuordnung sog. Neurotransmitter und Hormone zu den jeweiligen Grundmotiven. So lässt sich beispielsweise dem Autonomiemotiv Testosteron, dem Erregungsmotiv Dopamin und dem Sicherheitsmotiv Oxytocin und Vasopressin zuordnen. Da der Hormonspiegel neben der jeweils individuellen Ausprägung grundsätzlich auch geschlechts- und altersspezifisch variiert, lassen sich aus diesen Modellen für die Markenführung sehr interessante Schlüsse für Positionierung, Zielgruppendefinition oder auch Werbegestaltung ziehen, die vor allem in den Büchern von Häusel sehr gut dargestellt sind.

Für alle interessierten Leser, die auch einmal über den Tellerrand der eigenen Disziplin hinausschauen wollen, ein kurzer Hinweis auf ein Konzept, das sich mit dem Thema Motivation beschäftigt. Dan Pink, ein ehemaliger Kommunikationsberater von Al Gore, hat in seinem Buch „Drive" (inzwischen auch auf Deutsch erhältlich) und einer fulminanten Rede bei TED.com die Effekte intrinsischer versus extrinsischer Motivation an zahlreichen Studien und Unternehmen untersucht. Er kommt zu dem Schluss, dass extrinsische Motivation über Belohnung und Bestrafung („carrots and sticks") nur in ganz wenigen Feldern funktioniert und vor allem ein „Kreativitätskiller" ist, da sie den „Tunnelblick" fördert. Wer sich fragt, warum im Bereich der Finanzkrise immer noch keine kreativen Lösungen auf dem Tisch sind, während in den Unternehmen weiterhin fleißig an kurzfristigen Zielen festgemachte Boni bezahlt werden, findet hier zumindest einen Erklärungsansatz. Pink zeigt aber auch anhand erfolgreicher Unternehmen, wie alternative Systeme, die eher auf Selbstbestimmung (Autonomy), Können (Mastery) und dem Zusammengehörigkeitsgefühl zu etwas Größerem (Purpose) beruhen, aussehen könnten.

Gehirngerechte Kommunikation macht Botschaften anschlussfähig

„Es gibt keine Mühe, die der Mensch scheut, um einer wirklich mühevollen Arbeit zu entgehen: zu denken."
Joshua Reynolds, 1723–1792, englischer Maler

Wenn das Engagement von Menschen auch unter High-Involvement-Bedingungen nicht von außen erhöht werden kann, sollten Werbebotschaften den Piloten möglichst gehirngerecht ansprechen. Das heißt, es sollte den Bezugsgruppen leicht gemacht werden, Werbebotschaften zu lernen. Dazu folgende Überlegungen.

Kurzzeitspeicher

Ein durchschnittlicher Erwachsener kann sieben Informationseinheiten gleichzeitig in seinem Bewusstsein halten. Die magischen „7 + 2", die schon in den Fünfzigerjahren des 20. Jahrhunderts von dem amerikanischen Psychologen George Miller formuliert und seitdem wiederholt empirisch überprüft wurden.

Eine wichtige Folgerung daraus für Marketingkommunikation ist:

 Marketingkommunikation sollte nicht überfrachtet werden.

Das heißt: Werfen Sie lieber einen Ball als fünf Bälle zu. Oder: Wenden Sie einfach die uralte Werbeformel an: KISS (keep it simple and stupid).

Langzeitspeicher

Lernen heißt eigentlich nichts anderes, als im Hirn schon bestehende Netzwerke/Schemata zu ergänzen oder zu verändern. Dazu müssen die Informationen zunächst einmal neu und vor allem wichtig sein, da sie ansonsten als uninteressant eingestuft gar nicht erst wahrgenommen werden. Neue Informationen, Bilder oder Emotionen werden zunächst immer unter Rückgriff auf bereits abgespeicherte innere Vorstellungsbilder verarbeitet. Anschließend müssen sie natürlich oft genug wiederholt werden, um selbst zu einem neuen Knotenpunkt im semantischen Netzwerk der Marke zu werden. Eine Marke wird insofern bei allen Personen, die die Marke kennen, von einem Schemata repräsentiert, wobei diese semantischen oder besser synaptischen Netzwerke natürlich individuell sind, da eine Marke in jedem Bewusstsein mit anderem Wissen und Erfahrungen verbunden wird.

Erfolgreiche Marken zeichnen sich vor allem dadurch aus, dass es ihnen gelingt, wichtige Markenbestandteile auch im kollektiven Gedächtnis relativ einheitlich bzw. selbstähnlich zu verankern.

Die Hirnforschung geht davon aus, dass durch die auf uns einströmenden Sinneseindrücke in unserem Gehirn zunächst ein inneres Wahrnehmungsbild entsteht. Parallel dazu bildet sich durch in höheren Hirnarealen bereits vorhandene innere Bilder eine Art Erwartungsbild, das ein dazu passendes Aktivierungsmuster auslöst. Sind die durch die aktuellen Sinneseindrücke und die bereits abgespeicherten Bilder hervorgerufenen Aktivierungsmuster identisch, passiert gar nichts: Für unser Hirn sind die aktuellen Sinneseindrücke nicht von Bedeutung, da die neuen Bilder die bereits angelegten Bilder bestätigen. „Wirklich interessant wird es nur dann, wenn das alte bereits vorhandene Muster und das neue eben entstandene Aktivierungsmuster zumindest teilweise übereinstimmen und überlagerbar sind. Das im Kortex entstandene ‚Erwartungsbild' muss dann geöffnet und entsprechend modifiziert werden. Anschließend wird es erneut mit den von den eintreffenden Sinnesdaten erzeugten Erregungsmustern verglichen. Dieser Prozess wiederholt sich so lange, bis ein neues erweitertes inneres ‚Erwartungsbild' entstanden ist, das sich nun endlich mit dem tatsächlichen Wahrnehmungsbild deckt. Die neue

Wahrnehmung ist dann in den Schatz der bereits vorhandenen inneren Bilder integriert worden. Man hat etwas dazugelernt." (Hüther 2006, S. 76 f.).

Die schon mehrfach erwähnte Unterscheidung zwischen einem expliziten und einem impliziten System findet ihre Entsprechung auch auf der Ebene des Langzeitgedächtnisses. Der bekannte Bremer Neuro-Biologe Gerhard Roth unterscheidet zunächst das deklarative (explizite) vom nicht-deklarativen (impliziten) Gedächtnis, bevor er beide Systeme noch weiter ausdifferenziert.

Das explizite Gedächtnis umfasst dabei alles Wissen, was mehr oder weniger leicht bewusst abrufbar ist (Fakten, Geschichten, Bekanntes, Vertrautes). Bei den Bestandteilen des impliziten Gedächtnisses geht es dagegen eher um unbewusst abrufbares Wissen. Hier gehören beispielsweise alle kognitiven und motorischen Fertigkeiten hin, d.h. sowohl problemlösendes Denken (beispielsweise auf der Basis unserer Intuition bzw. des sog. „Bauchgefühls") als auch Handlungsabläufe, die beim Gehen, Tanzen, Einkaufen etc. benötigt werden. In all diesen Fällen fällt uns die Ausführung des Verhaltens relativ leicht, während wir kaum erklären können, warum und wie wir das eigentlich machen.

> ▶ **Sowohl im expliziten als auch im impliziten Gedächtnis sind die wichtigsten Voraussetzungen für Lernen die Anschlussfähigkeit an vorhandenes Wissen bzw. vorhandene Muster als auch die Wiederholung dieser Muster.**

Der entscheidende Unterschied liegt allerdings darin, dass beim expliziten Gedächtnis in Ausnahmefällen schon ein einziges Mal genügen kann, um Inhalte abzuspeichern. Dies funktioniert aber nur, wenn es sich um sehr emotionale einmalige Ereignisse handelt. An dieser Stelle nur der kurze Hinweis auf Ereignisse wie die am 11.09.2001 oder Geschichten vom ersten Mal (erster Kuss, erste eigene Wohnung, erste Fahrstunde, erste heiße Herdplatte etc.). Dass unser Gehirn Geschichten liebt, zeigt sich schon daran, dass es einen Bestandteil des expliziten Gedächtnisses das sog. episodische Gedächtnis bildet, in dem erzählte, gesehene, gelesene, aber auch selbst erlebte Geschichten (autobiografisches Gedächtnis) abgespeichert werden.

Im Unterschied zum expliziten Gedächtnis wird Wissen im impliziten Gedächtnis erst nach sehr häufigen Wiederholungen verlässlich abrufbar. Um in irgendetwas Experte (Fußball, Klavier, Playstation spielen, Tanzen, Segeln, Unternehmen managen, Mitarbeiter führen etc.) zu werden, braucht man mindestens 10.000 Stunden Übung, das sind bei täglich acht Stunden Training schon fast 3,5 Jahre.

Idealtypischer Ablauf von der Unfähigkeit zur Fähigkeit:

1. Am Anfang sind wir unbewusst unfähig:
   Ich weiß nicht, dass ich nichts weiß.
2. Wir lernen und erkennen das Ziel (bewusst unfähig):
   Ich weiß, dass ich nichts weiß. (Pilot schaltet sich ein)

3. Wir beginnen mit der Umsetzung („Tun"), d.h. wir wenden an, was wir gelernt haben und werden bewusst fähig:
   Ich demonstriere, dass ich es kann.
4. Wir wiederholen bzw. wenden unser neues Wissen an, d.h. wir werden unbewusst fähig:
   Ich kann es im Schlaf (Automatik/Autopilot).

> ✉ **Etwas zu meistern, bedeutet, es ins implizite Gedächtnis aufzunehmen und mühelos wirken zu lassen.**

Dieser Prozess führt aber nur dann zum Erfolg, sprich zur Meisterschaft, wenn man auf dem Weg immer wieder aus den gemachten Fehlern gelernt hat. Oder wie einer der Väter der modernen Kernphysik, der Däne Niels Bohr, formulierte: „Ein Experte ist jemand, der alle Fehler, die man in seinem engen Feld machen kann, gemacht hat."

Fazit: Machen Sie es Ihren Zielgruppen leicht, Ihre Botschaften zu lernen.

Schaffen Sie die Möglichkeit, neue Erfahrungen zu machen (Abweichen von der Norm / den Erwartungen, aber nicht zu weit, wegen der Anschlussfähigkeit des neuen Musters).
+ Belohnung bzw. Belohnungsversprechen
+ Wiederholung/Übung (Ausnahme: sehr emotionales erstes Mal)
+ fokussierte Aufmerksamkeit
+ Rückkopplung (intelligente Fehler machen)

Zum Abschluss noch einmal eine zusammenfassende Checkliste mit den wichtigsten Forderungen an eine hirngerechte Kommunikation.

Checkliste hirngerechte Kommunikation

Kommunikation an die implizite Ebene	Kommunikation an die explizite Ebene
1. Selbstähnlichkeit	1. Stimulanz = Neugier wecken, Aktivierung, Abweichen von der Norm
2. Prägnanz	2. Relevanz
3. 3 K = Klarheit, Konsistenz und Kontrast	3. Argumente
4. Kontinuierlicher und konsistenter Einsatz von Symbolen, Key-Visuals, Farben, Bildweiten, Typografie, Anzeigen-Mechaniken, Produkt- und Verpackungsdesign etc. → Bilder, die im Hintergrund wirken sollen (auch Klischees sind erlaubt)	4. Zu Denken geben, d.h. Pointe selbst finden lassen bzw. BildText-Spannung
5. Mediale Präsenz/Penetration, aber keine Penetranz (wegen Reaktanz)	5. Storys, in denen der Markennutzen klar und differenzierend transportiert wird. → Geschichten vom ersten Mal
	6. Humor
	7. Bilder, die etwas ausdrücken sollen (z.B. den Kundennutzen oder den Markenkern visualisieren, Uniqueness)
	8. Wiederholung

Literaturtipps

- Ariely, Dan: Denken hilft zwar, nützt aber nichts. Droemer, München 2008
- Ariely, Dan: Wer denken will, muss fühlen. Droemer, München 2010
- Bischof, Norbert: Das Rätsel Ödipus. Die biologischen Wurzeln des Urkonfliktes zwischen Intimität und Autonomie. Piper 2001
- Dijksterhuis, Ap: Das kluge Unbewusste. Klett, Stuttgart 2010
- Duhigg, Charles: The Power of Habit. Random House, New York 2012
- Fehse, Kai: Neurokommunikation. Nomos, Baden-Baden 2009
- Föll, Kerstin: Consumer Insight. Deutscher Universitätsverlag, Wiesbaden 2007
- Frith, Chris: Wie unser Gehirn die Welt erschafft. Spektrum, Heidelberg 2010
- Fuchs, Werner T.: Warum das Gehirn Geschichten liebt. Haufe, München 2010
- Häusel, Hans Georg: Think Limbic. Haufe, München 2005
- Häusel, Hans Georg: Brain View. Haufe, München 2008
- Hüther, Gerald: Die Macht der inneren Bilder. Vandenhoeck&Ruprecht, Göttingen 2006
- Iyengar, Sheena: The Art of Choosing. Twelve Hachette, New York 2011
- Kahneman, Daniel: Thinking fast and slow. Penguin, London 2012 (deutsch: Schnelles Denken, langsames Denken. Siedler, Berlin 2012)
- Kandel, Eric: Auf der Suche nach dem Gedächtnis. Goldmann, München 2009
- Kenning, Peter; Deppe, Michael u.a: Die Entdeckung der kortikalen Entlastung. Westfälische Wilhelms-Universität 2002
- Lachmann, Ulrich: Wahrnehmung und Gestaltung von Werbung. Gruner und Jahr, 2004
- Lehrer, Jonah: Wie wir Entscheiden. Piper, München 2009
- Pink, Daniel: Drive. Canongate, New York 2009 (deutsch: Ecowin 2010)
- Roth, Gerhard: Fühlen, Denken, Handeln. Wie das Gehirn unser Verhalten steuert. Suhrkamp Taschenbuch Wissenschaft, Ffm. 2003
- Scheier, Christian / Held, Dirk: Wie Werbung wirkt. Haufe, München 2006
- Scheier, Christian / Held, Dirk: Was Marken erfolgreich macht: Neuropsychologie in der Markenführung. Haufe, München 2009
- Swaab, Dick: Wir sind unser Gehirn. Droemer, München 2011
- Thaler, Richard / Sunstein, Cass: Nudge. Penguin, London 2008 (deutsch: Econ 2009)
- Zaltman, Gerald: How customers think. Harvard Press, Boston 2003

Der Autor

Nach einem Studium der Wirtschaftswissenschaften (Schwerpunkt Marketing) und Germanistik an der RWTH Aachen unterrichtet Gero Wendt seit 15 Jahren an einem Düsseldorfer Berufskolleg Kaufleute für Marketingkommunikation. Er ist darüberhinaus Autor von fünf bei Cornelsen erschienen Fachbüchern aus den Bereichen Marketing und Werbung und hält Vorträge zu den Themen Neuro-Marketing, Werbepsychologie und Storytelling in Unternehmen, Kreativschulen und Weiterbildungsinstituten.

Storytelling
Wer die beste Geschichte erzählt, hat gewonnen

Werner T. Fuchs

Marketing gehört glücklicherweise zu den Wissensgebieten, auf denen sich gesunder Menschenverstand und Naturtalente noch ohne amtliche Zutrittskontrolle aufhalten dürfen. Denn andernfalls wäre unsere Gattung längst ausgestorben. Schließlich geht es im Marketing um die Beeinflussung menschlicher Verhaltensweisen. Und diese sollten den evolutionären Zielen dienen, wozu bekanntlich auch die Fortpflanzung und damit die Partnersuche gehören. Nur haben unsere Vorfahren bestimmt keine Marketingbücher gelesen. Also musste es schon früh eine Methode des Beeinflussens geben, die sich durch einfaches Beobachten kopieren ließ. Dieses erfolgreiche System heißt „Storytelling" oder: Wer die beste Geschichte erzählt, hat gewonnen. Das ist zwar zunächst nur eine Behauptung. Doch seit sich die Hirnforscher um die Geheimnisse des Verführens kümmern, erhält Storytelling sogar den wissenschaftlichen Segen. Das macht seine Akzeptanz in der Marketingwelt zumindest etwas leichter. Und das wird wohl schon bald dazu führen, dass Storytelling in den Stichwortregistern der Marketinglehrbücher ebenfalls auftaucht. An der weltbekannten Harvard University gibt es jedenfalls schon lange einen Lehrstuhl für die Kunst des Geschichtenerzählens. Neulinge in dieser Kunst werden sich vielleicht fragen, wozu sie dient, wo man sie anwenden kann und welche Regeln es zu beachten gilt. Antworten darauf sollen die folgenden Seiten liefern.

Der Nutzen von Storytelling

Stellen Sie sich vor: Einer unserer männlichen Vorfahren verirrt sich auf der Bärenjagd so hoffnungslos, dass er nicht mehr nachhause findet. Nach Wochen voller Entbehrungen kommt er in ein Dorf, dessen Männer durch einen schrecklichen Steinschlag umkamen. Nur ihre Frauen überlebten. Frage: Welche Marketingmaßnahmen muss er ergreifen, um wenigstens eine der armen Witwen erobern zu können? Die richtige Antwort lautet selbstverständlich: „Keine!" Der Verirrte kann sich das Erzählen von Werbegeschichten also sparen.

Was wird er tun, wenn er das Dorf in einer Gruppe von elf Verirrten erreicht und lediglich zwei trauernde Frauen vorfindet? Er wird kaum einen Steckbrief abgeben, auf dem sein Aussehen und seine Charaktereigenschaften angegeben sind. Nein, jetzt gewinnt derjenige, der die beste Geschichte erzählt. Und das gelingt ihm dann, wenn seine Story die Wünsche und Sehnsüchte der beiden Frauen aufnimmt, an bekannte Heldengeschichten andockt, von Abenteuern handelt, Liebesszenen enthält und ein Happyend hat. Ob seine Geschichte tatsächlich wahr ist, spielt keine Rolle. Zumindest keine entscheidende. Wichtig ist nur, dass wenigstens eine der beiden Frauen an seine Geschichte glauben will.

> **In der Marketingsprache formuliert, dient Storytelling dazu, einen potenziellen Kunden so zu beeinflussen, dass er mein Produkt, meine Dienstleistung oder meine Idee kauft. Und zwar zu dem Preis, den ich dafür verlange.**

Das Anwendungsgebiet von Storytelling

Weil das menschliche Gehirn komplexe Informationspakete mithilfe von Geschichten verarbeitet, kennt das Anwendungsgebiet von Storytelling keine Grenzen. Selbst harte Fakten wie „Hier beginnt eine Tempo-30-Zone" lassen sich letztlich nur vermitteln, wenn sie an bereits gespeicherte Geschichten andocken können. Damit das Gehirn ein Verbot versteht, muss es zuerst erlebt haben, welche Konsequenzen die Übertretung dieses Verbots haben kann.

Aber halten wir einfach fest:

> **Storytelling kann in jedem Marketingbereich, bei allen Maßnahmen und bei jedem Publikum hilfreich sein.**

Die Mustervorlagen für Storytelling

Es gibt viele Wege, um dem Geheimnis einer guten Geschichte auf die Spur zu kommen. Einen der wichtigsten gehen wir so früh, dass wir uns kaum an ihn erinnern können. Denn unser autobiografisches Gedächtnis bildet sich erst im zweiten Altersjahr. Und bis zu diesem Zeitpunkt hat unser Unbewusstes die wichtigsten Regeln aus all den Geschichten herausgefiltert, die auf uns einprasselten. Dummerweise sorgt die Vernunft später dafür, dass die gespeicherten Mustervorlagen für gute Geschichten wieder vergessen werden. Oder als unwissenschaftlicher Quatsch gelten. Anhand eines konkreten Beispiels soll das verschüttete Wissen wieder an die Oberfläche geholt werden. Damit es für wirkungsvolles und zeitgemäßes Marketing erneut zur Verfügung steht.

Ein Beispiel für viele

Die Aufgabe: Für einen diplomierten Sportwissenschaftler mit langjähriger Erfahrung als Fitnesstrainer die passenden Geschichten für seine Vermarktung als selbstständiger Unternehmer finden.

Der Rahmen: Zu seiner Toolbox gehörte unter anderem das Buch „Grundlagen Marketing. Crashkurs!" von Hans-Dieter Zollondz. Und unter dem aufgespannten Marketingschirm, den ihm traditionelle Module ermöglichten, fühlte er sich schon ziemlich wohl. Storytelling sollte gewissermaßen den Schutz gegen Unwetter verstärken und neue Blickweisen ermöglichen.

Trainingseinheit 1

- Tragen Sie in Stichworten Ihr bisheriges Marketingwissen zusammen.
- Heben Sie Begriffe hervor, bei denen Sie spontan an eine Geschichte denken.
- Halten Sie in maximal drei Sätzen fest, was Sie unter einem Marketingkonzept verstehen.

Situationsanalyse

Jedes Marketingkonzept beginnt mit einer Analyse der Situation. Auch wenn „Storytelling" zum Einsatz kommt. Allerdings werden dann die Schwerpunkte anders gesetzt. Zudem sollten Sie von Beginn an alle Geschichten in Stichworten aufschreiben, die Ihnen bei der Suche nach Stärken und Schwächen, Bestimmung der Marktattraktivität, Unternehmenspotenzialen und strategischen Erfolgsfaktoren in den Sinn kommen. An welchen Checklisten traditioneller Methoden Sie sich orientieren, ist nebensächlich. Wichtig ist nur, dass Sie schon bald die Frage beantworten können, worum es eigentlich geht. Im Storytelling heißt diese Pflichtübung die Suche nach dem Thema.

Doch bevor wir damit beginnen, muss Klarheit herrschen, nach welchen Kriterien das menschliche Gehirn die Wichtigkeit einer Geschichte bewertet. Denn dieses Wissen ist sozusagen das Kernstück von Storytelling.

Die Vorlieben des Unbewussten

Fitnesstraining mit dem Argument „gesund" zu verkaufen, vermag vielleicht die Vernunft zu überzeugen. Doch das Unbewusste hat zu diesem Argument ganz andere Geschichten gespeichert. Denn tauchte in unserer Kindheit das Wörtchen „gesund" auf, wollten uns die Großen damit meist etwas verkaufen, was wir nicht mochten. Also sollte dem Storyteller ein besseres Argument einfallen, wenn er das Angebot eines Fitnesstrainers vermarkten muss. Schließlich geht ein Geschichtenerzähler konsequent davon aus, dass Menschen keine vernünftigen Wesen sind, sondern von unbewussten Gefühlen gesteuert werden. Und wie die zu Stande kommen, erzählen uns Geschichten aus der Kindheit, der Pubertät und von Ersterlebnissen. Die hinterlassen nämlich besonders starke Erinnerungsspuren.

Inzwischen können das Hirnforscher mit ihren Hightechgeräten sogar beweisen. Da Energie sparen zu den Erfolgsrezepten der Evolution gehört, wollen wir für jeden Aufwand einen Nutzen. Und der ist ein anderer, wenn wir einen Kasten Bier nachhause tragen oder in schweißgeschwängerten Räumen Gewichte in die Höhe stemmen. Aber bei beiden Tätigkeiten geht es kaum um unsere Gesundheit.

Um die Bewertungsmethode des Unbewussten besser zu verstehen, lohnt sich ein Blick auf die Ziele der Evolution. In der Kürzestversion lauten diese:
Fortpflanzen – Anpassen – Überleben

Wie uns der Erfolg von Facebook lehrt, geht es beim Fortpflanzen allerdings nicht nur um Sexualität. Vervielfachung und Reproduktion gehören ebenfalls dazu. Das Bedürfnis, den eigenen Namen und sein Gesicht zu verbreiten, kommt wohl daher, dass dies die Wettbewerbsfähigkeit auf dem Beziehungsmarkt verbessert.

Trainingseinheit 2

- Suchen Sie nach Eigenschaften und Verwendungszwecken Ihres Produkts, die der Reproduktion, der Anpassung an die Umwelt und einem langen Leben dienen.
- Behalten Sie bei der Suche im Auge, dass Kunden Produkte dann erwerben möchten, wenn sie damit belohnende Ziele erreichen können.
- Halten Sie jede Geschichte fest, die bei Ihrer Suche nach belohnenden Verhaltensweisen auftaucht.

Wir kaufen kein Smartphone, um zu kommunizieren, sondern um Sicherheit zu haben, dabei zu sein, zu spielen und unsere Persönlichkeit über Geschichten zu definieren.

Jedes Signal, das ein Produkt aussendet, aktiviert eine Geschichte. Und wenn diese zu unserem Ziel passt, möchten wird das Produkt haben.

Da unser Gehirn aus Prinzip faul ist und Energie sparen will, arbeitet es mit Automatismen. Daher gibt es ein weiteres Ordnungsmuster, das uns bei der Auswahl passender Geschichten unterstützt. Und wenn wir uns in die Lage eines Ureinwohners versetzen, wird schnell klar, nach welchen Kriterien dieses Muster geknüpft wird.

Kennt unser Vorfahre seine geschlechtliche Veranlagung, erhöht dies die Wahrscheinlichkeit auf Fortpflanzung. Das Gleiche gilt, wenn er das von seinem Gegenüber weiß. Und wird ihm zugeflüstert, dass sein Nachbar der nächste Stammeshäuptling wird, ist die Wahrscheinlichkeit des Überlebens größer, wenn er dessen Frau in Ruhe lässt.

Geschichten werden also auch nach dem Kriterium bewertet, ob sie mir nützliche Antworten auf die folgenden drei Fragen geben:

- Wer bin ich?
- Wer ist der andere?
- Wo ist mein Platz in dieser Welt?

Trainingseinheit 3

- Rufen Sie sich eine Lieblingsgeschichte aus Ihrem eigenen Leben in Erinnerung.
- Halten Sie fest, welche Szenen und Elemente Auskunft über die drei erwähnten Fragen enthalten.

Das Urthema

Wir erinnern uns: Geschichten dienen primär dazu, Informationen zu vermitteln, die uns das Fortpflanzen, Anpassen und Überleben erleichtern. Sind sie dazu noch unterhaltsam, umso besser. Keine wesentliche Erleichterung wäre es, wenn sich die Geschichten nicht kategorisieren ließen. Aber das ist zum Glück möglich, wenn wir Geschichten bestimmten Themen zuordnen, von denen es überraschenderweise weniger gibt, als wir meinen. Auf die Frage „Worum geht es eigentlich?" ist nur eine begrenzte Anzahl von Antworten möglich oder sinnvoll. Zumindest wenn wir die Details außer Acht lassen.

Wie man die Kurzantwort bezeichnet, ist jedem Storyteller selber überlassen. Bewährt hat sich aber die Bildung von Gegensatzpaaren wie
- „Leben und Tod",
- „Ankunft und Abschied",
- „Geborgenheit und Furcht",
- „Wahrheit und Lüge" oder
- „Suchen und Finden".

Denn weil es „ein bisschen schwanger" ebenso wenig gibt wie „ein bisschen tot", entscheidet unser Unbewusstes nur zwischen „nützt" und „nützt nicht". Oder anders gesagt: Ohne dass die Vernunft dies verhindern kann, gehen die unbewusst arbeitenden Hirnareale davon aus, dass es gut und böse gibt.

Da sich die Vernunft nicht gerne festlegt und eindeutige Zuordnungen hasst, ist die Suche nach dem Urthema mit großer Unsicherheit verbunden. Aber da Nachkorrekturen ja möglich sind, entscheiden Sie sich spätestens nach einem Tag für ein Thema, das Ihnen zutreffend scheint. Passt „Stärke" und „Schwäche" besser als „Weisheit oder Dummheit"? Oder bringt es „Treue und Betrug" besser auf den Punkt als „Liebe und Hass"? Das fällt dem Kunden auch deshalb nicht leicht, weil Wählen immer mit Abwählen verbunden ist. Und wer Entscheidungen fällt, übernimmt Verantwortung. Geht die Sache schief, kann das Schuldgefühle nach sich ziehen. Doch nur mit dem Bekenntnis zu einem Thema ist klare Positionierung möglich.

Trainingseinheit 4

- Schreiben Sie eine eigene Themenliste und beschränken Sie sich auf maximal 30 Vorschläge.
- Reduzieren Sie Ihre Liste auf maximal 15 Möglichkeiten.
- Eröffnen Sie ein Bildarchiv, um Ihre Themen künftig zu veranschaulichen.

Unser Fitnesstrainer entschied sich für „Suchen und Finden". Denn diese Positionierung deckte sich mit seinen eigenen Beobachtungen. Sich abstrampeln hat mit der Suche nach einem Wettbewerbsvorteil auf dem Heiratsmarkt zu tun. Sollte die ganze

Geschichte am Schluss nicht aufgehen, konnte er ja nochmals auf die Themenwahl zurückkommen. Irgendwann muss eine Aufführung beginnen. Kein Publikum sitzt gerne vor geschlossenem Vorhang.

Die Prägungsstärke

Besonders originell sein zu wollen, gehört im Marketing zu den häufigsten Fehlern.

> **Statt die Welt mit einer neuen Geschichte zu verunsichern, erzählen geübte Storyteller lieber eine gute Variante mit überdurchschnittlicher Prägungsstärke.**

Weil das die Drehbuchschreiber erfolgreicher Werbespots wissen, sind ihre Kurzbeiträge oft der Höhepunkt eines Fernsehabends. Jedenfalls für ein Publikum, das gerne an emotionale Erlebnisse von früher erinnert wird. Vor allem an solche, die ihnen damals Sicherheit gaben. Und weil wir dieses gute Gefühl in Übergangszonen besonders vermissen, prägen sich Geschichten aus der Kindheit, der Pubertät und von Ersterlebnissen stärker ein als andere Storys.

Was unseren Platz in der Welt sichert oder verbessert, lernen wir schon früh und meist unbewusst, indem unser Gehirn die wichtigsten Regeln aus erlebten Geschichten herausfiltert. Also ahnen Pubertierende, dass sie nicht zu coolen Partys eingeladen werden, weil sie gesünder als die anderen sind. Vielmehr zählt, ob sie attraktiver oder stärker als die Konkurrenz sind, mehr Geld, ein starkes Beziehungsnetz oder einen IQ haben, mit dem sie anderen bei den Aufgaben helfen können.

Unser Fitnesstrainer wurde also zu einer Zeitreise ermuntert, auf der ihm die wirklichen Gründe für die Arbeit am eigenen Körper begegnen.

Trainingseinheit 5

- Suchen Sie den Kern Ihrer Marketinggeschichte, indem Sie nach prägenden Erlebnissen Ausschau halten, die mit dem gefundenen Thema zu tun haben.
- Laden Sie Ihren Freundeskreis zu einer Erzählrunde ein und eröffnen Sie diese mit einer halbwegs zum Problem passenden Geschichte.
- Überlassen Sie die Fortsetzung den anderen und notieren Sie alles Brauchbare in Ihrem Storytellingbuch.

Die Andockstellen

Obwohl der Mensch ein soziales Wesen ist, gehört eine große Portion Eigeninteresse zu den bewährten Überlebensstrategien. Daher hört er am liebsten Geschichten, die mit seinem Leben zu tun haben.

▶ **Storytelling plündert daher den Geschichtenschatz, der im kollektiven Gedächtnis der Menschheit ruht.**

Zugänglich machen diesen Schatz bekannte Sammlungen wie die Bibel, Grimms Märchen, Tausend und eine Nacht oder die griechischen Sagen. Aber keine Angst! Wer die Methode Storytelling anwenden will, muss zuvor weder Theologie studieren noch verpasste Schullektüre nachholen. Denn die besten und erfolgreichsten Filmemacher kennen die wichtigsten Stoffe ebenfalls und verpacken sie immer wieder neu. Ihre Versionen genau anzuschauen, genügt durchaus. Ob James Bond, Pretty Woman, Forrest Gump oder Animationsfilme, sie alle enthalten Szenen, an die wir unsere Geschichte andocken können. In vielen Filmbeschreibungen auf Wikipedia und guten Filmlexika finden sich die Vorlagen, auf denen der Film beruht.

Worum es in einem Fitnesscenter wirklich geht, erfahren wir im Kino. Ein Storyteller hat deshalb eine reich bestückte DVD-Sammlung oder ein Elefantengedächtnis. Zwischenfazit: Um unseren Fitnesstrainer mit der Methode „Storytelling" zu vermarkten, suchen wir nach dem Thema, das die Frage „Worum geht es?" am besten beantwortet. Danach sammeln wir einprägsame Geschichten, für die sich auch Filmproduzenten in Hollywood interessieren. Von den üblichen Gesundheitsthemen hat sich der Fitnesstrainer jedenfalls bereits verabschiedet.

Trainingseinheit 6

- Wählen Sie einen Lieblingsfilm aus und suchen Sie nach Vorlagen, die in einer der großen Geschichtensammlungen abgelegt sind.
- Versuchen Sie, den weltweiten Erfolg der Harry-Potter-Geschichten zu erklären.
- Lesen Sie die Originalversion der Legende von David und Goliath und halten Sie fest, was in modernen Versionen weggelassen wird. Die entsprechende Stelle im Alten Testament, Samuel, Kapitel 17 findet sich auch auf www.bibel-online-net. Und falls Sie mit David und Goliath nichts zu tun haben wollen, wählen Sie einfach eine andere bekannte Geschichte aus der Bibel aus. Oder die Originalfassung eines Märchens der Gebrüder Grimm.

Der Held

Warum es kaum gute Geschichten ohne Helden gibt, lässt sich einfach erklären. Denn Geschichten sollen uns ja Handlungsanweisungen geben, wie wir die evolutionären Ziele besser erreichen. Und das ist einfacher, wenn wir uns an Figuren orientieren können, die eine Aufgabe erfolgreich meistern. Im Storytelling wird immer nach einem einzigen Helden gesucht. Denn die Konzentration auf eine Hauptfigur erleichtert dem Publikum die Orientierung.

Die Heldenrolle einem Team zuzuschreiben, ist keine gute Idee. Wer dies trotzdem macht, sollte die Gruppe wenigstens so ideal zusammensetzen wie in den Filmen „Die glorreichen Sieben" oder „Das dreckige Dutzend". Und es ist auch nicht so, dass nur Menschen das Zeug zum Helden haben. Das beweisen Animationsfilme wie „Cars" oder „Ice Age". Wir haben früh gelernt, unsere Liebe einem Teddy zu schenken.

In der Praxis zwingt uns die Suche nach dem Helden dazu, sorgfältig zu überlegen, wer im Rampenlicht steht oder stehen soll. Wer ist bei Apple der Held? Die Technik, die Schönheit, die Einfachheit oder der Firmenchef?

Der Held erinnert an den bekannten Marketingbegriff USP. Trotzdem gibt es wesentliche Unterschiede. Denn die „Unique Selling Proposition" oder deutsch das Alleinstellungsmerkmal wird meist mit dem einzigartigen Nutzen gleichgesetzt. Der kann, muss aber nicht identisch mit den Charaktereigenschaften eines Helden sein, der im Zentrum der Marketinggeschichte steht. Ein USP appelliert stärker an unser Bewusstsein, weckt weniger Emotionen und ist austauschbarer als ein Held. Zudem bewahrt uns die Suche nach dem Helden davor, leichtfertig auf die Preisstrategie zu setzen, mit der ohnehin nur einer gewinnen kann.

Da Firmeninhaber weder unsterblich noch unfehlbar sind, sind sie für Storyteller zweite Wahl für die Heldenrolle. Trotzdem entschied man sich beim Fitnesstrainer, den Heldenstatus dem Auftraggeber zu überlassen. Denn für die Geschichte vom Heiratsmarkt ist ein Traumprinz wie der smarte Unternehmer schlicht ideal. Zumal das Storytelling nicht in den üblichen Zielgruppen denkt und die Geschlechterfrage nach der Devise löst: „Hast du die Frauen, hast du auch die Männer." Denn bekanntlich werden die meisten Entscheidungen von Frauen getroffen. Nur lehrte sie die Kunst des Überlebens, den Männern das Gefühl zu geben, sie hätten entschieden. Die Marketingstrategie unseres Beispiels musste also vom gut aussehenden, klugen, sympathischen, humorvollen, diplomierten Sportwissenschaftler getragen werden. Dafür spricht sogar sein anfänglicher Widerstand gegen diese Rollenzuteilung. Denn ein richtiger Held drängt sich ohnehin selten vor. Den Kampf gegen den Drachen nimmt er erst auf, wenn er keine andere Möglichkeit sieht, um die große Idee zu retten. Lässt sich ein Problem auch ohne seine Mithilfe lösen, kann er auf die Heldenrolle locker verzichten. Hat er aber seine Entscheidung einmal getroffen, bleibt er dabei.

Trainingseinheit 7

- Schreiben Sie die Helden Ihrer Kindheit, Ihrer Pubertät und von heute auf.
- Fragen Sie auch Ihren besten Freund sowie Ihre beste Freundin und vergleichen Sie.
- Achten Sie bei einem Ihrer Lieblingsfilme darauf, wer der Held ist, welches Abenteuer ihn ruft, weshalb er zögert und was ihn schließlich dazu treibt, den Ruf anzunehmen und die Komfortzone zu verlassen.
- Suchen Sie in einem traditionellen Marketingkonzept nach dem USP und beantworten Sie die Frage, ob es sich für eine Heldenreise eignen würde.

- Suchen Sie im Internet oder geeigneten Büchern nach Helden in den verschiedensten Gebieten, um sich eine eigene Heldensammlung anzulegen.
- Nehmen Sie ein Produkt Ihrer Wahl und suchen Sie einen Helden, der ähnliche Charaktereigenschaften hat, wie Sie sie dem Produkt zuschreiben.

Die Helfer

Was dem Daniel Düsentrieb sein Helferlein ist dem Luke Skywalker sein R2-D2. Helden brauchen Unterstützung, um ihre Mission zu erfüllen und glaubhaft zu wirken. Denn zumindest das Unbewusste weiß, dass niemand perfekt ist. Selbst Achilles hatte seine verwundbare Stelle.

▶ **Die Figur des Helfers erlaubt dem Storyteller, weitere Argumente und Vorteile in die Vermarktung eines Produkts oder eines Unternehmens einzubringen.**

Vor allem solche, die wir dem Helden nicht gleich zuschreiben oder die schlecht zu ihm passen. Denn ein Helfer ist nicht einfach eine billige Kopie des Helden. Wer dem Helden auf seiner Abenteuerreise zur Seite steht, ist eine eigenständige Figur, hilft beim Ausbügeln von Schwächen, bringt Lösungsalternativen ein, wirkt oft im Hintergrund, greift bei allzu emotionalen Vorgehensweisen ein und kann manchmal sogar zaubern.

Da unser Fitnesstrainer stolzer Lizenznehmer einer neuen Methode zur Leistungssteigerung ist, muss nicht lange nach seinem wichtigsten Helfer gesucht werden. Zumal sogar einer der bekanntesten Bundesligavereine auf dieses Programm schwört. Es kommt hinzu, dass diese Methode von Wissenschaftlern erfunden wurde und deshalb die Rolle der Vernunft übernehmen kann. Wie der Helfer benannt wird, muss in der Phase der Strategiefindung noch nicht festgelegt werden. Denn weil man sich mit den Geschichten des Helfers ebenfalls beschäftigt, werden seine wichtigsten Charaktereigenschaften automatisch ersichtlich. In diesem Fall ist es die Bewunderung für Wissenschaftler und ihre Erkenntnisse. Und wenn wir bedenken, wie stark der Glaube an die Wissenschaft noch immer ist, hat unser Nr.1-Helfer sogar etwas Göttliches an sich. Das muss bei der konkreten Umsetzung auf jeden Fall beachtet werden.

Haben wir beim Helden noch die Empfehlung abgegeben, sich auf einen zu beschränken, ist die Zahl der Helfer offen. Zumindest in der Theorie. Denn sind sie zu zahlreich, haftet ihnen der Ruch von Funktionären an. Deren schlechter Ruf würde am Image des Helden kratzen. In der Praxis hat sich eine Beschränkung auf drei Hilfskräfte als sinnvoll erwiesen.

In unserem Musterbeispiel kommen zur Wissenschaft noch die Kinder und die Testimonials hinzu. Denn der Fitnesstrainer arbeitet seit Jahren in einer Kindersportschule und kennt einige bekannte Bundesligafußballer.

Der Feind

Im Kampf um das stets knappe Gut „Aufmerksamkeit" spielt das Böse eine bedeutende Rolle.

Nichts langweilt das Gehirn mehr als eine Geschichte ohne Hindernisse und Feinde.

Erst wenn Gewohnheiten infrage gestellt werden und „Fressfeinde" auftauchen, schaltet es vom Standby-Modus auf Full Power. Die gefährlichsten Feinde auszumachen, ist notwendig und oft schwieriger, als es auf den ersten Blick aussieht. Denn in der Realität geben sie sich selten so leicht zu erkennen wie Dagobert Ducks Intimfeinde, die Panzerknacker. Dem mentalen Reflex, die Konkurrenz als ärgsten Feind zu bezeichnen, geben Storyteller nicht nach. Denn das greift meist zu kurz, schwächt das Selbstbewusstsein und führt in die falsche Richtung. Ich verweigere mich einem Fitnessprogramm ja nicht, weil mir die Wahl eines Anbieters schwerfällt. Was mich daran hindert, sind eher Feinde wie Faulheit, miefige Atmosphäre, tätowierte Muskelprotze, zu langsame Fortschritte, ungenügendes Selbstwertgefühl, Jahresaboverpflichtung, düstere Standorte, schulmeisterliche Betreuung, sexuelle Ausrichtung der Clubmitglieder, komplizierte Geräte, mediale Dauerberieselung oder dürftige Kontaktmöglichkeiten.

Nun lehren uns die Drehbuchschreiber guter Geschichten, dass zu viele Feinde die Dramaturgie stören, Spannung nehmen, den Plot verwässern und die Übersicht gefährden. Sieht das Publikum in jeder Szene einen neuen Bösewicht, fühlt es sich schnell überfordert. Weil das auch der griechische Dichter Homer wusste, ließ er Herakles gegen die Hydra kämpfen und schuf damit einen „All-inclusive-Feind". Denn kaum schlug der Held diesem schlangenähnlichen Ungeheuer einen seiner vielen Köpfe ab, wuchsen zwei neue nach. Wie es Herakles schließlich sogar gelang, den unsterblichen Kopf in der Mitte zu besiegen, ist ein schönes Lehrstück für die Lösung mehrschichtiger Probleme und die Notwendigkeit geeigneter Helfer.

Die Suche nach dem wichtigsten Feind gehört zu den zentralen Elementen von Storytelling.

Nur ein klares Feindbild ermöglicht die Identifikation mit dem Helden und die Evaluation der richtigen Waffen.

Es führt also kein Weg daran vorbei, mit dem Kunden zusammen den Feind heraus-zufinden, gegen den der Kampf geführt werden soll. Bevor dies nicht feststeht, macht es keinen großen Sinn, an den Details einer Geschichte zu feilen. Und denken Sie bei der Suche daran, dass die wenigsten Bösen ein T-Shirt tragen, auf dem das Logo des Teufels prangt. Auch Luzifer war vor seinem Seitenwechsel Gottes Lieblingsengel.

> ## Trainingseinheit 9
>
> ■ Notieren Sie mindestens drei Kandidaten für die Rolle des Widersachers, ohne sich gleich mit dem erstbesten Feind zufrieden zu geben. Bevorzugen Sie Bösewichte, die dem Helden ebenbürtig sind oder immer wieder auf der Bühne erscheinen.
> ■ Verwandeln Sie menschliche Eigenschaften wie Neid, Gier oder Ungeduld in Figuren, um zu überprüfen, ob diese das Böse in Ihrer Geschichte verkörpern könnten.

Die Ausschmückungen

Eigentlich schade, dass immer mehr Kinos den Nebenjob eines Platzanweisers weg-rationalisieren. Denn mehrmals den gleichen Film anzusehen, ist ein gutes Ausbil-dungsmodul für den Storyteller. Er kann sich zum Beispiel vornehmen, weniger auf die handelnden Personen zu achten, um dafür den Kulissen und Requisiten mehr Aufmerk-samkeit zu schenken.

Diese scheinbaren Nebensächlichkeiten sind es nämlich, die dem Publikum die Orientierung in Zeit und Raum erleichtern.

Und Schriftsteller benutzen Gegenstände sogar, um eine Person ohne die Verwendung der üblichen Eigenschaftswörter zu charakterisieren. In der richtigen Umgebung ge-zeigt, wird der Rapper so zum Spießer oder das Mauerblümchen zum Starlet.

Sind Geschichte und ihre wichtigsten Figuren festgelegt, werden die Kulissen für ihre Auftritte gemalt. Dabei muss man sich überlegen, ob sich das angestrebte Ziel mit der Verwendung von Klischees oder mit Eigenkreationen besser erreichen lässt. Gewohnte Bilder schaffen Sicherheit, neue sorgen für Aufmerksamkeit. Die Entscheidung muss einfach zur Gesamtstrategie passen und originelle Peinlichkeiten vermeiden.

Storyteller betreiben Stilkunde. Denn sie betrachten Stil als die erste Wirkung, die das Zusammenspiel unzähliger Zeichen im menschlichen Gehirn auslöst. Das Unbewusste nimmt daher falsche Zeichen als Bruch wahr, der unnötig irritiert und für dessen Korrek-tur wertvolle Energie aufgewendet werden muss. So wie Schriftsteller oder Drehbuch-schreiber bei der Überarbeitung ihrer Geschichten auf Details achten, muss der Entwurf eines Marketingkonzepts nach kleinen Fehlern durchforstet werden.

Für Unternehmen mit beschränktem Marketing- und Werbebudget drängt sich Storytelling ohnehin auf. Vor allem, weil es eine Methode ist, die Mitarbeiter bereits kennen und daher besser umsetzen können. Und mit der richtigen Wahl von Symbolen, die zur Geschichte passen, lässt sich zudem teurer Perfektionismus vermeiden. Perfekt mit der Handlung und den Figuren einer Geschichte übereinstimmen müssen nur Symbole, die im Scheinwerferlicht stehen und dem Publikum sofort ins Auge fallen.

Möchte ich die Botschaft vermitteln, dass Fitnesstraining Spaß macht, lasse ich beim Fotoshooting die Hanteln im Schrank. Fortgeschrittene Storyteller bauen darauf, dass unser Gehirn Gegenständen eine höhere Bedeutung zuschreibt, die in einer Geschichte häufig und regelmäßig vorkommen.

Trainingseinheit 10

- Stärken Sie Ihr Gefühl für die Macht der Symbole, indem Sie bei den Extras auf DVDs vor allem die „Making-of-Beiträge ansehen.
- Überprüfen Sie bei den wichtigsten Ausschmückungsgegenständen, wie groß deren überzeitlicher und überregionaler Charakter ist.
- Entwerfen Sie ein Schaufenster, das Ihre Marketinggeschichte so inszeniert, dass vorübergehende Passanten die Handlung, den Helden und den Feind sofort erkennen.

Der Anfang und der Schluss

Storytelling berücksichtigt die Eigenart des Gehirns, effizient arbeiten zu wollen und damit Informationspakete unterschiedlich zu gewichten. Was zwischen dem Beginn und dem Schluss einer Handlung passiert, hat nur selten hohe Bedeutung. Zur Erreichung der evolutionären Ziele genügte es bereits unseren Vorfahren, dem Anfang und dem Ende Aufmerksamkeit zu schenken. Ist der Schatten vor meiner Höhle ein Bär oder mein von der Jagd zurückkehrender Mann? Und war es nun wirklich der Mann? Was sich zwischen diesen beiden Fragen ereignet, kann zwar unterhaltsam sein, ist aber fürs Überleben meist unwichtig. Und weil das Gehirn noch heute nach diesem System arbeitet, sollten wir es beim Storytelling ebenfalls berücksichtigen. Auch bei der Konzeption und Gewichtung der verschiedenen Werbemittel.

Der Storyteller fragt sich also: Wo und wann kommt das Publikum mit meiner Geschichte zum ersten Mal in Kontakt? Ist es vor allem das Internet, die Anzeige oder gar der Firmeneingang? Wie kann ich den Helden in der ersten Reihe platzieren? Wann ist der beste Auftritt für die Helfer? Wo sind die ausgewählten Symbole besonders wichtig? Und in welcher Szene muss der Feind zwingend zu einem Auftritt kommen?

Storytelling ist eine ressourcenschonende Methode. Sind die Grundregeln einmal verinnerlicht, geschehen viele Verbesserungen automatisch. Vielleicht am eindrücklichsten zeigt sich dies in der Geschäftskorrespondenz. Während einer gewissen Zeit konsequent auf die ersten und letzten Zeilen zu achten, führt zu erstaunlichen Resultaten. Und wenn man bedenkt, dass Briefe zu den günstigsten Werbemitteln gehören, spricht noch mehr für den Einsatz von Storytelling.

Der Fitnesstrainer ließ sich leicht davon überzeugen, einem gelungenen Internetauftritt besonderes Gewicht zu geben. Dafür spricht nicht zuletzt das Argument, auf dieser Plattform die erarbeitete Strategie testen und bei Bedarf schnell anpassen zu können. Aber noch viel wichtiger ist, dass er in jeder seiner Aktionen ganz bewusst auf ein Happyend achtet. Bei den Lektionen, Gesprächen, Mails und Briefen. Denn jede Handlung erzählt eine Geschichte. Klingt vielleicht banal, ist es aber nicht.

Trainingseinheit 11

- Betrachten Sie die ersten und letzten Szenen eines Films in Standbildern und korrigieren Sie schlechte Details.
- Erstellen Sie eine Liste der Situationen, in denen es bei Ihrem Produkt, Ihrem Unternehmen oder Ihrer Dienstleistung zu Erstkontakten mit dem Kunden kommt.
- Schreiben Sie die besten Szenen auf, die Sie am Schluss eines Einkaufs erlebten.
- Verändern Sie Beginn und Ende einer Geschichte so, dass sie Ihnen kitschig vorkommen.

Das Beispiel Fitnesstrainer nochmals im Überblick

Bevor wir im letzten Teil verschiedene Anwendungsgebiete von Storytelling vorstellen, soll nochmals ein Blick auf unseren Beispielkunden geworfen werden. Mit welchen Vorkenntnissen musste gerechnet werden? Was ermöglichte die neue Optik? Welche Hindernisse galt es zu überwinden? Und welche Strategie wurde schließlich umgesetzt?

Die Methoden des traditionellen Marketings beruhen noch immer auf dem Glauben an den vernünftigen Menschen, kurz Homo Oeconomicus genannt.

Storytelling geht jedoch davon aus, dass menschliches Verhalten zum größten Teil vom Unbewussten gesteuert wird.

Dieses Unbewusste sperrt sich jedoch gegen allzu viel Neues. Wer mit der Methode Storytelling arbeiten will, muss daher behutsam und in kleinen Schritten vorgehen. Je weniger ein Kunde das Gefühl hat, seine Vorstellung von Marketing würde infrage gestellt, desto höher die Bereitschaft, sich auf das Abenteuer Storytelling einzulassen. Zumal Basiskennzahlen, Unternehmens-, Markt- und Umfeldanalyse, SWOT-Analyse, Bestimmung von Marketingzielen, Planung strategischer Geschäftseinheiten, Marketingmix und AIDA-Formel durchaus nützliche Daten liefern können. Nur lässt sich aus ihnen keine Geschichte ablesen, die das anvisierte Publikum begeistert und letztlich zum Geldausgeben verführt.

Storytelling propagiert keine völlige Neuauflage der Gattung Mensch. Denn was eine Geschichte ist, lernen wir schon in unseren ersten Lebensjahren. Es geht also vorwiegend darum, dieses Wissen zu erneuern und in ein nachvollziehbares System zu bringen. Sind die Regeln einer guten Geschichte einmal bekannt, wird der Blickwinkel auf das Marketinggeschehen sofort ein anderer. Und hinter der bröckelnden Maslowpyramide und der Statue des idealen Menschen sehen wir plötzlich, was die Kunden wirklich interessiert.

Zu den Hindernissen, die es zu überwinden gilt, zählen das Ungewohnte und die Ungeduld. Als Kinder der Aufklärung haben wir wenig Erfahrung in der Suche nach dem Unsichtbaren. Also fehlt uns die Routine, die Zeichensprache des Unbewussten zu entschlüsseln und in sprachliche Begriffe zu überführen. Aber genau das leisten Geschichten. Doch weil wir die passende Story für ein Marketingkonzept in verschiedenen Etappen suchen müssen, braucht es Hartnäckigkeit und Ausdauer. Die muss ein Bildhauer ebenfalls haben, wenn er einen Granitblock zur Gestalt formen will, die eine bestimmte Idee verlangt. Und letztlich ist ein Konzept nichts anderes als der festgehaltene Weg zu einer Idee.

Die vorgeschlagene Marketingstrategie für den Fitnesstrainer basiert auf folgenden Bausteinen:

- Seine Geschichte muss einem Publikum gefallen, in dem vorwiegend Frauen sitzen. Denn sie sind es, die bei der Partnerwahl das Sagen haben. Auch wenn viele Männer das anders sehen mögen.
- Der Fitnesstrainer wird zum Traumprinzen stilisiert, in dessen Nähe man am einfachsten durch ein Engagement als Personaltrainer gelangt.
- Mitglieder der Helfertruppe sind: Wissenschaft, Friseure, Partnervermittlungen, Kosmetikinstitute und Personalabteilungen von Unternehmen mit hohem Frauenanteil.
- Zum Feindbild wird der neidische Gesundheitsapostel auserkoren.
- Wichtigste Marketingmaßnahme ist die gezielte Förderung von Weiterempfehlungen.
- Aufgeführt wird die Geschichte im Internet und in einem Ratgeber für erfolgreiche Partnersuche.

Checkliste für Geschichtenerzähler, Drehbuchschreiber und Regisseure

1. Urthema

- Handelt die Geschichte von: Leben & Tod / Ankunft & Abschied / Liebe & Hass / Gut & Böse / Geborgenheit & Furcht / Wahrheit & Lüge / Stärke & Schwäche / Treue & Betrug / Weisheit & Dummheit / Hoffnung & Verzweiflung / Suchen & Finden

- Welcher Plot soll die Handlung bestimmen? Suche, Abenteuer, Verfolgung, Rettung, Flucht, Rache, Rätsel, Rivalität, Verlierer, Versuchung, Verwandlung, Reifung, Liebe, verbotene Liebe, Opfer, Entdeckung, Maßlosigkeit, Aufstieg und Fall?

2. Prägungsstärke

- Gibt es ähnliche Geschichten in meiner Kindheit, Pubertät?
- Handelt die Geschichte von einem Ersterlebnis?
- War diese Geschichte mit starken Emotionen verbunden oder wiederholte sich oft?

3. Andockstellen

- Findet sich die Geschichte in einer der großen Geschichtensammlungen? Bibel, Märchen, Sagen?
- Ist die Geschichte im Repertoire von Hollywood, im kulturellen oder biografischen Umfeld des Publikums?
- Ist die Handlung offen genug, um persönliche Nebenhandlungen anzuschließen?

4. Held

- Gibt es einen klar erkennbaren Helden?
- Ist die Projektionsfläche des Helden groß genug für das Publikum?
- Sind die Motive zur Aufnahme des Kampfes klar?
- Ist der Held ein Sinnstifter?

5. Widersacher

- Gibt es einen klar erkennbaren Feind?
- Ist das Auftauchen des Gegners nachvollziehbar?
- Erkennt der Zuschauer im Bösen seine eigene dunkle Seite?
- Hat jede Störung einen klaren Verursacher?

6. Helfer

- Welche Unterstützung bekommt der Held?
- Kompensieren die Stärken der Helfer Schwächen des Helden?
- Haben auch die Helfer Stil und Charakter?

7. Struktur

- Gibt es einen erkennbaren Spannungsbogen?
- Hat die Geschichte einen Höhepunkt?
- Stimmt das Tempo der Entwicklung?

8. Verzögerungen

- Wird an den richtigen Stellen gebremst?
- Sind die Verzögerungen logisch nachvollziehbar?
- Leidet der Zuschauer bei den Verzögerungen mit?
- Welche Verzögerungen gehören zum Erfahrungsschatz der Zielgruppe?

9. Ausschmückungen
- Gibt es genügend Details, damit Figuren und Geschichte authentisch wirken?
- Passt die Kulisse zur Geschichte, zu den Szenen und zur Zielgruppe?
- Welche Requisiten verstärken durch ihren Symbolcharakter die Geschichte?
- Gehören Nebenfiguren zur Kulisse, zur Handlung oder zu beidem?
- Wird zwischen wichtigen und unwichtigen Requisiten unterschieden?
- Gibt es Symbole mit einem so starken Eigenleben, dass sie immer einsetzbar sind?

10. Ende
- Hat das Ende einen Bezug zum Anfang?
- Ist das Ende offen genug, um eine eigene Geschichte weiterzuspinnen?
- Lässt das Ende Fortsetzungsgeschichten zu?

aus Werner T. Fuchs: Warum das Gehirn Geschichten liebt. Haufe Verlag 2009, S. 264/265

Anwendungsmöglichkeiten von Storytelling

Strenge Lehrmeister rollen die Augen und stellen die Berufseignung infrage, wenn der Marketingnachwuchs das Wörtchen „alle" in den Mund nimmt. Vor allem, wenn es um die Definition der Zielgruppe geht. Nichts ist für alle und alles gut. Doch Storytelling ist die bekannte Ausnahme von der Regel.

Denn weil das Gehirn an allen Handlungen beteiligt ist und in Geschichten denkt, kann Storytelling tatsächlich für jede Marketingmaßnahme und jede Zielgruppe gebraucht werden.

Ob die Marketingabteilung des amerikanischen Motorradherstellers Harley-Davidson Storytelling bewusst oder intuitiv angewendet hat, ist nebensächlich. Analysiert man die Wiederauferstehung dieser Marke, stößt man jedenfalls dauernd auf Spuren, die gute Geschichten hinterlassen.

Was mit Blick zurück wie eine Selbstverständlichkeit wirkt, war allerdings nicht immer so. Nachdem das Börsenkapital aufgebraucht war, verkaufte Harley-Davidson 1968 gerade noch 26.000 Motorräder und entging dem Konkurs nur knapp. Die Retter, eine dreizehnköpfige Gruppe aus dem mittleren und oberen Management, setzten nach den üblichen Sanierungsmaßnahmen konsequent auf Storytelling. Ergebnis 2006: Über 340.000 verkaufte Motorräder und 5,8 Milliarden Dollar Umsatz.

Die Erfindung einer neuen Geschichte
Das Management war sich bewusst, dass Harley-Davidson trotz besserer Modelle mit der Geschichte „Fortschritt durch Technik" nicht mit den Japanern konkurrieren konnte.

Also erzählte man die emotionale Story: „Wir verkaufen einen Lebensstil – das Motorrad gibt es gratis dazu."

Dieses Thema hat starke Berührungspunkte mit den Polaritäten „Freiheit & Gefangenschaft", „Sinn & Sinnlosigkeit", „Gruppe & Individuum" oder „Geborgenheit & Furcht". Die besten Geschichten verwandeln Illusionen in mögliche Realitäten. Obschon Nikotin abhängig macht, verführt die Marlboro-Geschichte von der Freiheit zum Glauben, sogar das Gegenteil sei der Fall. Gute Geschichten wecken Sehnsüchte und stillen sie, indem ihre Helden dem Publikum als Projektionsflächen und Identifikationsfiguren dienen. Daher ist die Harley-Davidson-Geschichte so stark. Wer will nicht ein einzigartiges Individuum sein und trotzdem willkommenes Mitglied einer faszinierenden Gemeinschaft? Als Harley-Davidson 1982 seinen ersten Fanclub gründete, bekannten sich 33.000 Personen zu dieser altersunabhängigen „Peergroup". 2003, am hundertjährigen Geburtstag des Unternehmens, schätzte man die Mitgliederzahl auf über eine Million. Und viele lassen sich das Abzeichen sogar auf ihren Körper tätowieren. Gute Motorräder in Ehren, aber am Produkt allein kann dieser Erfolg nicht liegen.

Bühnen für Kulthandlungen

Viel Zeit für die Suche nach einer passenden Geschichte zu investieren, lohnt sich. Schließlich soll sie im Idealfall zur unendlichen Geschichte werden. Und dazu braucht es Zeit, Geduld, Hartnäckigkeit sowie kleine Anpassungen zur richtigen Zeit und am richtigen Ort. Kult wird heutzutage oft mit Trend oder Mode verwechselt. Doch Kult hat etwas Religiöses an sich und vermittelt Sinn. Zu einem Immunsystem für das Image kann eine Geschichte erst werden, wenn ihr wesentlicher Kern von einem gemischten Publikum freiwillig und häufig weitererzählt wird. Das funktioniert mit Werbesprüchen nur sehr bedingt. Um zu einem Glauben zu werden, müssen aus der Behauptung „Red Bull verleiht Flügel" zuerst Geschichten entstehen. Dabei hilft der Aufbau von Bühnen.

Geschichten, die Sinn vermitteln, sind besonders ansteckend. Das zeigt die Benefizveranstaltung „Love Ride". Als ein Harley-Davidson-Händler im amerikanischen Glendale einen Biker-Karneval mit gemeinsamem Ausflug veranstaltete, wusste er nicht, dass daraus die größte eintägige Motorradveranstaltung der Welt werden sollte. Er war einfach stolz, dank seiner Idee der Muscular Dystrophy Association 1.500 Dollar überweisen zu können. Doch die Spähertruppe des Mutterhauses wurde auf dieses Event aufmerksam und entwickelte es immer weiter. Die „Love Ride Switzerland" muss die Teilnehmerzahl am Ausflug inzwischen beschränken. Auch weil Motorradfahrer anderer Marken ebenfalls teilnehmen dürfen. Sogar Besitzer eines Rollers. Aber das ist lediglich konsequent gedacht, weil der totale Ausschluss von Ungläubigen fast immer zu einem Eigentor führt. Zudem erfahren die Fremden live, womit sie das Zugehörigkeitsgefühl zu einer Gruppe stärken könnten. Einer Gemeinschaft, deren Zusammenkunft sogar in den Nachrichten der staatlichen Mediensender erwähnt wird. Und die über eine halbe Million Schweizer Franken für Benachteiligte sammelt, wenn das Wetter mitmacht.

Individualisierung ermöglichen

Wie wir gesehen haben, sollten Helden mit den passenden Requisiten und vor der richtigen Kulisse agieren. Denn zu einer Glaubensgemeinschaft gehören selbstverständlich

Insignien. Zeichen der Zugehörigkeit, der Bewunderung oder der Bewerbung um Mitgliedschaft. Und weil die Storyteller von Harley-Davidson dies verinnerlicht haben, verkaufen sie jährlich Gegenstände ihres Helden für hunderte von Millionen Dollar. Da sie die Prägungsstärken von Geschichten kennen, wird das Motto „Von der Wiege bis zur Bahre" tatsächlich umgesetzt. Strampler und rutschfeste Söckchen für die Säuglinge, sexy Unterwäsche und T-Shirts für Pubertierende, kultige Motorradkleider für Ersteinsteiger und ein Sortiment für Frauen, das manch trendige Modeboutique alt aussehen lässt.

Wie stark Menschen ihre Zugehörigkeit nach außen kommunizieren, ist kein sicheres Indiz für die Attraktivität eines Glaubens. Fest steht aber, dass es mehr Türmatten mit dem Harley-Davidson-Logo als mit einem Kreuz gibt. Ob Bilder, Email-Schilder, Wecker, Bettwäsche oder Trinkgefäße, um Innenraum-Bekenntnisse kümmern sich Storyteller ebenfalls.

Das Streben nach Freiheit steht oft im Konflikt mit dem Streben nach Beziehungen und Familie. Vermisst der Mensch jeglichen Spielraum für die Inszenierung seiner individuellen Geschichte, zieht er sich zurück. Um das zu verhindern, müssen Bühnen für Solo-Auftritte gebaut werden. Das ermöglicht Harley-Davidson durch Erzählplattformen, die es im Internet und in Zeitschriften anbietet. Und das Basteln einer individuellen Geschichte durch Gestaltung des Motorrades erleichtert zudem ein Zubehörkatalog, der beinahe 900 Seiten umfasst.

Der Weg zum Storytelling und die wichtigsten Etappen

Da Sie die Methode Storytelling bereits seit Ihren ersten Lebensjahren kennen, ist Lernen ist diesem Falle vor allem ein Verlernen. Am besten, Sie verabschieden sich fürs Erste von folgenden Glaubenssätzen und ersetzen sie durch neue:

Alt	Neu
Menschliches Verhalten wird vorwiegend von der Vernunft gesteuert.	Menschliches Verhalten wird vorwiegend von Hirnarealen gesteuert, die dem Bewusstsein unzugänglich sind.
Psychologische Zielgrößen lassen sich nur schwer erfassen.	Obwohl sich Menschen verschieden verhalten, basieren ihre Entscheidungsmuster auf bekannten Grundregeln, die für alle gelten.
Das Unbewusste lässt sich nicht in Worte fassen.	Das Unbewusste äußert sich oft in den Geschichten, die wir von uns und anderen erzählen.
Das menschliche Gedächtnis ist eine Bibliothek.	Das menschliche Gedächtnis ist ein dynamisches System, das Informationen in Form von Geschichten speichert und abruft.

Es gibt beliebig viele Themen.	Es gibt eine beschränkte Anzahl von Themen, die dem Gehirn als Mustervorlagen für passende Varianten dienen.
Es gibt immer wieder neue Geschichten.	Es gibt nur Varianten von Geschichten, die schon einmal erzählt wurden.
Wir brauchen keine Helden oder Vorbilder.	Ohne Helden und Vorbilder sind wir orientierungslos.
Marketing ist eine Wissenschaft.	Marketing ist ein kunstvolles Spiel, in dem wissenschaftliche Erkenntnisse vorkommen.

Da Storytelling ein kunstvolles Spiel und keine Wissenschaft ist, führt der Weg zur Meisterschaft über Stationen, die in der offiziellen Bildungslandschaft vergessen wurden oder zu geringe Bedeutung haben. Werfen wir also zum Schluss noch einen Blick auf das Programm, das ein Talent befolgen sollte, wenn es zum Meistererzähler werden will.

Beobachten
Erfolgreiche Schriftsteller und Drehbuchschreiber haben eine gute Beobachtungsgabe. Daher müssen Sie als Storyteller kein schlechtes Gewissen haben, wenn Sie Ihr Büro verlassen, um in Straßencafés, Bahnhöfen oder Museen Menschen zu beobachten. Und es gibt nichts, das sich von vornherein als unwürdig erweist, wahrgenommen zu werden. Gute Geschichten docken ans Alltägliche an. Daher gehört für Geschichtenerzähler das Beobachten zur Arbeitszeit.

Kopieren
Da unser Gehirn Informationspakete in Form von Geschichten abspeichert, verfügt es über ein überblickbares Set an prototypischen Themen und Strukturen. Beim Kopieren geht es also darum, diese bewährten Mustervorlagen zu entdecken und in den eigenen Erfahrungsschatz zu überführen. Nachahmen ist also keine minderwertige Arbeit, sondern gehört zu Ihrer Ausbildung. Die Frage, was sich als Kopiermaterial eignet, ist einfach zu beantworten: Alles, was gut ist, Erfolg hat und daher weitererzählt wird. Kopierwürdiges erscheint auf Bestsellerlisten, steht in fetten Buchstaben in der Bildzeitung, wird in Wunschkonzerten verlangt und in Kinderzimmern gehortet.

Üben
Um auf einem Gebiet Herausragendes zu leisten, müssen Sie mindestens 10.000 Stunden aufwenden. Das ergaben wissenschaftliche Studien. Trainingsfaule verweisen gerne auf Begegnungen mit Naturtalenten, übersehen aber leicht, dass diese einfach einen anderen Trainingsplan haben, der didaktisch korrekte Lektionen durch Arbeit im Alltag ersetzt. Es braucht nicht zwingend Coaches, Trainer oder Lehrer, um es im Storytelling zum Meister zu bringen. Aber geeignete Sparringspartner können dabei helfen.

Variieren

Aufmerksamkeit erregt man im Storytelling nicht mit abstrusen Erfindungen, sondern mit gelungenen Neuinszenierungen. Dass dies immer wieder möglich ist, beweisen auch Hollywoods Drehbuchschreiber. In jeder Liebesgeschichte geht es letztlich um Verführung. Aber das lässt sich auf so verschiedene Arten erzählen, dass wir immer ein Publikum finden. Um neue und passende Varianten zu kreieren, muss man allerdings zuerst das Handwerk, die Regeln und Werkzeuge kennen. Variieren heißt, die Lust am Spiel ausleben.

Stil finden

Da Geschichten von Natur aus offen sind, lassen sie sich schlecht mit einem Copyright belegen. Doch der Kopierschutz lässt sich wesentlich verstärken, wenn Sie Ihren eigenen Stil finden. Und wem dies gelingt, der hat sich auch endgültig von seinen früheren Vorbildern verabschiedet. Damit sind Sie am Ziel angekommen.

Literaturtipps

Obwohl oder gerade weil sich im Internet unzählige Informationen finden, sind Bücher noch immer ein gutes Arbeits- und Weiterbildungsinstrument. Und weil in den meisten Büchern erzählt wird, könnte ein Literaturverzeichnis zum Thema Storytelling leicht zur unendlichen Geschichte werden. Bei der Auswahl der folgenden Titel orientierte ich mich an folgenden Kriterien:

- ohne Fremdwörterduden verständlich
- auf Deutsch erhältlich und nicht vergriffen
- Standardwerke
- Hilfen bei der Suche nach Geschichten zum Andocken
- Lieblingsbücher des Autors

- Brown, S. (2005): Die Botschaft des Zauberlehrlings. Die Magie der Marke Harry Potter. München: Carl Hanser Verlag.
  Unterhaltsame und lehrreiche Analyse der Erfolgsgeschichte Harry Potter. Die Grundregeln einer guten Geschichte werden in einen größeren Zusammenhang gestellt und aufs Marketing übertragen.
- Dingemann, R.; Lüdde, R. (2009): 60 Jahre Deutschland. Film und Fernsehen. Stars, Kultfilme und TV-Serien. München: C.J. Bucher Verlag.
  Ein überaus nützliches Buch, um zu erfahren, welche Geschichten in den letzten sechs Jahrzehnten beim Publikum Spuren hinterlassen haben. Serien haben ja nur Erfolg, wenn sie gut gemacht sind.
- Dommermuth-Gudrich, G.; Von Gerstenberg, R. (13. Auflage 2011): 50 Klassiker Mythen. Die bekanntesten Mythen der griechischen Antike. Hildesheim: Gerstenberg Verlag.
  Ein guter und vor allem sehr anschaulicher Einstieg in die Welt der Mythen. Die

Autoren ersparen dem Leser die Lektüre der Originaltexte und weisen auf moderne Varianten hin.

- Fuchs, W.T. (2009): Warum das Gehirn Geschichten liebt. Mit den Erkenntnissen der Neurowissenschaften zu zielgruppenorientiertem Marketing. Planegg: Haufe Verlag.
  Das Lieblingsbuch des Autors wurde zu einem Standardwerk für Storytelling und enthält viele Beispiele aus der Praxis.
- Fuchs, W.T. (2009): Wie hirngerechte Marketing-Geschichten aussehen. In: Häusel, H.-G. Neuromarketing. Erkenntnisse für Markenführung, Werbung und Verkauf. Seiten 126–140, Planegg: Haufe Verlag.
  Storytelling aus der Sicht der Hirnforschung und Kurzfassung der wichtigsten Regeln guter Geschichten.
- Fuchs, W.T. (2. Aufl. 2012): Wie wir zu guten Geschichtenerzählern werden. In: Herbst, D. Storytelling. Seiten 189–196. Konstanz: UVK Verlagsgesellschaft.
  Ein Buch, das sich vor allem der Anwendung von Storytelling für Public Relations widmet.
- Karlan, D.; Lazar, A.; Salter, J. (2008): Die 101 einflussreichsten Personen, die es nie gab. Wie Barbie, James Bond und Hamlet uns verändert haben. Bergisch Gladbach: Verlagsgruppe Lübbe.
  Unterhaltsame Lektüre und der ultimative Beweis, dass Helden nicht real sein müssen, um Menschen zu beeinflussen.
- Knigge, A. (2008): 50 Klassiker Comics. Von Lyonel Feininger bis Art Spiegelman. Hildesheim: Gerstenberg Verlag.
  Für Comic-Laien Pflichtlektüre, da gezeichnete Figuren Theoretisches so schön veranschaulichen.
- Lange, H. (2009): Filmklassiker für Eilige. Und am Ende kriegen sie sich doch. München. Droemersche Verlagsanstalt.
  Witziges Taschenbuch, in dem 99 Filmklassiker in jeweils vier Bildern zusammengefasst werden.
- McKee, R. (2008): Story. Die Prinzipien des Drehbuchschreibens. Berlin: Alexander Verlag.
  Das Standardwerk für alle, die es zum erfolgreichen Drehbuchschreiber bringen wollen.
- Mikunda, C. (2005): Der verbotene Ort oder Die inszenierte Verführung. Unwiderstehliches Marketing durch strategische Dramaturgie. Frankfurt am Main: Redline Wirtschaftsverlag.
  Bevor der Autor die bekanntesten Einkaufszentren der Welt konzipierte, war er Regisseur und Geschichtenerzähler.
- Müller J. (2011): Filme der 2000er. Köln: Taschen GmbH.
  Mindestens ein Filmlexikon sollten Storyteller haben. Dieses stellt die besten Geschichten des letzten Jahrzehnts zusammen.
- Roam, D. (2011): Bla Bla Bla. Spannende Geschichten mit Illustrationen erzählen. München: Redline Verlag.

Hilft beim Präsentieren ebenso wie beim Konzipieren und Gestalten von Werbe-unterlagen.

- Schröder, N. (2007): 50 Klassiker Filme. Die wichtigsten Werke der Filmgeschichte. Hildesheim: Gerstenberg Verlag.
  Da die vorgestellten Filme einem großen Publikum bekannt sind, eignen sie sich als Andockstellen für eigene Geschichten.
- Vogler, Ch. (6. Auflage 2010): Die Odyssee des Drehbuchschreibers. Über mythologische Grundmuster des amerikanischen Erfolgskinos. Frankfurt am Main: Zweitausendeins.
  Für fortgeschrittene Storyteller eine Bestätigung ihrer Methode und Fundgrube für geeignete Filmbeispiele.

Der Autor

Dr. Werner T. Fuchs lebt in Zug (Schweiz) als Marketingexperte und Werbefachmann. Sein Studium der Germanistik und Theologie füllte seinen Geschichtenschatz ebenso wie Tätigkeiten im Ausland und das scheinbare Nichtstun als Beobachter. Seine Grundmuster für gute Geschichten sieht er durch die Hirnforschung bestätigt, mit deren Erkenntnissen er sich seit über 20 Jahren beschäftigt.

Fragen, auf die es unter www.propeller.ch keine Antworten gibt, können an fuchs@propeller.ch gestellt werden.

Multisensorisches Marketing
Marken müssen merkwürdig sein

Gero Wendt

3-D-Filme haben in den letzten Jahren Hollywood und das Kino gerettet. Die zusätzliche dritte Dimension erhöhte durch das stärkere sinnliche Erlebnis die Attraktivität des Mediums Film. Warum? Die Hirnforschung hat herausgefunden, dass jeder zusätzlich angesprochene Sinn wie ein Verstärker für alle anderen Sinne wirkt. Sie nennt diesen Effekt Multisensory Enhancement, man könnte es aber auch so wie Aristoteles schon vor über 2.000 Jahren sagen: „Das Ganze ist mehr als die Summe seiner Teile."

In der Studie „5! Senses" des Marktforschungsunternehmens Millward Brown stellten die Forscher schon 2005 fest, dass unser Bewusstsein ein Ereignis bis zu zehnmal stärker erlebt, wenn es gleichzeitig über mehrere Sinneskanäle erlebt wird. Außerdem konnte nachgewiesen werden, dass die Markenloyalität steigt, wenn sich Konsumenten an mehrere Sinneseindrücke eines Produktes erinnern. So lag die Markenloyalität bei 60 Prozent, wenn die Konsumenten vier bis fünf unterschiedliche Sinneseindrücke wahrnahmen. Konnten sich die Verbraucher maximal an einen Sinneseindruck erinnern, so lag ihre Markentreue dagegen unter 30 Prozent.

Noch spannender war die Entdeckung, dass das Sehen den geringsten Einfluss auf die Markenloyalität hat (im Durchschnitt für sieben Prozent und maximal für 14 Prozent entscheidend für die Markenloyalität). Riechen (Durchschnitt: 13 Prozent; Maximum: 19 Prozent) und vor allem Schmecken (Durchschnitt: 19 Prozent; Maximum: 44 Prozent) sind dem von den Marketeers bevorzugten Sehsinn in dieser Hinsicht deutlich überlegen.

Selbstverständlich hängt die Bedeutung der verschiedenen Sinneskanäle von der jeweiligen Produktkategorie und den Erwartungen der Zielgruppe ab. So ergab sich in der bereits erwähnten Studie von Millward Brown für acht Produktkategorien folgendes Bild (prozentualer Anteil der Top2-Boxen einer 5er-Likert-Skala in Bezug auf Wichtigkeit für die Produkteinschätzung):

Produktkategorie	Sehen	Hören	Fühlen	Schme-cken	Riechen
Sportbekleidung	86,6	10,2	82,3	8,4	12,5
Home Entertainment	85,6	81,6	11,6	10,7	10,8

Pkw	78,2	43,8	49,1	10,6	18,4
Telefon	68,9	70,2	43,9	8,0	8,9
Seife	36,0	6,7	61,5	5,6	90,2
Eiscreme	34,9	6,8	21,7	89,6	47,0
Soft Drink	29,6	13,2	15,1	86,3	56,1
Fast Food	26,3	12,0	10,4	82,2	69,2

Erfolgreiche Marken sind daher in den vergangenen Jahren verstärkt dazu übergegangen, sich aus dem „klassischen" 2-D-Marketing über vorwiegend audiovisuelle Botschaften zu lösen und weitere Sinne wie Geruch, Gefühl und Geschmack in das Marken-Erlebnis der Käufer zu integrieren. Auch hier gilt, dass 2 + 3 = 6 sein können.

Denn wenn wirklich alle fünf Sinne des Menschen authentisch und markenkonsistent angesprochen werden, entsteht bei den Zielgruppen gewissermaßen ein sechster Sinn für die Marke, der der Marke eine unverzichtbare Rolle im Leben der Markenkäufer verschafft.

Was dies für den ROI einer Marke bedeutet, kann man sich leicht denken. Zumal die vielfach angestrebten Fans einer Marke neben ihrer eigenen sich materialisierenden Markentreue eben auch oft in ihrem sozialen Umfeld bewusst und unbewusst die frohe Botschaft ihrer Marke verkünden.

Integrierte Kommunikation, oft auch als ganzheitlich/holistisch zu finden, muss also heute heißen, von 2-D auf 5-D hochzuschalten, zumindest da, wo das für die Marke und die Zielgruppen Sinn macht.

Insofern geht es heute nicht mehr um den von Reeves und Ries/Trout seit Mitte des vergangenen Jahrhunderts propagierten USP (Unique Selling Proposition), der aus den Besonderheiten des Produktes abgeleitet wurde und der trotz Patentschutz sehr schnell kopiert wird, und auch nicht mehr um den UAP (Unique Advertising Proposition) bzw. UCP (Unique Communication Proposition), die auf die Alleinstellung der Kommunikation abzielten.

Gefragt ist vielmehr eine stringent geführte, bewusst und unbewusst wahrnehmbare HSP (Holistic Selling Proposition) oder ein neuer USP für das 21. Jahrhundert, die Unique Sensory Proposition.

Denn nur die strategisch gestaltete Unique Sensory Proposition aktiviert beim Kunden unbewusst mentale Konzepte, die dann über Präferenzen, Kaufentscheidungen und Verwendung entscheiden können. So schmeckt Wein aus langstieligen Gläsern besser als aus einfacheren. Deshalb servieren wir unseren Gästen auf keinen Fall löslichen Kaffee, und teurere Energy-Drinks wirken stärker als billigere.

Effekte einer multisensorisch geführten Marke

Außerökonomisch:

- Leichter und besser wahrnehm- bzw. wiedererkennbar:
  höhere Vertrautheit führt bei kontinuierlicher und konsistenter Markenführung
  zu deutlich höherem Vertrauen und damit auch zu in die Zukunft reichenden
  positiven Vorurteilen gegenüber der Marke (Priming)
- Stärkere assoziative Verbindungen („Autobahnen") im Gehirn:
  klareres Image bzw. Markenbild in den Köpfen der Verbraucher (Unique Sensory
  Proposition)
- Einfachere und energiesparendere Abrufbarkeit der Informationen:
  Möglichkeit zur Ausbildung von Kaufroutinen (Heuristiken)

Ökonomisch:

- Erhöhung von Absatz, Umsatz und Marktanteil
- Höhere Anzahl an Wiederholungskäufen bzw. Stammkäufern (vgl. Kaufroutinen)
- Höhere Preise durchsetzbar wegen „Mehrwert" der Marke bzw. des Marken-
  erlebnisses
- Erleichterung des Markteintritts bei Markendehnungen (vgl. Priming, positive
  Vorurteile, Vertrauen)

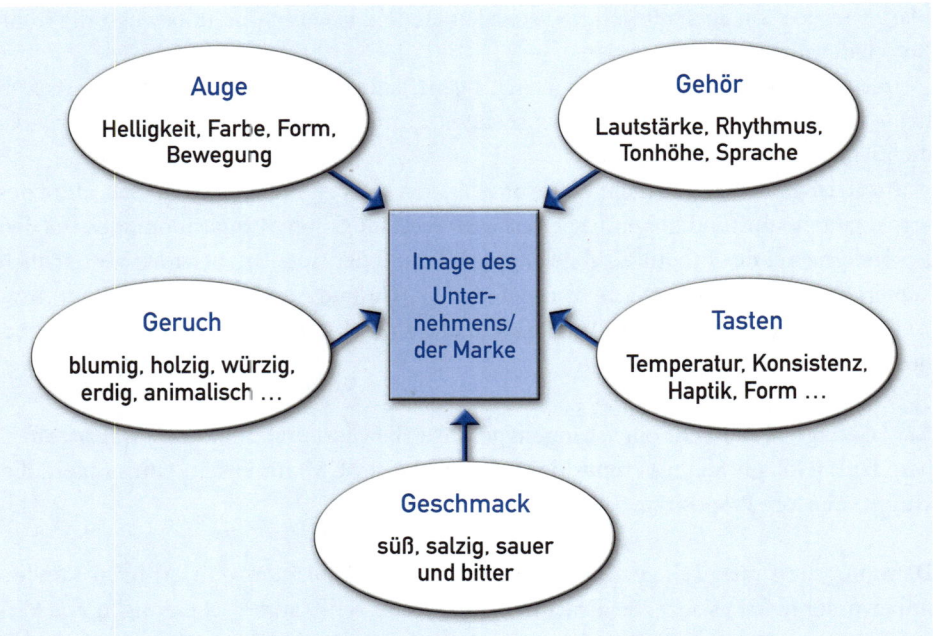

Multisensorik: Nutzen Sie den unbewussten Emotionsturbo

„Our senses make sense of everything we encounter."
Dr. A.K. Pradeep, Neuromarketing-Forscher

Unser Gehirn versucht ständig, aus allen über die Sinneskanäle bewusst und unbewusst hineinströmenden Informationen Sinn zu erzeugen. Es ist dabei auf der Suche nach bekannten Mustern. Eine Marke, die im Hirn über ein stabiles Muster aus vielen verschiedenen Sinneseindrücken verfügt, hat es im Wettbewerb um die Nr. 1 im Kopf des Verbrauchers natürlich wesentlich leichter.

> **Denn einzelne Sinneseindrücke der Marke rufen das gesamte Markenimage hervor und neue Sinneseindrücke lassen sich bei Passung zum Markenkern sehr viel leichter und schneller ins Markenimage einfügen.**

Außerdem erfordert der Abruf des Markenimages weniger Denkenergie, was vor dem Hintergrund, dass ein arbeitendes Gehirn der größte Energieverbraucher des Menschen ist, einen nicht zu unterschätzenden Vorteil einer multisensorisch geführten Marke darstellt.

Der Begriff der Corporate oder der Brand Identity als vom Unternehmen selber vorgegebenes Soll-Image für das Unternehmen bzw. einzelne Marken umfasst immer noch vor allem den Bereich Design. In den letzten Jahren ist zwar durch die Verwendung von akustischen Logos oder spezieller Songs vor allem der Bereich des Sounds hinzugekommen. Aber Aspekte wie Corporate Taste, Corporate Smell oder Corporate Touch bilden in vielen Unternehmen immer noch brachliegende Optimierungspotenziale.

Natürlich muss auch nicht jeder Sinneskanal bei jedem Unternehmen bzw. jeder Marke optimiert werden. Oft reicht es, die für die Produktkategorie wichtigsten Sinneskanäle aktiv und vor allem selbstähnlich zu den Kernkompetenzen bzw. Nutzenversprechen zu gestalten. Aber gerade bei den vernachlässigten Sinneskanälen stecken eben erhebliche unbewusste Beeinflussungs- und Differenzierungsmöglichkeiten.

Martin Lindstrøm beschreibt in seinem Buch „Brand Sense" (Lindstrøm 2005) mit Singapore Airlines einen echten Best Case. Schon Anfang der 1970er-Jahre revolutionierte das Unternehmen mit der Verwandlung seiner Stewardessen in das „Singapore Girl" das Airline-Marketing. Das „Singapore Girl" passte nur in eine Kleidergröße. „One size fits all", das heißt, wer nicht in das Kostüm passte, wurde nicht eingestellt bzw. flog nicht mit. Es gab nur an das CD des Unternehmens angepasstes Make-up. Sämtliche Abläufe während des Fluges (Kabinenansagen, Kommunikation zum Passagier, Servieren und Abräumen von Essen etc.) waren standardisiert und sollten das einzigartige Singapore-Erlebnis unterstützen.

Ende der 1990er ließ sich das Unternehmen einen Duft schützen, der seitdem die Basis für das Parfum der „Singapore Girls", der Kabinenbeduftung sowie der ausgegebenen warmen Handtücher bildet.

Beispielsweise wird bei Singapore Airlines dem Bereich Geschmack keine große Bedeutung beigemessen, aber das ist für eine Fluggesellschaft auch nicht weiter tragisch. Trotzdem werden auch hier mit Sicherheit Überlegungen zur klareren Gestaltung des Bordessens oder essbarer „Give-aways" angestellt.

Die Funktionsweise unserer fünf Sinne ist inzwischen weitgehend erforscht, sodass Sie detailliertere Informationen hierzu bitte aus der einschlägigen Fachliteratur aus den Bereichen Wahrnehmungsphysiologie und -psychologie entnehmen. An dieser Stelle möchte ich Ihnen daher nur ein paar kurze aktuelle Forschungsergebnisse zu unseren fünf Sinnen vorstellen, die die Bedeutung des multisensorischen Marketings eindrucksvoll unterstreichen sowie Impulse zum Weiterdenken liefern können.

1 Auge: Corporate / Brand Design

Die besondere Bedeutung des Sehens für die menschliche Wahrnehmung der Welt zeigen allein schon folgende Zahlen: 25 Prozent unseres Gehirns sind am Sehen beteiligt und ca. 70 Prozent unserer Sinnesrezeptoren befinden sich in den Augen. Der Mensch ist also ein Seh-Tier. Dies erklärt eben auch die Bedeutung des Halo-Effektes für das Marketing (Halo-Effekt = eine Eigenschaft wie z.B. Attraktivität strahlt auf andere Eigenschaften wie z.B. Kompetenz ab).

„Gutes Design kann Menschen glücklich machen", sagt Stefan Sagmeister, einer der bedeutendsten Designer der Gegenwart. Und wer dabei an gelungenes Möbel-, Automobil- oder Produktdesign (vgl. Apple-Produkte) denkt, weiß, was Sagmeister damit meint. Dabei kann gutes Design neben Schönheit eben auch den Produktnutzen unterstützen wie das Flaschenetikett der US-Biermarke Coors light, das sich beim Erreichen der optimalen Trinktemperatur von zwei Grad Celsius blau verfärbt.

2 Ohr: Corporate / Brand Sound

Geräusche sind eines der wichtigsten Transportmittel für Emotionen. Wer das auf einfache Weise überprüfen will, sollte einmal in einem Horrorfilm den Ton abstellen oder aber alternativ die Augen schließen und sich ganz auf den Ton konzentrieren.

In einer Studie wurde in einem amerikanischen Supermarkt in der Weinabteilung für einen kürzeren Zeitraum französische Hintergrundmusik eingesetzt, im selben Zeitraum stieg der Abverkauf französischer Weine um 300 Prozent. Zufall? Nein, denn kurze Zeit später wurde das Experiment mit deutscher Hintergrundmusik wiederholt und der Abverkauf deutscher Weine stieg ebenfalls um fast 300 Prozent. Wenn man die Kunden im Anschluss an ihren Kauf nach den Gründen für den Kauf befragt hätte, hätte wohl keiner sagen können, durch die Hintergrundmusik beeinflusst worden zu sein. Vermutlich wurde die Musik eben nur vom Autopiloten wahrgenommen und der bewusste Pilot hat sich einfach geweigert, auch vor sich selbst, zuzugeben, dass er so leicht zu beeinflussen ist. Außerdem finden Menschen im Nachhinein immer gute Gründe, die das eigene Verhalten bzw. die eigenen Entscheidungen rationalisieren sollen, wobei auch dies mit dem Wunsch geschieht, vor sich selbst und seiner Umwelt ein konsistentes Verhalten zu zeigen. Wir rücken uns unsere Realität eben im Zweifel so zurecht, dass wir gut damit leben können.

In einer anderen Studie konnte ein Drittel aller Autokäufer ihre Marke am Geräusch der zuschlagenden Tür erkennen. Auf die Frage, warum die Waschmaschinen von Miele so viel teurer seien als die der Konkurrenz, verzichtete der Verkäufer auf langwierige

Erklärungen und führte den Kunden stattdessen zu einer Maschine, ließ die offene Tür zuschlagen und schaltete sie an. Das satte Geräusch der zuschlagenden Tür und das nahezu geräuschlose Funktionieren der Miele-Maschine sind laut Aussage des Verkäufers das beste Argument.

Die Hundefuttermarke Cesar konnte ihre Abverkäufe durch einen simplen Soundeffekt deutlich erhöhen. Beim Wiederverschließen der Verpackung ertönt inzwischen ein deutlich wahrnehmbares „Klack", wodurch der Kunde sicher sein kann, dass die Verpackung wirklich zu ist und dadurch kein Geruch mehr entstehen kann (vgl. zu den Beispielen Häusel 2009, S. 83).

Zahlreiche Städte nutzen inzwischen zur Gewaltprävention in U-Bahnen die emotionale Kraft der Geräusche und beschallen ihre Bahnhöfe mit klassischer Musik. Dies führt bei den Fahrgästen nicht nur zu einem subjektiven Sicherheitsgefühl, sondern hat auch quantifizierbare Effekte in bezug auf Vandalismus und Gewaltdelikte.

Immer mehr Unternehmen lassen sich einzelne Elemente ihrer akustischen Identität als Markenzeichen schützen. Ganz weit vorne ist dabei der US-amerikanische Cornflakeshersteller Kellogg's, der sich das beim Zerbeißen seiner Flakes entstehende Geräusch als Trademark eintragen ließ.

Zum Abschluss noch einen Best Case der Agentur Jung von Matt (Cannes-Gewinner im Bereich integrierte Kommunikation 2011): „Konzertmilch Dortmund" (http://www.youtube.com/watch?v=sXFj2LqMOT4). In den Ställen bestimmter Agrarbetriebe wurden Kühe mit klassischer Musik beschallt. Und zwar mit Stücken, die in der aktuellen Saison im Konzerthaus Dortmund aufgeführt wurden. Die von diesen Kühen produzierte Milch wurde in individuell designte Flaschen abgefüllt und in ausgewählten Supermärkten angeboten und verkauft. Ergebnis: Der Kunde, das Konzerthaus Dortmund, erreichte eine deutlich jüngere Zielgruppe und konnte die Auslastung seines Hauses stark erhöhen.

3 Nase: Corporate / Brand Smell

Der Geruchssinn ist vermutlich der unbewussteste unserer Sinne, da wir ihn heute nur noch selten bewusst einsetzen, es sei denn, unsere Nase riecht etwas ganz Übles oder etwas, das uns sofort an Vergangenes erinnert. Der Duft von Tanne, Zimt oder Sonnenmilch löst bei den meisten von uns unmittelbare emotionale Erinnerungen aus. Bei den üblen Gerüchen ist es darüber hinaus erstaunlich, wie schnell wir uns daran gewöhnen.

Die Nase scheint daher ein eher „dummes" Organ zu sein. Aber sie ist eben auch eines der emotionalsten unserer Sinnesorgane. Denn der bulbus olfactoris (Riechkolben) unterhält gewissermaßen eine Expressverbindung zu unseren Emotionen. Als einziger unserer Sinne „dockt" das Riechen ohne eine weitere Verschaltung direkt an der Amygdala (sog. Mandelkern) an, eine der wichtigsten der für das Entstehen von Emotionen zuständigen Hirnhemisphären. Diese schnelle Verbindung war für unsere Vorfahren in der Savanne mit Sicherheit überlebenswichtig, schließlich entscheidet die Amygdala unter anderem über „Kampf oder Flucht" sowie „Essen oder Nicht-Essen".

Der besondere Erinnerungseffekt, den Gerüche beim Menschen auslösen, hängt ebenfalls mit der engen Kopplung von Geruch und Emotion zusammen. Gerüche fungieren gewissermaßen als Post-its (vgl. die „somatischen Marker" von A. Damasio) für Erinnerungen im Hippocampus, einem weiteren wichtigen emotionalen Zentrum. Wenn unsere Nase im Zusammenhang mit besonders positiven oder negativen Erinnerungen einen bestimmten Geruch wahrnimmt, kann der entsprechende Geruch daher noch sehr lange als unbewusster Auslösereiz für das gesamte damit zusammenhängende Erinnerungsmuster funktionieren. Eine umgangssprachliche Redewendung wie „Den kann ich nicht riechen" oder die Absatzvolumina der Parfüm-, Seifen- und Deo-Industrie zeugen noch heute von der besonderen Bedeutung des Geruchs für zwischenmenschliche Beziehungen.

Auch hier muss das Marketing wieder bei den Erwartungen und Gewohnheiten der Zielgruppen einsetzen, so müssen Reinigungsmittel in Deutschland nach Zitrus riechen, während in Spanien Chlor-Geruch Sauberkeit signalisiert. Dass Bäckereien den Duft von frischem Brot durchaus verkaufsfördernd auf die Straße leiten und immer mehr Einzelhändler ihre Absätze mit Düften ankurbeln wollen, ist inzwischen weitgehend bekannt. Doch trotz dieses Wissens können wir uns als Konsumenten kaum dagegen wehren, wie ein deutscher Baumarkt beweist, in dem es nach frischem Gras roch – der Umsatz stieg um 50 Prozent.

Zum Abschluss noch ein kleiner Ausflug zum Old-Spice-Spot (http://www.youtube.com/watch?v=owGykVbfgUE), einem der erfolgreichsten viralen Clips aller Zeiten (45 Mio. Abrufe, Stand Mai 2012). Auch hier ging es um Geruch, und zwar um den Geruch von Duschgel. Die Marktforscher hatten herausgefunden, dass in Beziehungen das Duschgel vor allem von Frauen gekauft wird. Diese kauften dann vor allem ihr Duschgel, das die Männer dann mitbenutzten. Um diese Entwicklung umzukehren und Frauen dazu zu bewegen, Old Spice zu kaufen, entwickelte die Agentur den auf YouTube zu sehenden Spot. Im Folgenden der kongeniale Text dieses Clips, der die Marke in den USA zur Nr. 1 im Markt gemacht hat:

„Hello, ladies, look at your man, now back to me, now back at your man, now back to me. Sadly, he isn't me, but if he stopped using ladies scented body wash and switched to Old Spice, he could smell like he's me. Look down, back up, where are you? You're on a boat with the man your man could smell like. What's in your hand, back at me. I have it, it's an oyster with two tickets to that thing you love. Look again, the tickets are now diamonds. Anything is possible when your man smells like Old Spice and not a lady. I'm on a horse."

Zusammenfassen könnte man es auch mit dem Satz: No smell, no sell.

4 Zunge: Corporate / Brand Taste

Der Geschmack ist sehr eng mit dem Geruch verknüpft. Das zeigt sich besonders deutlich, wenn man Schnupfen hat, denn dann verliert man 80 Prozent seines Geschmacksempfindens. Gleichzeitig ist der Geschmack ähnlich schlecht zu beschreiben wie der Geruch. Wenn man beispielsweise beschreiben soll, wie eine bestimmte Speise oder etwa ein Wein schmeckt, werden teilweise abenteuerliche Vergleiche herangezogen.

Geschmack ist natürlich vor allem im Food-Bereich von entscheidender Bedeutung. Aber wie schon das legendäre Pepsi-Experiment ist Geschmack eben nicht alles. Bei der

Blindverkostung schmeckte der Mehrheit der Probanden die Pepsi besser als das Coke, doch sobald die Probanden wussten, was sie da tranken, bevorzugte die Mehrheit Coca-Cola. Der Versuch von Coca-Cola, den Geschmack ihres Produktes ein wenig Richtung Pepsi zu verändern, gilt immer noch als einer der größten Marketingflops der Geschichte. Die Leute wollten *ihre* Coke zurück. Mit dem neuen Geschmack hatte man den Menschen nämlich mehr weggenommen als nur ein Getränk, man hatte ihnen ein Lebensgefühl und einen Teil ihrer Erinnerungen genommen (vgl. somatische Marker beim Thema Geruch). Insofern sind Veränderungen im Bereich der Rezepturen von erfolgreichen Food-Marken sehr, sehr riskant und vermutlich nur in homöopathischen Dosen möglich.

5 Haut: Corporate / Brand Touch

Denn wir nehmen nicht nur unbewusst viel mehr wahr, als wir merken, sondern diese unbewusste Wahrnehmung beeinflusst als Priming-Reiz in erheblichem Ausmaß unser Verhalten. So hat John Bargh, Psychologie-Professor in Yale und Pionier in der Erforschung von Priming (wie also ein vorangehender Reiz die Art der Wahrnehmung folgender Reize beeinflusst) vor einigen Jahren ein bahnbrechendes Experiment durchgeführt.

Hierbei wurden Studenten von einem Interviewer zu einer Befragung abgeholt. Auf dem Weg zum Untersuchungsraum bat der mit Papieren beladene Interviewer im Aufzug die eine Gruppe, seinen Becher kalte Cola kurz zu halten, während er der anderen Gruppe einen Becher mit Kaffee reichte. Anschließend „lernten" beide Gruppen für eine Minute einen anderen Studenten „kennen", der ein wenig „Smalltalk" machte. Nach Beendigung der schriftlichen Befragung wurden alle Teilnehmer befragt, ob sie diesen Studenten für eine Projektgruppe einstellen würden. Aus der „Kaffee-Gruppe" (warmes Getränk) hätte ihn fast jeder eingestellt, während aus der „Cola-Gruppe" (kaltes Getränk) fast niemand von den „Qualitäten" des Studenten überzeugt war.

In einem anderen Experiment in einem Café wurden die Bedienungen gebeten, an Tagen mit ungeradem Datum die Gäste bei der Übergabe der Rechnung leicht zu berühren. Der Effekt: An diesen Tagen lag die Höhe der Trinkgeldes um 20 Prozent höher als an den „normalen" Tagen.

Die älteren unter den Lesern erinnern sich vielleicht noch, wie sich früher ein Pkw-Lenkrad etwa bei einem VW Käfer, R4, Opel Rekord oder einer „Ente" anfühlte. Vergleichen Sie das einmal mit einem Lenkrad heutiger Pkws; vermutlich würden Sie sich in ein Auto mit einem Lenkrad, das sich so „unsicher" anfühlt wie das älterer Modelle, gar nicht mehr hineinsetzen wollen. Oder eine Frage an die Weintrinker und ihr Qualitäts- bzw. Geschmacksempfinden: Korken oder Schraubverschluss?

Ganz gezielt wird das Fühlen aber auch von Elektronikkonzernen eingesetzt. Wer je eine Fernbedienung von Bang & Olufsen in der Hand hatte, versteht, warum diese Marke premium sein muss. In der Produktpalette von Apple gibt es unter anderem den IPod touch, der das Thema schon im Namen führt. Die hohe emotionale Bindung der „Apple-Gemeinde" an ihre Marke hat nicht zuletzt auch mit der „streichelnden" Steuerung zu tun.

Dass diese Technologien sogar Einfluss auf unsere Gehirne haben, zeigt eine von dem deutschen Neurobiologen Gerald Hüther zitierte englische Studie, nach der die Hirnregion, die für die Daumensteuerung zuständig ist, bei Jugendlichen in Großbritannien seit zehn Jahren kontinuierlich wächst.

Physisches Erleben beeinflusst die Wahrnehmung von Produkten

In den letzten Jahren haben zahlreiche Forschungsstudien gezeigt, wie physisches Erleben von Produkten das Denken verändert und mithilfe der Rückkopplung wiederum das physische Erleben verändert.

Das liegt unter anderem daran, dass wir eben nicht nur Produkte konsumieren, sondern im besonderen Maße im Falle von Markenprodukten auch ihre Eigenschaften und Images, d.h. die damit verbundenen, mentalen Konzepte.

Christian Scheier vergleicht dieses Phänomen in seinem Buch „Codes" (Scheier u.a. 2010) mit einem Newton-Pendel, bei dem die Energie einer Kugel, die auf der einen Seite auf einen Verbund anderer Kugeln prallt, über diese an die jeweils gegenüberliegende äußere Kugel übertragen wird, sodass diese sich aus dem Verbund mit den anderen löst. Das heißt: Physische Eigenschaften stoßen mentale Konzepte an, die wiederum Einfluss auf die Wahrnehmung der physischen Eigenschaften haben usw. usw.

Neben dem hier wirksamen und bereits beschriebenen Phänomen des Priming möchte ich nur kurz auf den Bereich des Embodiment verweisen. „Alles, was wir denken oder verstehen, wird durch unseren Körper, das Gehirn und unsere Interaktion mit der Umwelt beeinflusst, ermöglicht und begrenzt", behauptet George Lakoff, Linguistik-Professor an der Universität Berkeley. Das heißt:

Jede Produkterfahrung schlägt sich in den verschiedenen Hirnarealen, die mit der Verarbeitung dieser Erfahrung beschäftigt sind, nieder und aktiviert dadurch gegebenenfalls bereits abgespeicherte Erfahrungen und Konzepte.

Diese sind im Idealfall wieder positiv emotional gefärbt und „triggern" dabei das Belohnungssystem (zur Bedeutung dieses Mechanismus vergleichen Sie bitte meinen Beitrag zum Thema Neuromarketing in diesem Buch).

Singapore Airlines, Apple oder Nespresso. Wie weit man mit seiner Marke im multisensorischen Marketing im Vergleich zu diesen Benchmarks ist, lässt sich mithilfe des im Folgenden dargestellten Pentagramms leicht visualisieren.

Wenn man z.B. Experten- und/oder Kundeninterviews durchführt und die Marke hinsichtlich ihrer jeweiligen sensorischen Ausprägungen beurteilen lässt, kann man die Stärken und Verbesserungspotenziale relativ leicht erkennen. Bei einer gleichzeitigen Betrachtung der Hauptkonkurrenten wird das Bild noch deutlicher (einige Anwendungsbeispiele finden Sie im bereits zitierten Buch von M. Lindstrøm).

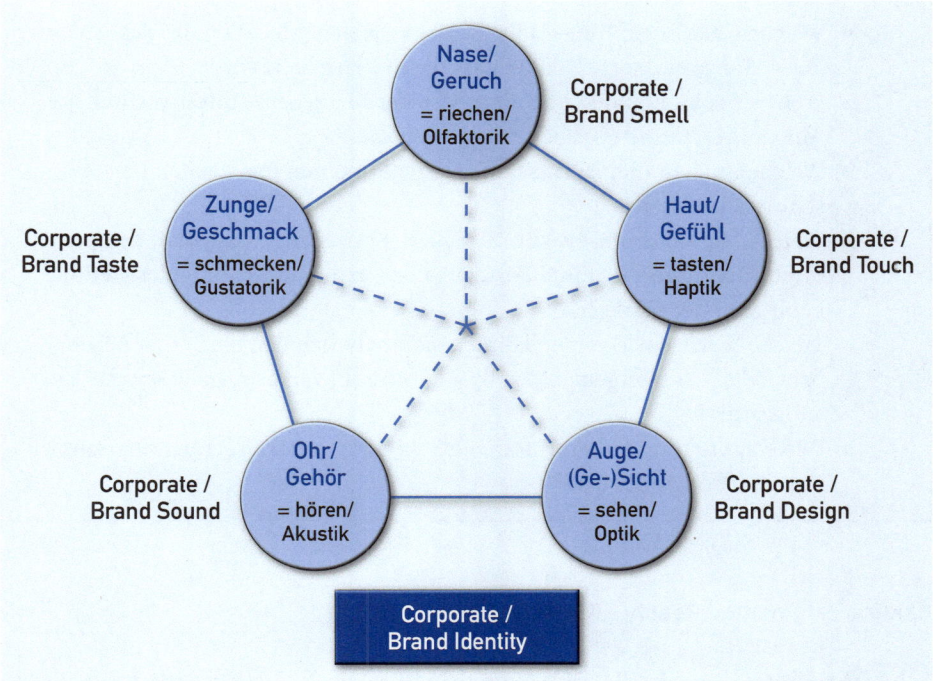

Multisensorisches oder 5-D-Marketing (in Anlehnung an Lindstrøm 2005)

„Smash your brand", so lautet die erste Aufforderung des dänischen Marketing-Gurus Martin Lindstrøm, denn nur, wenn aus jedem Splitter die Marke erkennbar wird, hat man eine wirklich starke Marke. Wenn man diese radikale Perspektive auf die Marke gewagt und die Reste zusammengefegt hat, kann die Beantwortung der folgenden Fragen auf dem Weg zur 5-D-Marke weiterhelfen.

Checkliste 5-D-Markenführung

Analyse:
- Welche sinnlich erfahrbaren Berührungspunkte (touchpoints) hat das Produkt / die Dienstleistung bzw. die Marke in den verschiedenen Phasen des Kaufprozesses mit dem Käufer?
- Welche Bedeutung haben bestimmte Sinneskanäle für die Käufer in der jeweiligen Produktkategorie?
- Welche sinnlich wahrnehmbaren Berührungspunkte ergeben sich aus den Kernwerten der Marke?

Strategie und Umsetzung:
- Welche Symbole, Farben, Typografie, Bilder, Key-Visuals etc. geben der Marke ihr Gesicht?

- Welche Geräusche, Töne (Höhe, Lautstärke etc.), Melodien, Jingles, Sound-logos, Songs etc. sorgen dafür, dass die Marke gehört wird?
- Welche Aromen und Duftstoffe helfen der Marke, eine unverwechselbare Aura zu verströmen?
- Welche Zutaten und Inhaltsstoffe sorgen für einen überzeugenden Geschmack der Marke?
- Welche Materialien (Gewicht, Festigkeit, Konsistenz, Elastizität, Temperaturen, Oberfläche etc.) und Formen geben den Käufern ein gutes Gefühl beim Kauf der Marke?
- Welche Wechselwirkungen können sich zwischen den einzelnen Reizen bzw. Erlebnissen ergeben (positiv = gewünscht versus negativ = unerwünscht)?
- Wie garantiert und überprüft man die kongruente Umsetzung der multisensorischen Ansprache?

Exkurs: Augmented Reality – The world is not enough

Schon die Übersetzung des Begriffs Augmented Reality als angereicherte Realität weist darauf hin, dass mit dem Einsatz von Techniken zur Erzeugung von Augmented Reality (AR) Visionen aus Hollywoodfilmen wahr werden können. Die Protagonisten bekommen beispielsweise auf Knopfdruck oder per Sprachsteuerung zusätzliche Informationen in ihr Blickfeld eingeblendet oder arbeiten per Handbewegung mit virtuellen Werkzeugen an virtuellen Displays. Das verbindende Element dieser „Realitätserweiterung" ist die situations- und handlungsgerechte Integration dieser virtuellen Elemente in die Realität des Rezipienten.

Definition: Augmented Reality ist ein in Echtzeit interaktiv, dreidimensional erlebbares, mit künstlichen Inhalten angereichertes Abbild der Realität.

Inzwischen gibt es zahlreiche Anwendungsbeispiele von AR aus den Bereichen Marketing und Kommunikation. Dabei werden zur Veränderung der Realität bisher vor allem Apps für Smartphones oder Tablets und Videoprojektionen eingesetzt. Bei Techniken der Videoprojektion werden virtuelle und reale Bilder auf einen großen Bildschirm projiziert, sodass sich der Nutzer bei solchen Anwendungen selbst im AR-Bild sehen und mit den virtuellen Objekten interagieren kann. Dass das sehr reizvoll ist und die Markenbindung sowie den Weitererzähl-Faktor erhöht, leuchtet unmittelbar ein. Die neueste Technik, die vor allem von Google vorangetrieben wird, bildet eine neuartige „Brille", auf die dem Träger zusätzliche, virtuelle Informationen in sein Sichtfeld eingeblendet werden.

Den aktuellen Stand der Forschungen am „Project Glass" zeigt Google in einem fast dreiminütigen Kurzvideo. Aus der Perspektive eines mit einer AR-Brille von Google ausgestatteten Mannes wird demonstriert, was man alles mit dieser machen kann (http://www.youtube.com/watch?v=9c6W4CCU9M4).

Dass diese neue Technik die Menschen fasziniert, zeigt sich schon allein daran, dass das Video drei Wochen nach dem Start bereits mehr als 14 Mio. Aufrufe bei YouTube hat (Stand: Anfang Mai 2012). Hinzu kommen noch die zahlreichen Kopien, Fakes und Videokommentare der YouTube-User. Besonders lohnend und anregend ist folgende Parodie, in der in Bezug auf das Google-Video (siehe oben) der Information Overload durch Werbung provokativ auf die Spitze getrieben wurde: http://www.youtube.com/watch?v=_mRF0rBXIeg.

Dass das „Project Glass" für das Unternehmen Google keine ferne Utopie sein soll, zeigt sich schon daran, dass die „Glasses" in den USA bereits Ende 2012 zu einem Preis zwischen 250 und 600 US-Dollar auf den Markt kommen sollen.

AR erweitert natürlich auch die Realität im Marketing, wobei das Ausmaß momentan noch nicht absehbar ist. Auf der Basis des aktuellen Wissens- und Technologiestandes lassen sich folgende Zielsetzungen mit AR verwirklichen.

- (Zusatz-)Informationen vermitteln (= eine Art Basis-Ziel von AR) z.B. am POS (LEGO Digital Box: http://www.youtube.com/watch?v=mUuVvY4c4-A), auf Flyern, in Anzeigen (Mini Cabrio Launch: http://www.youtube.com/watch?v=HTYeu06pIjY), in Form von Manuals (BMW: http://www.youtube.com/watch?v=P9KPJlA5yds) etc.
- Interesse/Neugier wecken (etwa am Mitspielen, adidas: http://www.youtube.com/watch?v=IsTxpouPCMc)
- Marke/Markenwelten emotional erlebbar machen (je stärker und interaktiver die Integration der Teilnehmer, umso intensiver)
- Aufmerksamkeit erregen
- Unterhaltung/Spaß/Spiel z.B. durch Integration von virtuellen Figuren in die Realität der Zielgruppe
- Image einer innovativen, trendigen Marke vermitteln
- Kontakt und Interaktion mit Innovatoren und Trendsettern + evtl. Weiterverbreitung von Informationen
- Transfer/Conversion/Navigation von Zielgruppen zu Landingpages (Marke oder Onlineshop) und/oder realen Stores (offline) bspw. durch Einblendung von Suchergebnissen auf das Smartphone oder eine Brille
- Kaufanreize schaffen bspw. über AR-Coupons (die Agentur Dentsu entwickelte eine App, mit der sich virtuelle gebrandete Schmetterlinge fangen lassen: http://www.youtube.com/watch?v=vEE6M0iW-Nw)
- Produkt in der Verwendung erleben, ohne es kaufen zu müssen, z.B. Testfahrt von Autos, Anprobe von Bekleidung (aktuelles Beispiel von KemperTrautmann umgesetzt, Görtz Schuhe: http://www.youtube.com/watch?v=uSn7cIuw1_A)

Die Einsatzbereiche von AR für Marketing und Vertrieb sind vielfältig und noch längst nicht ausgeschöpft: von der Kundengewinnung und -bindung über Kommunikation bis zum Vertrieb von Produkten und Dienstleistungen. Aber auch E-Commerce, Kundenservice und emotionale Markenwelten lassen sich über AR-Anwendungen ideal gestalten und inszenieren.

Besonders geeignet erscheint AR daher für folgende Bereiche:

- Mode: z.B. virtuelle Anprobe am POS (http://www.youtube.com/watch?v=kYpxpgyCcns) oder zuhause am Computer
- Tourismus: z.B. Stadtführung (London Museum; http://www.youtube.com/watch?v=OV9WBs9xai4) oder das virtuelle Wiedererscheinen der Berliner Mauer (http://www.youtube.com/watch?v=xkumQUUZv-g) oder Hinweise auf Filme, die in London spielen, während des Stadtspazierganges inkl. Einspielung der Szenen auf dem Smartphone (http://www.youtube.com/watch?v=R6c1STmvNJc)
- Auto: z.B. virtuelle Probefahrten, VW-Testfahrt (http://www.youtube.com/watch?v=FhbkqFdKnP8) oder Audi-Kalender 2010 (http://www.youtube.com/watch?v=RhPl9NLO4bk)
- Ausstellungen: z.B. Zusatzinfos zu Künstlern, Bildern, Fotografien
- Immobilien: z.B. Zusatzinfos zu freien Wohnungen in der Umgebung des Nutzers/Wohnungssuchers
- Events: z.B. Einsatz am Messestand, auf Konferenzen, Schulungen
- Schnelldrehende Konsumprodukte (FMCG): Hier ist es besonders wichtig, dass AR zum Markenkern und zur Markenstory passt. Ein besonders spektakuläres Beispiel ist die Fallen-Angels-Kampagne für Lynx (in Deutschland: Axe) (http://www.youtube.com/watch?v=rFuUFeQIdpk)
- Medien (Film, Fernsehen, Zeitschriften, Bücher):

  Für den Fernsehsender Syfy wurden deutschlandweit Plakate mit dem Logo des Fernsehsenders und dem Spruch „Siehst du es auch?" gezeigt. Wenn diese Plakate mit der dazugehörigen iPhone-Anwendung betrachtet wurden, zeigten sich verschiedene Monster oder Aliens.

  Die Zeitschrift National Geographic nutzte auf ihrer World Tour Techniken der Videoprojektion in großen Shoppingmalls, bei denen dann beispielsweise Dinosaurier oder Astronauten auf der Leinwand mit den Teilnehmern interagierten (http://www.youtube.com/watch?v=mo-aW2_6).

  Amazon hat eine App vorgestellt, mit der sich der Barcode eines jeden Produktes einscannen lässt und das entsprechende Angebot samt Zusatzinformationen von Amazon abgefragt wird. Handelt es sich bei dem Produkt etwa um ein Buch, kann die App Kundenrezensionen vorlesen und zeigt das günstigste Kaufangebot. Bei Computerspielen und DVDs lassen sich außerdem auch Trailer direkt abrufen.

  Einen sehr stark involvierenden Ansatz hat die Agentur Jung von Matt für den Krimisender „13th Street" umgesetzt. In der Kampagne „The Witness" werden die Teilnehmer mithilfe ihres Smartphones aktiv in die Ermittlungen zu einer Entführung hineingezogen (http://www.youtube.com/watch?v=Yis6is8v9jA).

Ausblick

Viele der hier vorgestellten Anwendungen von AR im Marketing stellen anregende und daher eher harmlose Erweiterungen unserer Realität und damit unseres Bewusstseins dar. Doch wie alle Formen bzw. Mittel zur Bewusstseinserweiterung verbirgt sich darin auch ein Gefahren- wenn nicht sogar Suchtpotenzial. Die Tatsache, dass in diesem Jahr im Drogenbericht der Bundesregierung erstmalig Internetsucht auftaucht, von der besonders männliche Teenager betroffen sind, zeigt, dass uns der Einsatz von AR-Techniken auch mit ethischen Fragen des Marketings konfrontiert.

- Wie weit wollen wir bei der Vermarktung von Produkten und Dienstleistungen gehen?
- Sind wir bereit, die strukturellen Veränderungen, die AR in der zwischenmenschlichen Kommunikation, aber auch in unseren Hirnen auslöst, verantwortungsvoll zu bedenken?
- Soll AR das Leben der Konsumenten wirklich bereichern oder wollen „wir" mithilfe von AR Kunden zu „nützlichen Konsum-Maschinen" machen?

Literaturtipps

- Häusel, Hans Georg: Brain View, Haufe, München 2008
- Häusel, Hans Georg: Emotional Boosting, Haufe, München 2009
- Kilian, Karsten: Multisensuales Markendesign als Basis ganzheitlicher Markenkommunikation. In: Florack/Scarabis/Primosch: Psychologie der Markenführung. Vahlen, München 2007
- Lindstrøm, Martin: Brand Sense, Simon & Schuster, New York 2005 (deutsch: Campus, München 2011)
- Scheier, Christian / Bayas-Linke, Dirk / Schneider, Johannes: Codes. Die geheime Sprache der Produkte. Haufe, München 2010

Der Autor

Nach einem Studium der Wirtschaftswissenschaften (Schwerpunkt Marketing) und Germanistik an der RWTH Aachen unterrichtet Gero Wendt seit 15 Jahren an einem Düsseldorfer Berufskolleg Kaufleute für Marketingkommunikation. Er ist darüberhinaus Autor von fünf bei Cornelsen erschienen Fachbüchern aus den Bereichen Marketing und Werbung und hält Vorträge zu den Themen Neuro-Marketing, Werbepsychologie und Storytelling in Unternehmen, Kreativschulen und Weiterbildungsinstituten.

Guerilla-Marketing
Überraschende und aufmerksamkeitsstarke Kundenansprache

Michael Böhm

Die ersten Wurzeln des Guerilla-Marketings lassen sich bereits in den 1960er-Jahren ausmachen. Die Reklamewelt transformierte sich von der marktschreierischen Information der Kunden hin zu immer mehr strategisch ausgerichtetem Marketing. Die großen Unternehmen belegten immer mehr Werbeflächen, die Preise dafür stiegen und kleine und mittelständische Unternehmen stießen immer häufiger an ihre Budgetgrenzen.

Vor diesem Hintergrund veröffentlichte Jay Conrad Levinson 1984 zunächst in den USA sein Buch „Guerilla-Marketing". Dieses erste Buch zum Thema wurde in den Folgejahren in insgesamt 42 Sprachen übersetzt und nahezu auf der ganzen Welt gelesen. Dieser ersten Ideensammlung folgten vom gleichen und auch weiteren Autoren noch weitere Bücher. Wie alle neuen Marketingtrends erlebte das Guerilla-Marketing um die Jahrtausendwende den Höhepunkt des Hypes. Jede außergewöhnliche Aktion im Marketing hieß auf einmal Guerilla-Marketing, auch wenn sie aufgrund fehlender strategischer Konzeption oftmals nicht einmal eine Marketingaktion war.

Vergleichbare Entwicklungen haben nahezu alle Trends und neuen Methoden genommen. So labelte man auf dem Höhepunkt der „Markteinführung" des Event-Marketings jede Party als Marketingevent und so galt in den Anfängen des WWW jede chaotische und oftmals gegen sämtliche Regeln der Corporate Identity verstoßende Ansammlung bunt aktivierter Seiten im Internet als angeblich effiziente Unternehmens-Homepage.

Doch wie bei allen Trends ist auch auf dem Gebiet des Guerilla-Marketings seit einigen Jahren eine Bereinigung und Konsolidierung zu beobachten. Guerilla-Marketing ist mittlerweile als Strategie anerkannt und wird nicht nur von kleinen und mittelständischen Unternehmen, sondern vielfach auch von großen Unternehmen eingesetzt.

Bevor die einzelnen Werkzeuge des Guerilla-Marketings näher erläutert und Beispiele beschrieben und analysiert werden, zitiere ich eine Definition, die das Phänomen am besten beschreibt. Thorsten Schulte vom Guerilla Marketing Portal und Patrick Breitenbach vom Werbeblogger haben sie entwickelt:

„Guerilla-Marketing ist die Kunst, den von Werbung übersättigten Konsumenten größtmögliche Aufmerksamkeit durch unkonventionelles bzw. originelles Marketing zu entlocken. Dazu ist es notwenig, dass sich der Guerilla-Marketeer möglichst (aber nicht zwingend) außerhalb der klassischen Werbekanäle und Marketing-Traditionen bewegt."

Ob durch ein schmales Werbebudget dazu gezwungen oder von dem Wunsch geleitet, im teuren Feuerwerk der Massenwerbung mit gezielt gesetzten Effekten für zusätzliche Aufmerksamkeit zu sorgen: Es geht den Marketinguerilleros um besondere Originalität. Guerilla-Marketing erfüllt den Wunsch der Zielgruppe, des zu erreichenden Konsumenten, nach einem „Werbeerlebnis", nach ein bisschen Abenteuer im Werbe- und Marketingalltag. Das uniformiert bunte und eintönig laute und dadurch beliebig austauschbare Werbegeschehen langweilt die Kunden. Werbepausen werden übersprungen oder anderweitig genutzt, Werbesendungen im Briefkasten mit Schutzschildchen abgewehrt, Werbe-E-Mails mit cleveren SPAM-Filtern direkt in den virtuellen Papierkorb umgeleitet. Der Kunde empfindet die Werbung nicht als einladende Information über wichtige und benötigte Produkte oder Dienstleistungen, sondern als störende und manchmal sogar bedrohende Belästigung.

Guerilla-Marketing-Strategien setzen hier einen Kontrapunkt und schaffen emotionalen Mehrwert, indem sie die Produkte und Dienstleitungen interaktiv in Szene setzen.

Um dieses Ziel zu erreichen ist es jedoch unerlässlich, die klar definierte Zielgruppe exakt zu studieren. Jedes Verhalten, jegliche Form der Kommunikation, jede Bewegung der potenziellen und tatsächlichen Kunden muss bekannt sein. Um mögliche freie Rezeptoren für kreative Werbebotschaften identifizieren zu können, müssen zudem auch die verstopften Werbekanäle bekannt sein und genauestens analysiert werden.

Guerilla-Marketing kann zwar in der Realisationsphase auch mit schmalem Budget realisiert werden, erfordert jedoch meistens mehr Investitionen von Zeit und Kreativität, als die klassischen Formen des Marketings.

Zusätzlich benötigt der Marketingguerillero eine umfassende und topaktuelle Kenntnis aller möglichen Kommunikationstechniken, Werbemittel sowie alternativ einzusetzender Materialien und deren Beschaffungsmärkte.

Wie beschrieben, war nach der Geburt des Guerilla-Marketings jede „verrückte", weil nicht ins übliche Bild passende Werbemaßnahme eine Guerilla-Marketing-Aktion. Im Laufe der Entwicklungszeit zum anerkannten Marketingzweig haben sich verschiedene Felder und Disziplinen herausgebildet, die jeweils auch mit einem eigenen Fachbegriff überschrieben wurden. Auf den folgenden Seiten werden diese Disziplinen nun genauer dargestellt.

Ambient Media

Die am häufigsten verwendete Definition für Ambient Media stammt von der w&p Marketing GmbH aus dem Jahre 1999 und lautet: *„Ambient Media sind Medienformate, die im Out-of-Home-Bereich der Zielgruppe planbar konsumiert werden."* Nach Festlegung der zu erreichenden Zielgruppe wird also nach Plätzen und Bereichen gesucht, an denen deren Mitglieder regelmäßig und somit „planbar" anzutreffen sind. In dem so herausgefilterten Ambiente wird anschließend nach Möglichkeiten für die Inszenierung der eigenen Marke oder Werbebotschaft gesucht.

Zunächst wurde im Bereich der Gastronomie jede potenzielle Werbefläche systematisch untersucht und innerhalb kürzester Zeit fast jede Möglichkeit kategorisiert und mittlerweile auch eingepreist. Werbepostkarten vor den Toiletten, Plakate und Werbeanbringungen in den Toiletten und über den Waschtischen, auf sämtlichen Behältern und natürlich auch in sämtlichen Bereichen der Restauration. Gerade im Bereich der Gastronomie gibt es heute keinen Bereich mehr, der nicht katalogisiert ist und professionell vermarktet wird.

Findige Agenturen sind jedoch sogar hier noch erfolgreich. So installierten Kreative im Auftrag ihres Kunden eine Spielesteuerung in den Pissoirs. Besucher konnten mithilfe eines über zwei Kontakte angesteuerten Fahrsimulators die eigene Fahrtüchtigkeit überprüfen. Wurde eine bestimmte Punktzahl nicht erreicht, erhielt der Testfahrer den guten Rat, nicht mehr mit dem eigenen Fahrzeug, sondern dem beauftragenden Taxiunternehmen nach Hause zu fahren.

Auch Flughäfen sind sowohl wegen der zahlungskräftigen Klientel der Businessflieger als auch der Urlaubsflieger ein interessantes Ambiente für viele Markenartikler. Gerade an Flughäfen müssen die Reisenden viel Wartezeit an der gleichen Stelle in einem eng abgezirkelten Bereich verbringen. Ihre Augen sind so ständig auf der Suche nach interessanter Ablenkung. Zahlreiche Wandflächen in Wartebereichen eignen sich sowohl für die Anbringung von großflächigeren Plakaten als auch für die Belegung mit Großbildschirmen. Floorposter, Deckenhänger und weitere Flächen sind mittlerweile feste Bestandteile der buchbaren Werbeflächen, die dauerhaft von den Flughäfen vermarktet werden.

Für kurzfristige „Überraschungsaktionen" bieten sich die Gepäckbänder an. Einige Markenartikler lassen in ihrem Auftrag auffällige Pakete oder sonstige aufmerksamkeitsstarke Gegenstände mit eigener Werbeanbringung ihre Runden drehen.

> Die Agentur TBWA führte für ihren Kunden Absolut Vodka eine solche Aktion durch. Sie platzierten auf dem Rollband einer Gepäckausgabe am Flughafen eine „verlockende" Kiste. Die Kiste wurde vor den Augen aller wartenden Reisenden auf dem Band befördert. Sie war offen, enthielt eine Wodka-Flasche mit der Aufschrift „Versuchung". Clever: Die Langeweile während des Wartens wurde für die Erzeugung von Aufmerksamkeit genutzt und jeder Reisende dachte wohl kurz daran, die scheinbar herrenlose Kiste einfach mitzunehmen.

Je innovativer eine solche Aktion ist, umso mehr Aufmerksamkeit der wartenden Zielgruppe erhalten die Auftraggeber. Viele Flughäfen bieten diese noch relativ wenig bekannten Werbeaktivitäten in ihren eigenen Werbekatalogen an.

> Außerhalb der regulär angebotenen Aktionen präsentierte sich SIXT am Hamburger Flughafen. Der Autovermieter installierte fünf extrem leistungsfähige WLAN-Netze. Jedes Netzwerk erhielt als Namen einen aktuellen Werbeslogan

> von SIXT. Wer sich am Flughafen einloggen wollte, las automatisch die Botschaft und bei einem Klick auf das Netzwerk bekam er weitere Infos zu den Angeboten von SIXT.

Auch wenn viele dieser ehemals „neuen" Werbeflächen mittlerweile professionell vermarktet werden, finden die Ambient Media Scouts immer wieder innovative Platzierungsmöglichkeiten im öffentlichen und teilöffentlichen Raum.

> So platzierte ein bekannter schwedischer Möbelhersteller fünf Tage lang in der Innenstadt von Manhattan Möbel und andere Angebote an den verschiedensten Orten. An Bushaltestellen, U-Bahnen oder auf dem Gehweg fanden die Passanten Sofas, Kochhandschuhe, Tische oder Hundenäpfe vor. Trafen die Menschen diese alltäglichen Gegenstände an unerwarteten Orten an, wurde einerseits die Aufmerksamkeit darauf gelenkt und sie erhielten zusätzlich die Möglichkeit, die Waren direkt zu testen.
>
> Auch in Amsterdam war der Möbelhersteller aktiv. Auf der Fläche mehrerer öffentlicher Parkplätze wurde jeweils ein Zimmer nach dem Vorbild der Ausstellungen in den Möbelhäusern aufgebaut. Mitarbeiter sorgten den ganzen Tag über dafür, dass die Parkuhren regelmäßig freigeschaltet wurden. Am Nachmittag wurden die Passanten dann aufgefordert, die Parkplätze zu „räumen" und eines der Ausstellungsstücke mit nach Hause zu nehmen.

Wenn Sie eigene Ambient Media Maßnahmen planen, überlegen Sie genau, welche Wege Ihre Zielgruppe zu den von ihr bevorzugten und regelmäßig frequentierten Zielen nimmt. Wo gibt es

- Wartebereiche,
- Zonen längeren Aufenthaltes oder
- besonders aufmerksamkeitsstarke Flächen,

an und auf denen Sie überraschenderweise eine besondere Inszenierung Ihres Produktes oder Ihrer Dienstleitung realisieren können?

Bei der Planung solcher Aktionen sind zusätzlich zu den technischen immer auch die rechtlichen und sicherheitsrelevanten Fragen genauestens zu klären. Klären Sie diese detailliert und umfassend ab, damit Sie auch alle potenziellen Risikokosten mit einplanen können. Rechtzeitige und umfassende Absprachen mit den zuständigen Behörden ersparen einen vorzeitigen Abbruch und nicht kalkulierte Kosten.

Eine passend inszenierte „Einladung" der Medienvertreter sorgt für eine umfassende Berichterstattung, die bei wirkungsvollen Aktionen noch durch zahlreiche Berichte, Bilder und Videos auf den Social Media Kanälen ergänzt wird.

Letztlich überlegen Sie sich auch Controllingmöglichkeiten, um den Erfolg Ihrer Maßnahme nachvollziehen zu können.

Ambush Marketing

Unter Ambush Marketing (ambush kommt aus dem Englischen und bedeutet Hinterhalt) versteht man, oftmals abwertend gemeint, Marketingaktivitäten, die darauf abzielen, die mediale Aufmerksamkeit eines Großereignisses auszunutzen, ohne selbst Sponsor der Veranstaltung zu sein. Gerade im Umfeld von großen Sportereignissen (Olympiade, Weltmeisterschaften) taucht diese Form des Guerilla-Marketings verstärkt auf. Zum einen, weil direkte Konkurrenten bestimmter Sponsoren keine Möglichkeit erhalten haben, selbst auch als gleichwertige Sponsoren aufzutreten und so einen Imageverlust befürchten, wenn sie bei dem Großevent nicht vertreten sind. Zum anderen nutzen Unternehmen, deren Budget eine reguläre Teilnahme als Sponsor nicht zulässt, das Event für die eigenen Marketingmaßnahmen. Die Organisatoren der Veranstaltungen gehen mit einer großen Anzahl an Anwälten gegen solche Trittbrettfahrer vor. Bestimmte Begriffe, die mit dem Event in Zusammenhang stehen, werden geschützt, „Sperrbezirke" um die Veranstaltungsorte eingerichtet und die Orte selbst von nicht zulässigen Symbolen und Markenzeichen befreit.

Trotzdem gelingt es großen und auch kleinen Unternehmen immer wieder, die Restriktionen zu umgehen und ohne offiziellen Sponsorstatus von der Aufmerksamkeit der Veranstaltungen zu profitieren.

> Eine besonders effektive Aktion führte der Sportartikelhersteller Nike durch. Nike sponserte im Rahmen der Aktion „Go-Heinrich-Go" den über 80 Jahre alten Läufer Heinrich bei seiner Teilnahme am Berlin-Marathon. Nike stattete den Läufer nicht nur entsprechend aus, sondern förderte darüber hinaus auch die mediale Inszenierung, z.B. mit Heinrich-Plakaten entlang der Laufstrecke und einer eigenen „Heinrich-Zeitung" vor dem Marathon. Von der Medienaufmerksamkeit für den ältesten Marathonteilnehmer profitierte Nike und konnte so mit geringerem Aufwand einen vergleichbaren Effekt mit hohem Sympathiefaktor erzielen wie der offizielle Marathon-Sponsor Adidas.
>
> Bei den olympischen Sommerspielen 1996 stattete Puma einen Sportler mit Kontaktlinsen aus, die das Logo des Unternehmens zeigten. Der Sportler trug diese u.a. bei einer Pressekonferenz und sorgte so für große PR für Puma, obwohl das Unternehmen nicht als offizieller Sponsor hohe Beträge an den Organisator gezahlt hatte.

Auch kleineren Unternehmen bietet sich Ambush Marketing in verschiedener Weise an, denn nicht nur Großveranstaltungen eignen sich zum Trittbrettfahren.

> Eine Schreinerei nutzte aktuelle Werbeaktionen von IKEA, um die eigenen Services zu vermarkten. Immer wenn der Möbelhersteller in seinen Märkten eine Küche oder ein Bett anbot und so viele Kunden anzog, platzierte der pfiffige Schrei-

ner sein Fahrzeug auf einem offiziellen Parkplatz in der Nähe des Möbelhauses. Auf seinem Fahrzeug brachte er eine Infotafel an, auf der er auf seinen Montage-service für Küchen oder eben Schlafzimmer/Betten hinwies. „Wenn Sie schon heute ohne Aufbaustress in der Küche ein tolles Essen bereiten wollen, helfen wir Ihnen beim Aufbau." Mit einem ähnlichen Spruch wurde natürlich auch der Montageservice für das Schlafzimmer beworben. So erreichte der Schreiner seine potenzielle Zielgruppe ohne großen finanziellen Aufwand.

Auch regionale Sport- und Kulturveranstaltungen liefern eine entsprechend gute Platt-form für Ambush-Aktionen. Im Gegensatz zu FIFA und IOC setzen die kleineren regio-nalen Organisatoren und die Behörden der Städte in der Regel keine Anwälte auf Tritt-brettfahrer an.

✉ **Die Vorschriften für Aktivitäten im öffentlichen Raum und natürlich die Marken-rechte, Wettbewerbsrechte und auch die Rechte der jeweiligen Grundstückseigentümer bzw. das jeweilige Hausrecht sollten jedoch bei allen Aktivitäten im regionalen und überregionalen Bereich beachtet werden.**

Sollten kleinere Verstöße gegen diese Rechte nicht auszuschließen sein, konsultieren Sie einen Fachanwalt, der Sie ausführlich über mögliche Folgen und Folgekosten aufklärt.

Beachten Sie immer, dass positiv humorvolle Aktionen auf Seiten des Veranstalters eher toleriert werden, während aggressive Kampagnen auf Kosten des bezahlenden Sponsors oder Werbetreibenden, dessen Bühne Sie für Ihre eigenen Zwecke nutzen, rechtliche Auseinandersetzungen nach sich ziehen können.

Denken Sie auch hier bei Ihren Vorbereitungen an eine aktive Einbindung der Medien und der im Bereich Social Media aktiven Besucher.

Buzz Marketing

Im Rahmen des Buzz Marketings (to buzz: engl. summen bzw. schwirren) wird gezielt Mundpropaganda erzeugt. Die Unternehmen wollen nicht darauf warten, bis innerhalb einer bestimmten Zielgruppe positiv über die eigenen Angebote gesprochen wird. Sie setzen so genannte Buzz-Agents ein, die als Katalysatoren der Propaganda funktionieren und so die Botschaft effektiver und zielgerichteter verbreiten. Für ihre Dienstleistung erhalten die Agents entweder ein Honorar oder Gratisprodukte. Die Privatpersonen agie-ren in ihrem sozialen Umfeld (bei Freunden und Kollegen) oder an öffentlichen Plätzen (Bushaltestellen, Warteschlangen) in einem natürlichen und ungezwungenen Kontext und berichten positiv über eine zu bewerbende Marke bzw. Produkte, Services und Un-ternehmen.

Das Buzz Marketing kann sich zusätzlich der Techniken des viralen Marketings und der Möglichkeiten des Informationsaustausches im Internet via E-Mail sowie über Blog- und Foreneinträge bedienen. Gerade die aktuellen Möglichkeiten der Social Media Kanä-le bieten eine noch größere Multiplikatorfunktion. Viele Buzz-Agents sind im Marketingsinn Early Adopter (erste Nutzer / Anwender), die in ihrem sozialen Umfeld auch als Trendscouts und entsprechende Multiplikatoren fungieren.

Mittlerweile gibt es auch in Deutschland einige Agenturen, die Kunden bei der Suche nach den benötigten Multiplikatoren und der Kommunikation mit ihnen behilflich sind. Die rekrutierten Buzz-Agents erhalten dann als erste Personen im jeweiligen Marktsegment ein neues Produkt, das sie über einen bestimmten Zeitraum testen und danach dann bewerten. Zusätzlich erwünscht ist natürlich die positive und verkaufsfördernde Mund-zu-Mund-Propaganda dieser Agents. Je nach Kommunikationstyp verläuft eine solche Kampagne weniger oder mehr erfolgreich. Je mehr „Missionare" sich unter den Agents befinden, umso stärker sind die positiven verkaufsfördernden Effekte. In Deutschland wird gerade im Food- und Non-Food-Bereich der täglichen Güter aktiv mit Buzz-Marketing gearbeitet.

Auch kleinere Unternehmen können im Zeitalter der Social Media mit geringem Kostenaufwand eine entsprechende Marketingaktion starten.
- Selektieren Sie im eigenen Kundenbestand gute Stammkunden, die Ihrem Unternehmen in positiver Weise zugetan sind und von denen Sie wissen, dass sie gerne über positive Produkt- oder Dienstleistungserfahrungen berichten.
- Stellen Sie diesen VIPs das zu promotende Produkt für einen Test zur Verfügung und bitten um entsprechende Posts auf geeigneten Plattformen.
- Posten Sie parallel dazu aktuelle Informationen über das Produkt und bitten auch dort um Likes oder positive Kommentare.
- Beobachten Sie auch die Reaktionen von Nichtmitgliedern Ihres VIP-Clubs, denn manchmal verbergen sich auch unter ihnen potenzielle Buzz-Agents.

Virales Marketing

Das Buzz Marketing bedient sich oftmals bereits einiger Elemente des Viralen Marketings oder wird mit diesem verknüpft. In diesem Abschnitt gehen wir nun näher auf die Wirkungsweisen und Möglichkeiten des Viralen Marketings ein.

Virales Marketing nutzt soziale Netzwerke und Medien, um mit einer meist ungewöhnlichen oder zunächst versteckten Nachricht auf eine Marke, ein Produkt oder eine Kampagne aufmerksam zu machen.

Auch wenn die beabsichtigte epidemische Verbreitung der der Mundpropaganda stark ähnelt, ist virales Marketing nicht mit Buzz Marketing gleichzusetzen. Bei der Mundpropaganda nimmt der „neutrale" Buzz-Agent die Initiierung der Verbreitung vor. Er setzt sozusagen den Virus in Gang und infiziert seine Kontaktgruppe. Beim viralen Marketing geht die Infizierung vom Auftraggeber bzw. seiner Agentur aus. Damit die Botschaft auch beim gewünschten Empfänger ankommt und diesen auch wirklich „infiziert", muss der Virus der Zielgruppe natürlich bestmöglich angepasst werden. Was findet die Zielgruppe so interessant oder witzig oder sensationell, dass sie es sich nicht nur selbst anschaut, sondern auch noch zusätzlich das eigene soziale Umfeld weiterinfiziert? Schließlich will der Erschaffer des Virus ja nicht nur eine kleine Gruppe infizieren, sondern am liebsten eine Epidemie auslösen.

Virales Marketing bedient sich dabei verschiedener Methoden, um die Nachricht zu verbreiten, z.B. über Postkarten, Filmclips in Videoforen (YouTube), Posts und Pics im Bereich der Social Media (Facebook, Pinterest) oder einfacher Beiträge in Internetforen und Blogs. Wichtig ist, den Nerv der Zielgruppe zu treffen. Schließlich sollen die potenziellen Kunden nicht nur selber kaufen, sondern auch noch weiter Werbung betreiben.

Der Erfolg der Kampagnen ist, gemessen am meist minimalen finanziellen Aufwand gegenüber vergleichbar effektiven Methoden, überproportional groß. Zur Erfolgsmessung dienen neben qualitativen Ergebnissen (meist Clippings) auch technische Mittel (z.B. das Tracking von Links, Nachverfolgung der Verbreitung von Videos über Codes, URL-Paramenter etc.) die unter anderem auf den Einsatz von Monitoring-Software zurückgreifen.

Das in Medien und Seminaren zum Thema am häufigsten genannte Beispiel für eine erfolgreiche virale Kampagne ist das Werbespiel Moorhuhn, das von der Firma Phenomedia AG für Johnnie Walker entwickelt wurde. Innerhalb kürzester Zeit erreichte das Spiel eine enorme Popularität und Verbreitung. Leider übertrug sich der Bekanntheitsgrad des Spiels nicht in gleicher Weise auch auf die Marke. Ein Problem, das meistens dann auftritt, wenn die gewählte Kampagne zu wenig unmittelbar nachvollziehbare Verbindungen zum beworbenen Produkt aufweist oder nicht an die Kommunikations-Rezeptoren der Zielgruppe angepasst ist.

Ein weitere, sehr bekannte virale Kampagne im Internet begleitete 1999 die Low-Budget-Filmproduktion „Blair Witch Project". Mit geheimnisvollen und real anmutenden, wie aus dem Camcorder per Hand aufgenommenen Szenen aus dem Film wurde der Anschein erweckt, dass hier tatsächliche Begebenheiten dokumentiert würden. Die schockierenden Fragmente aus dem Film erregten in der Internetgemeinde eine hohe Aufmerksamkeit. Als der Film dann in die Kinos kam, war er ohne großen Werbeaufwand bereits weltweit bekannt.

Eine sehr aufwändige und umfassende virale Guerilla-Aktion führte im Herbst 2010 die Union Car Insurance Slowakei durch. Ziel war es, die Bevölkerung auf die gefährliche bzw. nachlässige Fahrweise zahlreicher Verkehrsteilnehmer hinzuweisen. Die Versicherungsgesellschaft stellte eine Guerilla-Truppe „The Pink Squad" zusammen. Auf der Aktionshomepage stellte sich die Guerilla-Truppe vor, postete Statements und präsentierte verschiedenste Aktionen. Unterstützer konnten ihr Profilfoto auch mit einer rosa Maske versehen und die Aktivitäten kommentieren. „The Pink Squad" griff bei Verstößen gegen die Fahrordnung plötzlich ein und machte die Autofahrer mittels Schaumstoff, Blumentöpfen etc. auf ihr Fehlverhalten aufmerksam. Diese Kampagne gilt auch als bahnbrechende Social Media Kampagne in der Slowakei, die sich zuerst in Fernsehberichten, dann von Mund zu Mund und schließlich über ein Video viral verbreitete.

Virale Kampagnen haben meist den Vorteil, dass sie auch mit schmalem Budget erfolgreich realisierbar sind. Allerdings gibt es auch Nachteile und Gefahren. Ähnlich wie bei klassischen Massenmedien gibt es auch hier Streuverluste, die zwar kostenmäßig nicht so negativ bewertet werden müssen. Man muss sich jedoch darüber klar sein, dass nicht jeder Empfänger der Botschaft auch ein potenzieller Kunde ist. Manche finden lediglich die Kampagne gut (siehe die Moorhuhn-Kampagne).

Vorteil der viralen Kampagne ist, dass auch Nicht-Kunden als Multiplikatoren fungieren, weil sie die tolle Aktion an ihre Kontakte weiterleiten und so noch potenzielle Kunden hinter den Nichtkunden erreicht werden können.

Eine Gefahr beim viralen Marketing ist, dass ein einmal freigesetzter Virus in den wenigsten Fällen auf seinem Verbreitungsweg noch beeinflussbar ist. Niemand kann die Kanäle und Verbreitungswege nachvollziehen und bei einem Abdriften der Aktion in die falsche Richtung mit passenden Mitteln gegensteuern. Schließlich kann es auf dem Weg durch die Tiefen des virtuellen Raumes auch negative Feedbacks geben, die sich dann möglicherweise im Worst Case stärker entwickeln als die positiven Postings und Kommentare. Bei den klassischen Kommunikationskanälen mit eingrenzbarer Empfängerschar konnte man hier zur Not noch über die gleichen Medien nachjustieren.

Resümierend überwiegen jedoch die positiven Argumente, die auch für den Erfolg des viralen Marketings verantwortlich sind.

Sensation Marketing

Mit Lebensmittelfarbe rot gefärbte Brunnen in Italien, die Passanten zunächst schocken und dann gezielt deren Aufmerksamkeit erregen sollten, warben für Vodafone. Ein überdimensionaler Nike-Fussball, der augenscheinlich ein Auto zerstört hat und nicht nur Blicke, sondern auch eine Vielzahl von Kameras auf sich zieht. Ein scheinbar aus dem Parkhaus stürzendes Auto, das laut Plakat hoffentlich bei der richtigen Autoversicherung angemeldet ist, oder ein überlebensgroßer Rasierer, der für Philishave in den Großstädten dieser Welt ein ebenso überdimensioniertes schwarzes Barthaar verfolgt.

Alle diese Aktionen wollen mithilfe sensationeller, überraschender und übertreibender Elemente die Aufmerksamkeit potenzieller Kunden gewinnen. Durch die hohe Durchdringung der Gesellschaft mit Multimedia-Mobiltelefonen haben immer gleich mehrere beteiligte Personen Foto- und Videokamera zur Hand, dokumentieren zusätzlich zur beauftragten Agentur die Aktion und posten die Ergebnisse im Internet.

Da eine nötige weitergehende Information über das „beworbene" Produkt oder die Dienstleistung im direkten Umfeld der Aktion kaum oder nicht möglich ist, müssen Sensation Marketing Aktionen immer in eine umgebende Kommunikationsumgebung eingebunden werden. Ansonsten verpufft die Kampagne als witzige unterhaltsame Alltagsunterbrechung ohne Werbeeffekt für das Unternehmen und seine Produkte.

Stealth Marketing

Unter dem Deckmantel „normaler" User bewegen sich Marketing- und PR-Strategen in Chatrooms, Weblogs und Foren. Sie schreiben Rezensionen zu den Produkten des Auftraggebers und betreiben so buchstäblich „Schleichwerbung" (engl. stealth modus = Tarnkappenmodus). Auffällig ist diese Taktik in den letzten Jahren vor allem auf Verkaufsportalen bzw. bei Internethändlern wie Amazon. Hier ist es für den Kunden manchmal sinnvoller und hilfreicher, die negativen Beurteilungen zu studieren, als die von Herstellern lancierten positiven Bewertungen.

Solange die Aktivitäten der Stealth-Marketer unentdeckt bleiben, funktioniert dieser Zweig des Guerilla-Marketings. Doch in vielen Fällen werden sie trotz geschickter Tarnung vom Radar aufmerksamer User enttarnt und ernten dann heftige Gegenwehr, die sich zu einem regelrechten „Shitstorm" auswachsen kann. Die Kunden fühlen sich nicht ernst genommen und verurteilen die hinterlistige Unterwanderung mit aller Macht des demokratischen Internets.

Low-Budget-Marketing

Begrenzte, schmale Budgets waren einer der Hauptgründe für die Entstehung und das Wachstum des Guerilla-Marketings. Gerade viele kleine und mittelständische Unternehmen stehen zwar genau wie große Unternehmen unter dem Zwang, Marketingmaßnahmen einzusetzen, verfügen aber nicht über die für klassische Kampagnen benötigten monetären Mittel. Fehlende Finanzen müssen so durch die effiziente Ausnutzung aller Ressourcen und durch den verstärkten Input von Kreativität ersetzt werden. Improvisationstalent ist gefragt. Schließlich soll das Budget geschont, der Kunde aber trotzdem positiv angesprochen werden und nicht durch stümperhafte und billig anmutende Aktivitäten abgeschreckt werden.

Der Marketingguerillero checkt alle möglichen Ressourcen. Der eigene (auch private) Fundus sowie der des kompletten Netzwerks, Secondhandmärkte und auch ebay werden den Werbemittel- und Dekokatalogen vorgezogen. Mit kreativer Energie aller Mitarbeiter werden Kommunikationsnischen entdeckt und für die eigene Werbung urbar gemacht. Es ist wesentlich günstiger, sich mit den eigenen Mitarbeitern, guten Kunden oder Freunden zu einem Arbeitsessen zu treffen und in guter Atmosphäre eigene Marketingmaßnahmen zu entwickeln, als einer teuren Agentur die komplette Arbeit zu überlassen. Die gemeinsam entwickelte Kampagne wird dann auch wesentlich überzeugter und mit mehr Energie umgesetzt als jeder Vorschlag von außen.

Fehlen die kreative Initialzündung oder das grafische Talent, so kann für die existierenden Lücken eine externe kreative „Windmaschine" zum Brainstorming eingeladen werden oder eine Grafik-Fachkraft für die Realisierung der Medien beauftragt werden. Do it yourself spart auch an dieser Stelle Geld und macht zudem viel Spass.

Zum Abschluss der Vorstellung der Instrumente des Guerilla-Marketing möchte ich Ihnen noch zwei interessante und relativ neue Werbemöglichkeiten der Marketing-Guerilleros präsentieren.

Projektionen auf öffentliche Flächen

Umweltorganisationen, Gewerkschaften und Interessenverbände sowie auch Markenartikler haben bereits das Kanzleramt als Projektionsfläche für ihre Botschaften genutzt.

Auch andere öffentliche und von vielen Menschen einsehbare Flächen wurden auf ähnliche Weise als unbezahlte und in vielen Fällen auch illegale temporäre Werbefläche genutzt. Halten sich die Gegenmaßnahmen bei Aktionen zu bestimmten seriösen politischen oder gesellschaftlichen Anliegen noch in Grenzen, so ist bei Werbeaktionen für Produkte, Dienstleistungen oder Unternehmen mit wesentlich stärkeren Aktivitäten der Ordnungskräfte zu rechnen.

Bei der Planung einer entsprechenden Maßnahme sind nicht nur die technischen Vorbereitungen bestmöglich zu planen, sondern auch die rechtlichen Probleme abzuchecken und mögliche Folgen zu klären und zu kalkulieren. Wenn der positive Aufmerksamkeitswert höher einzuschätzen ist als der Folgeaufwand und mögliche Rechtskosten, so könnte eine entsprechende Marketingaktion Sinn machen.

Streetbranding

Eine rechtlich zwar noch nicht endgültig geklärte, aber bisher von einigen Gerichten als rechtlich unbedenklich eingestufte Aktivität ist das als Streetbranding oder Reverse Graffiti bezeichnete Verfahren, Werbung im öffentlichen Raum zu platzieren.

Es handelt sich dabei im Grunde um eine spezielle Form von Graffiti, bei der z.B. eine Straße, eine Tunnelwand oder Fassade teilweise von Verwitterungsablagerungen oder Farbe gereinigt werden. In der Regel werden Schrift und Bild mithilfe einer vorgefertigten Metallschablone übertragen, die auf die entsprechende Fläche aufgelegt und dann mit einem Hochdruckreiniger oder einer Drahtbürste bearbeitet wird.

Marketingguerilleros sind immer auf der Suche nach neuen, aufmerksamkeitsstarken Möglichkeiten, die Kunden ihrer Auftraggeber mit effizientem Einsatz der Ressourcen zu erreichen. Viele der zuerst im Guerilla-Marketing eingesetzten neuen Methoden sind mittlerweile auch im „klassischen" Marketing angekommen und werden auch außerhalb des Guerilla-Marketings regelmäßig eingesetzt. Dadurch verlieren sie natürlich im Laufe der Zeit ihre Guerillawirkung und müssen durch neue kreative Möglichkeiten ersetzt werden. Guerilla-Marketing muss sich so immer wieder neu erfinden und entwickelt sich dynamisch weiter. Marketingguerilleros sind die Pioniere des Marketings und werden auch in Zukunft stetig nach noch unbesetzten Nischen suchen, diese besetzen und weiterentwickeln sowie nach Übernahme durch das klassische Marketing diese auch wieder verlassen.

Hier zusammenfassend noch einige Anregungen, die Sie bei der Entwicklung Ihrer Guerilla-Marketing Kampagne unterstützen können:

Ansatzpunkte für Ihre Guerilla-Marketing Kampagne

- Guerilla Marketing lebt davon, Kunden im Rahmen ihnen bekannter Settings positiv zu überraschen: Welche Alltagssituationen, Konventionen und Routinen können Sie hier aufmerksamkeitsstark aufbrechen und damit spielen?

- Wer sich gegen etwas abgrenzt, schärft das eigene Profil: Welchen Widerpart können Sie in Ihrer Branche / Ihrem lokalen Umfeld ausmachen, gegen den Sie sich im Sinne eines „David gegen Goliath"-Schemas positiv abgrenzen?

- Machen Sie die Probe aufs Exempel: Welche einzelnen Kunden oder noch besser in lokalen Institutionen repräsentierte Kundennetzwerke können Sie ansprechen, um zu prüfen, wie mögliche Guerilla-Aktionen ankommen und empfunden werden?

- Im Internet sind Sie zunächst wie der Rufer in der Wüste, doch lokal sind Sie stark und wahrnehmbar: Durch welche Maßnahmen und Aktionen können Sie in Ihrem lokalem Umfeld Ihre Zielgruppe ins Netz ziehen und deren Aufmerksamkeit auf Ihren Webauftritt lenken?

- Empfehlungen begeisterter Kunden sind die beste Werbung und im Internet pflanzen sich Statements und Beurteilungen besonders schnell fort: Welchen Nutzen und Mehrwert über die bloße Informations- und Bestellmöglichkeit in einem Online-Shop hinaus kann Ihre Website bieten, damit Kunden zu Nutzern werden und eine Community entsteht, die Ihr Angebot weiterträgt?

- Verstehen Sie sich nicht als bloßer Faktenlieferant, sondern als Partner der lokalen Medien, die gemeinsame Ziele verfolgen: Welche Inhalte über bloße Firmeninformationen hinaus können Sie bieten, damit Sie für den redaktionellen Teil der lokalen Medien interessant werden?

- Machen Sie Ihre Kunden zu Fans: Welchen Mehrwert können Sie über Ihr reines Angebot hinaus bieten, damit Ihre Unternehmenskommunikation zur Anlaufstelle für alles wird, was für Ihre Kunden im Zusammenhang mit Ihrer Leistung interessant ist und ein wirkliches Austauschforum entsteht?

Literaturtipps

- Levinson, Jay Conrad: Guerilla Marketing des 21. Jahrhunderts: Clever werben mit jedem Budget. München 2001
- Patalas, Thomas: Guerilla Marketing – Ideen schlagen Budget. Berlin 2012

Der Autor

Michael Böhm berät seit 1993 mit seiner Agentur Augenfänger – Die Marketingmanu-faktur kleine und mittelständische Unternehmen bei ihren Marketingaktivitäten. Das Portfolio reicht von der strategischen Marketingberatung bis zur finalen Realisation der diversen Aktivitäten. Seit 1997 hält Michael Böhm zudem Vorträge und führt Seminare zum Thema Guerilla-Marketing durch und veröffentlichte 2004 sein Standardwerk zum Thema Low-Budget-Marketing „Wie Sie mit schmalem Budget erfolgreich werben" im Cornelsen Verlag. Die langjährige und intensive Beschäftigung mit dem Thema führte nicht nur zu vielfältigen Beratungsaufträgen, sondern auch zu diversen Unterstützungs- und Betreuungsanfragen für Haus- und Diplomarbeiten zu Themen des Guerilla-Marke-tings.

Integrierte Kommunikation
Mehr als die Summe der Teile?

Henrique da Rosa

Was integrierte Kommunikation ist, was sie bringt, wohin sie sich entwickelt

In der Marketingpraxis geht es tagtäglich darum, menschliches Verhalten mit allen zur Verfügung stehenden Mitteln zu beeinflussen oder gar nachhaltig zu ändern. Vor diesem Hintergrund stellt sich zwangsläufig die Frage, wie man dieses Ziel wohl am besten erreicht. Klar scheint dabei nur eins zu sein: Den einzig wahren Weg, auf Menschen im Sinne von vordefinierten Marketing- und Kommunikationszielen einzuwirken, gibt es nicht. Im Gegenteil: Die Möglichkeiten, Konsumenten anzusprechen, haben im letzten Jahrzehnt in unvorhersehbarem Maße zugenommen.

Der Zusatz „am besten" verkompliziert die Fragestellung sogar noch weiter. Und das gleich in zweierlei Hinsicht. Denn er verlangt nicht nur nach einer Lösung, mittels derer man Kampagnenziele in vollem Umfang erreicht. Vielmehr ist damit gleichzeitig auch die Forderung nach einem möglichst geringen Mitteleinsatz verbunden.

Wenn man Praktiker in Unternehmen und Werbeagenturen fragt, wie sie ihre Ziele am besten erreichen, kommen reflexartig Antworten wie diese: Integrierte Kommunikation! Vernetzte Kommunikation! Crossmedia-Kampagnen! 360-Grad-Kommunikation! Unterschiedliche Schlagworte, die sich inhaltlich nicht allzu sehr voneinander unterscheiden.

Sie teilen nämlich die Vorstellung, dass erfolgreiche Kampagnen eine Vielzahl von Medien und Kanälen nutzen sollten, die am besten noch inhaltlich und formal miteinander vernetzt sind. Erst hierdurch ergäben sie ein einheitliches Ganzes. Da es den Königsweg zum Kampagnenerfolg nicht gibt, erscheint das auf den ersten Blick auch durchaus plausibel. Man nutzt mehrere Medien, um seine Zielgruppen anzusprechen und versieht die ausgewählten Medien mit einer Klammer, um eine gemeinsame Wirkung zu erzeugen. So deckt sich diese Vorstellung mit einer Definition integrierter Kommunikation von Manfred Bruhn, wie sie der Studie „Integrierte Kommunikation" des GWA (Gesamtverband Werbeagenturen) aus dem Jahr 2004 zu Grunde lag:

„Die integrierte Kommunikation ist ein Prozess der Analyse, Planung, Organisation, Durchführung und Kontrolle, der darauf ausgerichtet ist, aus den differenzierten Quellen der internen und externen Kommunikation von Unternehmen eine Einheit herzustellen, um ein für die Zielgruppen der Unternehmenskommunikation konsistentes Erscheinungsbild über das Unternehmen zu vermitteln."

Folglich, so die gängige Meinung, sei integrierte Kommunikation mehr als nur die Summe ihrer Teile. Genau hierdurch werde die Kampagnenwirkung beim Verbraucher verstärkt. Markenverantwortliche in der Industrie und ihre Pendants in den Agenturen sind sich in diesem Punkt häufig einig wie selten. Zumal alles, was Synergien verspricht, die Entscheider besonders erfreut. Schließlich stehen sie unter enormem wirtschaftlichem Druck.

Doch es gibt auch zahlreiche Kritiker dieser Sichtweise. Diese stellen infrage, ob es tatsächlich Sinn mache, eine Kampagnenidee bzw. -botschaft in eine Vielzahl unterschiedlicher Medien zu „pumpen". Am Ende würde diese Vorgehensweise doch lediglich bewirken, dass die eingesetzten Werbemedien aufeinander verwiesen. So resultiere aus solchen Kampagnen zwar eine hohe Werbeerinnerung. Viel mehr dürfe man aber nicht von ihnen erwarten.

Zudem werde die Forderung nach der Selbstähnlichkeit der Marke durch integrierte Kampagnen ad absurdum geführt. Denn das Ergebnis dieses Vorgehens sei eine Selbstähnlichkeit von Kampagnen.

Da eine einzige Kampagnenidee der Komplexität heutiger Kaufprozesse ohnehin nicht gerecht werden könne, sei der Ansatz integrierter Kommunikation heute überholt und könne deshalb auch kaum von Erfolg gekrönt sein.

Angesichts der unterschiedlichen Glaubenssätze von Befürwortern und Gegnern integrierter Kommunikation lohnt es sich also, dieses Thema aus praktischer Sicht aufzuarbeiten. Um auf die nachfolgenden konkreten Fragen Antworten zu geben, müssen wir den Argumenten beider Seiten auf den Grund gehen:

- Sind integrierte Kampagnen erfolgreicher als nicht integrierte oder Monokampagnen?
- Welche Formen integrierter Kommunikation gibt es und wohin geht die Entwicklung?
- Welche Stärken und Schwächen zeichnen die einzelnen Formen aus?
- Wie sollten crossmediale Kampagnen aufgebaut sein, um größtmöglichen Erfolg bei vernünftigem Mitteleinsatz zu gewährleisten?

Am Ende wird es auch um die Frage gehen, welchem übergeordneten Ordnungsprinzip crossmediale Kampagnen folgen sollen: Der einen, großen Kampagnenidee, der Markenidee oder dem Ansatz, dass Konsumenten in die Aktivitäten von Marken so weit wie möglich einbezogen werden sollten?

Fakten statt Glaubenssätze

Bis vor Kurzem gab es außer den eingangs umrissenen Glaubenssätzen über integrierte Kommunikation keinerlei fassbare empirische Erkenntnisse, die nachvollziehen, wie sich die Art und Weise, Kommunikation inhaltlich und formal zu integrieren, auf Geschäfts- und Kommunikationsziele auswirkt. Bis jetzt.

Denn eine Metaanalyse im Auftrag des IPA (Institute of Practioners in Advertising) in Großbritannien aus dem Jahr 2011, bei der 256 Fallstudien der zwischen 2004 und 2009 erfolgreichsten Kampagnen untersucht wurden, bringt endlich Licht ins Dunkel.

Mit dieser Datenbasis im Rücken erlangen die Antworten auf zahlreiche Fragen eine neue Qualität, die sich die meisten Praktiker schon des Öfteren gestellt haben dürften:

- Wie baue ich eine crossmediale Kampagne so auf, dass sie mit hoher Wahrscheinlichkeit ihren Zweck erfüllt?
- Welche Integrationsform verspricht welche Ergebnisse?
- Was bringt das Einbeziehen digitaler Medien und vor allem deren Fähigkeit, Konsumenten stärker in die Aktivitäten einer Marke einzubinden?
- Und: Welche Ansätze rechtfertigen den nicht selten hohen Aufwand an Zeit und personellem Einsatz?

Die Antworten auf diese Fragen sollen Marketern und Agenturen konkrete Anhaltspunkte bei der Entscheidung an die Hand geben, ob und welche Art der Integration für sie und ihre Marken am besten geeignet ist. Und zwar im Sinne von weichen Kommunikationszielen sowie harten Geschäftsergebnissen und in Verbindung mit einem vernünftig bemessenen Einsatz von budgetären Mitteln, Manpower und Zeit.

Crossmediale Ansätze und der Fluss von Botschaften – Formen der Integration

Schauen wir uns zunächst an, welche Ausprägungen integrierter Kommunikation in der Studie des IPA in der Praxis beobachtet und wie dort Botschaften crossmedial inszeniert und vermittelt wurden.

Keine Integration
Für all jene, die fest an eine höhere Schlagkraft integrierter Kampagnen glauben, kommt die Studie zu einem überraschenden Ergebnis: Unter den vom IPA untersuchten und nachweislich von Erfolg gekrönten Kampagnen der Jahre 2004 bis 2009 war ein beträchtlicher Teil, nämlich etwa ein Drittel, nicht integriert.

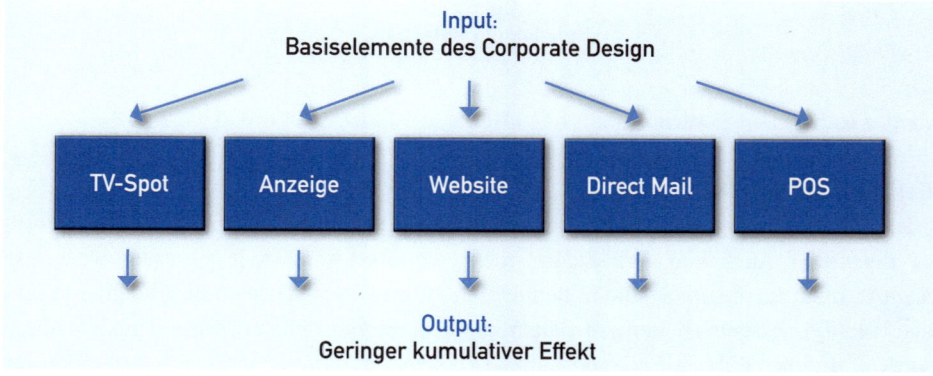

Keine Integration

Das heißt nichts anderes, als dass ein Drittel der untersuchten Kampagnen entweder nur ein einziges Medium eingesetzt hat – meist TV –, oder crossmedial gearbeitet wurde, ohne dass die einzelnen Medien einen offensichtlichen Bezug zueinander aufwiesen, der über die markenspezifischen Corporate-Design-Elemente hinausginge.

In diesen Fällen funktionieren die einzelnen Medien so gut, dass die Kampagnen auch ohne formale oder konzeptionelle Integration im Sinne ihrer Ziele wirken konnten.

Werbeorientierte Integration
Richtet man den Blick auf die integrierten Kampagnen, entspricht die formale Integration anhand einer durchgängigen visuellen Werbeidee wohl den Vorstellungen der meisten Praktiker. Gleich welches Medium dabei eingesetzt wird:

Solche Kampagnen sind durch einen gemeinsamen Look and Feel gekennzeichnet, der meist für das Leitmedium, also das am häufigsten eingesetzte Werbemedium, entwickelt wird.

Allen Unkenrufen zum Trotz ist das auch heute noch meistens das Fernsehen.

Ganz gleich, an welchen weiteren Touchpoints solche folglich als werbeorientierte Kampagnen (advertising-led campaigns) bezeichnete Beispiele ihren Zielgruppen begegnen: Für die Konsumenten ist meist unschwer zu erkennen, dass alle Teile solcher crossmedialen Kampagnen denselben Absender haben und auf dieselbe Botschaft einzahlen. Dieser kumulative Effekt verstärkt sich von Touchpoint zu Touchpoint.

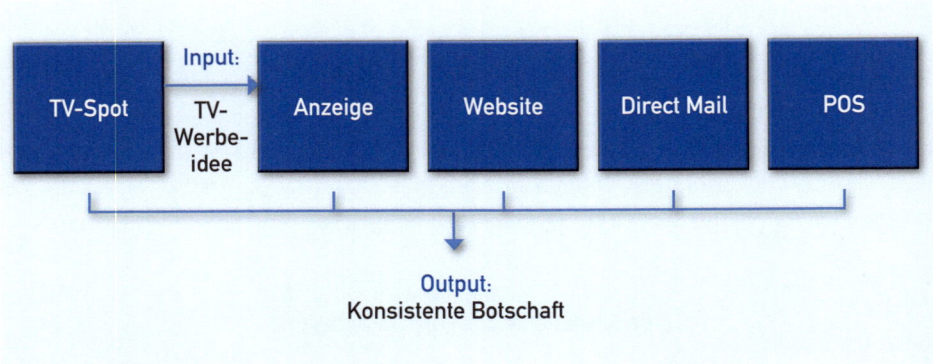

Werbeorientierte Integration

Markenorientierte Orchestrierung
Integration kann so aussehen wie bei werbeorientierten integrierten Kampagnen, muss sie aber nicht. Auch und gerade dann nicht, wenn sie am Erfolg gemessen wird. Das zeigen zahlreiche Beispiele, die in den letzten Jahren einer Markenidee gefolgt sind und sich vom einheitsgetriebenen Formalismus werbeorientierter Kampagnen gelöst haben. Hiervon unterscheiden sie sich deshalb so klar, weil die ihnen zu Grunde liegende Idee aus einer oder mehreren wie auch immer gearteten Eigenschaften der Marke hervorgeht,

was viel Spielraum für unterschiedliche Botschaften sowie crossmediale Umsetzungen schafft.

Spielraum, der den Spezialisten in den einzelnen Disziplinen – also zum Beispiel Fernsehen, Outdoor und POS – erlaubt, sich auf die geeignetste Botschaft zu konzentrieren, um die Stärken jedes einzelnen Mediums voll auszureizen. Eine Strategie, die unter strikten inhaltlichen und formalen Vorgaben, wie sie bei werbeorientierten integrierten Kampagnen üblich ist, nicht umsetzbar ist, wenn die Leitidee für ein Leitmedium entwickelt und dann für andere Medien adaptiert werden muss. Um es drastisch auszudrücken: Eine Idee, die in einem Fernsehspot funktioniert, macht jedem Kreativen erhebliche Kopfschmerzen, wenn er oder sie daraus noch einen Regalstopper ableiten soll, der seine Funktion im Handel auch tatsächlich erfüllt.

Da mag es wenig verwundern, dass solche markenorientierten Kampagnen, die in der Metaanalyse nicht als integrierte, sondern als markenorientierte orchestrierte Kampagnen (brand idea-led orchestration) bezeichnet werden, meistens mehr crossmediale Möglichkeiten ausschöpfen als werbezentrierte Kampagnen. Infolge ihres unmittelbar am Wesen der Marke ansetzenden Ursprungs beinhalten sie nicht selten Bestandteile, die sich an interne Zielgruppen wie die Mitarbeiter des werbetreibenden Unternehmens richten.

Die Autoren der Studie erkennen hierin das neue Ideal für integrierte Kommunikation und sind sich damit mit den Kritikern des werbeorientierten Ansatzes einig. Allerdings begründen sie dies nicht mit dem mangelnden Erfolg traditionell integrierter Kampagnen, sondern mit deren Eignung, über sehr lange Zeiträume fortgeführt werden zu können. „Keep Walking" von Johnnie Walker ist hierfür ein gutes Beispiel.

> Statt einer strikt formalen Klammer werden markenorientierte Kampagnen durch Anlässe, Markenassoziationen oder Needstates zusammengehalten, die stark genug sind, um der Kampagne eine unverwechselbare Note zu geben.

Die Notwendigkeit einer starken, crossmedial erkennbaren visuellen Identität, die gewährleistet, dass die Verbraucher die Kampagne auch bei flüchtiger Betrachtung wiedererkennen, ist damit nicht mehr gegeben. Nicht ein visuell eindeutig zusammenhängender Auftritt ist entscheidend, sondern die Vermittlung einer Markenerfahrung, die von jedem einzelnen Medium getragen wird.

Das Beispiel Johnnie Walker zeigt neben weiteren aber auch, dass markenorientierte orchestrierte Kampagnen sich nicht selten erst im zweiten Schritt aus zunächst werbeorientierten integrierten heraus entwickeln, sobald sich eine Markenidee durchgesetzt hat.

Auch die weltweite Kampagne der HSBC Bank, die 2010 mit dem silbernen IPA Award ausgezeichnet wurde, weist dieses Entwicklungsmuster auf. Die Kampagne „The world's local bank" startete als werbeorientierte integrierte Kampagne, die die Tätigkeit der Bank zu dieser Zeit beschrieb, bevor sie als orchestrierte Kampagne weitergeführt wurde.

In diesen Fällen bildet die Kommunikation den Hauptantrieb, um die Marke auf einer höheren, emotionalen Ebene neu zu definieren, als es eine Kampagnenidee zunächst zulässt.

Da die bei Johnnie Walker und HSBC nachvollzogene Entwicklung durchaus fließend ist, kann man nicht von einem Bruch mit dem traditionellen Integrationsmodell reden. Dennoch muss man hervorheben, dass erst eine solche Entwicklung es den Spezialisten einzelner Mediengattungen ermöglicht, sich auf eine für sie geeignete Markenbotschaft zu konzentrieren, um die Stärken des jeweiligen Mediums und damit auch die Stärken dieser Integrationsform voll auszuschöpfen.

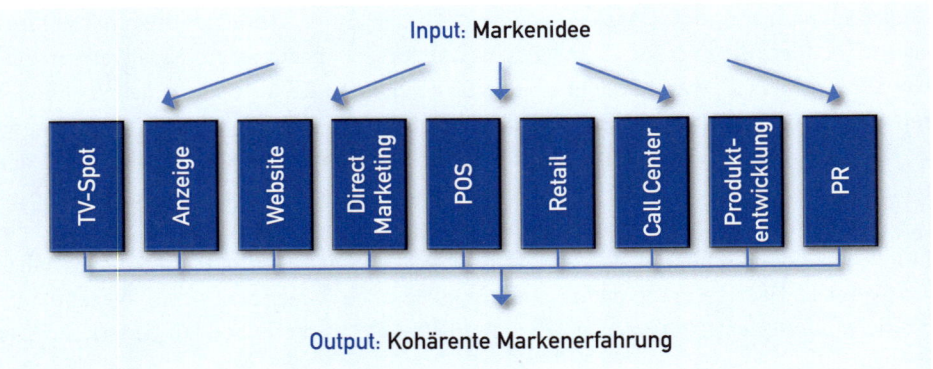

Markenorientierte Orchestrierung

Partizipationsorientierte Integration

Neben der werbezentrierten Integration und der markenorientierten Orchestrierung hat die zunehmende Bedeutung digitaler Kommunikation in den letzten Jahren die Entstehung einer relativ neuen Form crossmedialer Integration beschleunigt: die partizipationsorientierte Orchestrierung (participation-led orchestration).

Bei dieser Strategie werden Touchpoints ausgewählt, die den Konsumenten einen aktiven Part in der Kampagne zuweisen.

Die Zielgruppen dieses Kampagnentyps werden eingeladen, sich aktiv an der Gestaltung der Marke und/oder deren Kommunikation zu beteiligen.

Neben dem Aufbau von Reichweite bilden Interaktivität und die Möglichkeit eines Austauschs in Echtzeit zentrale Auswahlkriterien für die eingesetzten Medien.

Diese Weiterentwicklung der Orchestrierung ist zwar zeitgemäß, offenbart jedoch auch eine Reihe von Eigenarten, die es zu beachten gilt. Ihre Stärke liegt nämlich eindeutig in der Ansprache vorhandener Kunden. Der Grund hierfür ist fast schon banal – die eigenen, möglicherweise besonders treuen Kunden sind für eine Auseinandersetzung mit „ihrer" Marke einfacher zu gewinnen. Nicht-Kunden sind hingegen viel schwerer für ein Mitwirken zu begeistern und sind bei partizipationsorientierten orchestrierten Kampagnen eindeutig in der Minderheit.

Die Autoren der Metaanalyse stellen gar fest, dass dieser Ansatz sich vorzugsweise unter stagnierenden oder schwachen Marken durchgesetzt hat. Partizipationsorientierte Orchestrierung erscheint den Entscheidern als letzte Bastion, von der aus sie die verbliebenen Kunden mit einem radikal neuen Kommunikationsansatz nicht nur zu binden, sondern sogar einzubinden versuchen. Insofern kann man wohl festhalten, dass partizipationsorientierte orchestrierte Kampagnen für Marken nicht empfehlenswert sind, die am Anfang stehen und sich im Markt noch etablieren müssen.

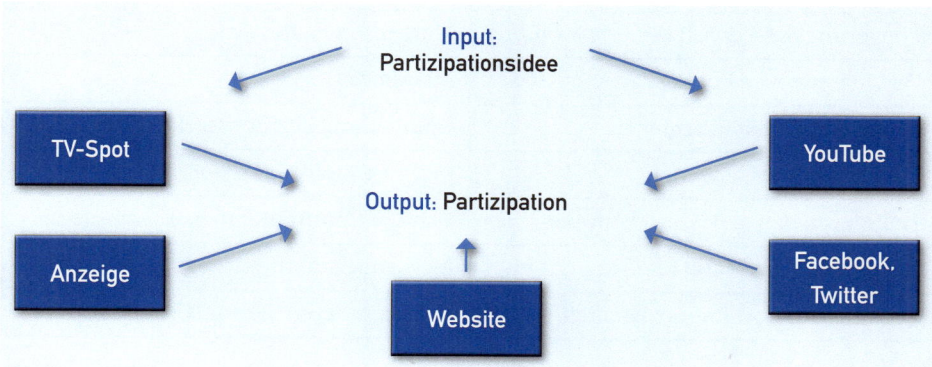

Partizipationsorientierte Integration

Die Grenzen sind fließend

Daher sei der Hinweis erlaubt, dass die drei in der Studie des IPA beobachteten Integrationsformen nicht immer nur in Reinform auftreten oder sich gar gegenseitig ausschließen. Das übergeordnete Prinzip, an dem crossmediale Kampagnen ausgerichtet werden, kann sich im Laufe längerfristiger Kampagnen verlagern. Wie bereits gesehen, gab es zwischen 2004 und 2009 sehr erfolgreiche Kampagnen, die zuerst um eine Werbeidee herum organisiert waren, bevor sie auf der konzeptionell höheren Stufe einer Markenidee fortgesetzt wurden.

Im Zuge dessen werden auch Kampagnen angeführt, die prinzipiell markenorientiert orchestriert wurden, gleichzeitig jedoch einen partizipationsorientierten Teil beinhalteten. Schließlich gab es eine Reihe sehr erfolgreicher Kampagnen, die eine starke, kreative Werbeidee aufwiesen, ohne dass diese in den eingesetzten Kanälen stringent eingesetzt worden wäre.

So liegt der Schluss nahe, dass formale und inhaltliche Zwänge mit einer gewissen Wahrscheinlichkeit zu Gunsten konzeptioneller Elemente gelockert werden, sobald integrierte Kampagnen Erfolg zeigen.

Schreiten solche Kampagnen über einen längeren Zeitraum voran, wird eine Entwicklung begünstigt, bei der aus einer anfänglichen Kampagnenidee eine stärkere, langfristige Markenidee hervorgeht.

Die Gretchenfrage – welcher Ansatz liefert die besten Ergebnisse?

Eine Kernfrage, auf die die Studie des IPA eine empirisch belegte Antwort gibt: Es kommt darauf an. Nämlich auf die Marketing- und Kommunikationsziele, die einer Kampagne zu Grunde liegen.

Der Erfolg der vom IPA prämierten und analysierten Kampagnen wurde anhand der folgenden Maßstäbe bewertet und dokumentiert:

Harte Geschäfts-/Marketingziele	Weiche Kommunikationsziele
Steigerung des Umsatzes	Markenreputation
Gewinnen neuer Kunden	Markenwerte
Gewinnen von Marktanteilen	Glaubwürdigkeit der Marke
Steigerung der Gewinne	Vertrauen in die Marke
Halten von Kunden / Kundentreue	Marken-Commitment/Markentreue
Verteidigen von Marktanteilen	Markenbekanntheit
Reduzierung von Preissensibilität	Markendifferenzierung/Uniqueness

Die Integration um einen gemeinsamen kreativen Nenner herum (advertising-led integration) bildet für werbetreibende Unternehmen eine relativ sichere, für Agenturen jedoch auch eine sehr arbeitsintensive Wahl. Die Wahrscheinlichkeit, damit vordefinierte Ziele zu erreichen, ist relativ hoch.

Das erklärt, warum dieses Modell der Integration von vielen Praktikern immer noch als prototypisch angesehen wird.

Kritiker, die solchen Kampagnen wie eingangs erläutert allenfalls bei weichen Kommunikationszielen wie der Werbeerinnerung Vorteile zugestehen, ihnen im Markt jedoch eine Wirksamkeit in puncto harter Geschäftsziele absprechen, dürften hiermit widerlegt sein.

Derart integrierte crossmediale Kampagnen sind nämlich gerade dann am erfolgreichsten, wenn es um Marktanteilsgewinne und das Generieren von Neukunden geht. Marketingziele also, die in fast jedem Briefing an die Agenturen ganz oben stehen.

Vergleicht man das Abschneiden der werbeorientierten integrierten Kampagnen zwischen 2004 und 2009 mit markenorientierten orchestrierten Kampagnen, kann man eindeutig festhalten, dass dieser eher konzeptionelle, scheinbar weniger integrative Ansatz die werbeorientierte Integration übertrifft.

▶ Markenorientierte Kampagnen bieten alle Möglichkeiten, herausragende Ergebnisse im Sinne harter Geschäftsergebnisse zu erzielen.

Kritiker der werbeorientierten Integration, die die Überlegenheit markenorientierter Kampagnen propagieren, liegen mit ihrer Überzeugung also richtig. Aber eben nur zum Teil. Denn werbeorientierte Kampagnen schneiden bei offensiven Kriterien wie dem Gewinnen von Neukunden oder Marktanteilen nicht gravierend schwächer ab als die markenorientierten Fallbeispiele in der Studie.

Hingegen hat sich die im Trend liegende Entwicklung zu partizipationsorientierten Kampagnen noch nicht besonders bewährt. Für Marken, die etabliert sind und eine treue Verwenderschaft haben, bescheinigt die Metaanalyse des IPA ihnen vornehmlich im Bereich der Markentreue positive Wirkung. Marken, die wachsen wollen, treffen mit dieser Form der Integration denselben Ergebnissen nach jedoch nicht die beste Wahl.

Je effektiver solche Kampagnen nämlich bei der Ansprache der treuen Markenverwender sind, desto weniger wirken sie sich auf das Hinzugewinnen neuer Kundengruppen aus. Umgekehrt heißt das:

▶ **Je weniger eine Kampagne ihren Zielgruppen abverlangt, desto höher die Wahrscheinlichkeit, dass sie neue Kunden für eine Marke begeistern kann.**

Da partizipationsorientierte Kampagnen per Definition einen entgegengesetzten Weg beschreiten, ist klar, warum diese Art der Integration bei der Neukundengewinnung Schwächen aufweist.

Wenn mit einer Kampagne hohe akquisitorische Ziele verbunden sind, gehen werbetreibende Unternehmen mit diesem Ansatz daher ein hohes Risiko ein, ihre Ziele deutlich zu verfehlen.

Allerdings muss man zu Gunsten dieser Integrationsform einschränken, dass sie eine Erfolgsmessung auch besonders schwer macht. Die gängigen Messinstrumente wie Marken- und Kampagnen-Trackings sind nicht dafür geeignet, auch für partizipationsorientierte Kampagnen schlüssige Ergebnisse zu liefern.

Hierfür gibt es eine Reihe von Gründen. Zum Beispiel entfalten partizipationsorientierte Kampagnen ihre Wirkung über einen viel längeren Zeitraum, als es zum Beispiel TV-Kampagnen zu tun vermögen.

Zwar ist die Zahl der Teilnehmer im Verhältnis zu TV-Zuschauerzahlen meist deutlich geringer. Allerdings treten bei Konsumenten, die aktiv an einer Kampagne teilhaben, vielfältige Effekte auf, deren Entstehung mit den verfügbaren Mitteln kaum nachvollziehbar ist und die bei einem passiven TV-Publikum erst gar nicht zu beobachten sind.

Deshalb ist es wichtig festzuhalten, dass diese Art, Kampagnen aufzubauen, die Erfolgsmessung stark erschwert. Ein Vergleich mit einer reinen, sehr fokussierten TV-Kampagne ist einfach nicht möglich.

Nicht-integrierte Kampagnen bleiben eine Alternative

Obwohl nur 18 Prozent der untersuchten crossmedialen Kampagnen aus pragmatischen Gründen nicht integriert waren, sind sie unter den erfolgreichsten Kampagnen überdurchschnittlich häufig vertreten.

Auch Monokampagnen sind überraschend wirkungsvoll. Kampagnen, die keine offensichtliche Integration betreiben oder nur ein Medium einsetzen, punkten besonders in Bezug auf harte Geschäftsziele.

▶ **Sie eignen sich besonders, um Marktanteile hinzuzugewinnen und die Preissensibilität ihrer Zielgruppen zu reduzieren.**

Die Stärken crossmedialer, integrierter Kampagnen

Bei aller Überraschung über die Erfolgsquote von Monokampagnen belegt die Metaanalyse dennoch, dass crossmediale, integrierte Kampagnen sowohl hinsichtlich harter Marketingziele wie auch der weicheren Kommunikationsziele wirksamer sind als Monokampagnen.

 Das Optimum für Effektivität scheinen drei bis vier Mediakanäle zu sein.

Alles, was darüber hinausgeht, addiert meist nur mehr Komplexität und Aufwand, sodass der Return on Investment sinkt. Denn in den Fällen, wo mehr Kanäle zum Einsatz kommen, zahlt man interessanterweise eher auf die weichen Kommunikationsziele ein.

Natürlich kommt es neben der Anzahl der Medien auch darauf an, welche Kanäle bei crossmedialen Kampagnen eingesetzt werden. Kombinationen aus klassischer Werbung mit Direct Marketing und Sales Promotions weisen die höchste Wahrscheinlichkeit auf, harte Marketingziele in überaus hohem Maße zu erfüllen. Dies mag an sich nicht sonderlich überraschen, da Direct Marketing und Sales Promotions diejenigen Disziplinen sind, die für Geschäftsabschlüsse zuständig sind. Dennoch ist es gut zu wissen, dass es hierfür nun einen handfesten empirischen Nachweis gibt.

In welchen Branchen ist welches Modell gefragt?

Das werbeorientierte Integrationsmodell scheint vor allem dort gefragt zu sein, wo es die Werbetreibenden mit gesichtslosen, immateriellen Produkten oder Dienstleistungen zu tun haben. Die Notwendigkeit eines konsistenten Auftritts über mehrere Kanäle hinweg ist in diesen Branchen leicht nachvollziehbar. Ein einheitlicher Look and Feel macht es einfacher, eine Markenpersönlichkeit zu verfestigen, wenn man es mit Angeboten wie Mobilfunk oder Finanzdienstleistungen zu tun hat.

Eine Entwicklung zu einem orchestrierten Ansatz ist hierdurch freilich nicht ausgeschlossen, bei der eine markentypische Haltung, Markenwerte oder ein Standpunkt kommuniziert werden, die in den Köpfen der Verbraucher eine Markenpersönlichkeit konstituieren sollen. Eine aktuelle Vodafone-Kampagne in Deutschland, die über mehrere Produktkategorien hinweg die visuelle Idee der vier in abgestaffelter Größe auftretenden „Net Guys" nutzt, ist hierfür ein gelungenes Beispiel.

Da Anbieter aus dem Bereich Telekommunikation ihren Kunden mit schnellen Datennetzen den Zugang ins soziale Web erleichtern, zählen Marken in dieser Produktkategorie zu denjenigen, die immer häufiger auf partizipationsorientierte Orchestrierung setzen. Kampagnen wie die „Million-Voices-Kampagne" der Deutschen Telekom aus den Jahren 2010/2011, bei der Telekomkunden dazu eingeladen wurden, einen Welthit aus den 1990er-Jahren gemeinsam neu einzuspielen, mögen hierfür als Beispiel dienen.

Während das partizipationsorientierte Modell in keiner Branche überrepräsentiert ist, fällt auf, dass solche Kampagnen eher mit geringeren Budgets ausgestattet sind.

Dennoch waren es zwischen 2004 und 2009 ebenfalls Telekommunikationsanbieter, die in Großbritannien am häufigsten auf Integration verzichtet haben.

Zu guter Letzt belegen die Daten, dass markenorientierte Kampagnen überdurchschnittlich häufig bei schnell drehenden Konsumgütern aus dem Bereich Non-Food im

Einsatz sind. Die Autoren der Studie begründen dies mit der Flexibilität, die diese Herangehensweise bei der medienspezifischen Ansprache unterschiedlicher Zielgruppen ermögliche.

In Ergänzung dazu mag der Druck, der zum Beispiel in den Märkten für Kosmetik oder Waschmittel durch die Eigenmarken des Handels auf etablierte Marken ausgeübt wird, ein weiterer Grund für die beobachtete Entwicklung sein.

Was bleibt?

Mit etwas Abstand betrachtet, zeigen diese Ergebnisse, dass eine sklavisch betriebene, vereinheitlichende Integration nicht ohne Einschränkung die beste Wahl ist, um seine Marketing- und Kommunikationsziele zu erreichen. Crossmedia-Kampagnen, bei denen die einzelnen Medien unabhängig von den anderen ihre Aufgabe wahrnehmen, erreichen mit hoher Sicherheit ihre Ziele.

Das Hinzufügen von Kanälen, die auf die Stärken des einzelnen Mediums hin ausgestaltet sind, stellt womöglich den einfachsten und schnellsten Weg zum Kampagnenerfolg dar. Für harte Geschäftsziele gilt dies umso mehr, wenn Direct Marketing und Sales Promotions Teil der Kampagne sind.

▶ **Integration macht Kampagnen also nicht zwangsläufig wirksamer. Erst wenn auch weichere Ziele wie Markenbekanntheit, Sympathie, Differenzierung oder das Einzahlen auf Markenwerte einen Maßstab für den Erfolg darstellen, bestätigt sich, dass integrierte gegenüber nicht integrierten Kampagnen im Vorteil sind.**

Zudem bringen unterschiedliche Formen der Integration auch unterschiedliche Ergebnisse mit sich.

Werbeorientierte Kampagnen performen vor allem im Bereich der harten Geschäftsziele. Hierbei schneiden sie bei der Steigerung des Umsatzes, beim Gewinnen von Marktanteilen sowie in der Akquisition neuer Kunden besonders gut ab. Im Vergleich zu markenorientierten Kampagnen punkten sie bei den harten Geschäftszielen dennoch etwas schwächer. Bei der Steigerung des Umsatzes liegen nicht integrierte Kampagnen sogar vor den werbeorientierten Kampagnen. Auch bei den weichen Zielen schneidet diese Integrationsform zwar gut, aber nicht am besten ab. Ihre Stärken liegen vor allem in den Bereichen Markendifferenzierung und Markenwerte.

Stärken werbeorientierter integrierter Kampagnen	
Harte Geschäfts-/Marketingziele	Weiche Kommunikationsziele
Steigerung des Umsatzes	Markenwerte
Gewinnen neuer Kunden	Markendifferenzierung/Uniqueness
Gewinnen von Marktanteilen	

Markenorientierte orchestrierte Kampagnen schneiden bei der Steigerung von Umsätzen klar besser ab. In puncto Neukunden- und Marktanteilsgewinne liegen sie ebenfalls ganz vorn. Bei den weichen Zielen erzielen sie bei Markendifferenzierung, Markenbekanntheit und Marken-Commitment die besten Ergebnisse.

Stärken markenorientierter orchestrierter Kampagnen	
Harte Geschäfts-/Marketingziele	Weiche Kommunikationsziele
Steigerung des Umsatzes	Marken-Commitment/Markentreue
Gewinnen neuer Kunden	Markenbekanntheit
Gewinnen von Marktanteilen	Markendifferenzierung/Uniqueness
Halten von Kunden / Kundentreue	

Partizipationsorientierte Kampagnen haben ihre Stärken ganz klar auf der Seite der weichen Ziele. Hier liefern sie in den Bereichen Markenreputation und Markenwerte im Vergleich zu allen anderen Kampagnentypen herausragende Ergebnisse. Stärken, die sich bei diesem Kampagnentypus bei den harten Geschäftszielen lediglich beim Halten von Kunden auszahlen und ihn nahe an die markenorientierten Kampagnen heranführt.

Stärken partizipationsorientierter orchestrierter Kampagnen	
Harte Geschäfts-/Marketingziele	Weiche Kommunikationsziele
Halten von Kunden / Kundentreue	Markenreputation
	Markenwerte
	Marken-Commitment/Markentreue

Insgesamt hat in den letzten Jahren laut IPA eine Entwicklung stattgefunden, die sich von inhaltlich und formal stark einheitlichen Crossmedia-Kampagnen deutlich entfernt hat. Es geht stark in Richtung von Kampagnen, die von einer zentralen Idee bzw. zentralen Markenwerten zusammengehalten werden oder aber partizipativen Charakter haben.

Der Dreh- und Angelpunkt, um den Kampagnen herum organisiert bzw. integriert werden, hat sich also verschoben.

Tragende Kampagnenelemente sind immer seltener formaler Natur, sondern vermitteln zunehmend einen vielfältigen Eindruck von Markenwerten oder einer Markenerfahrung, die emotionaler Natur sind.

Eines ist jedoch auch klar geworden: Orchestrierte Ansätze entstehen nicht unbedingt aus einem strategischen Antrieb heraus, sondern sind pragmatischen Überlegungen geschuldet. Daher ist es besonders wichtig herauszuheben, dass dieses Maß an Pragmatismus nicht mit Einbußen bei den Kampagnenergebnissen erkauft wird.

Was noch offen ist

Auch wenn die genannte Studie von Kate Cox, John Crowther, Tracy Hubbard and Denise Turner überaus wertvoll ist, um die Stärken und Schwächen integrierter Kommunikation im Allgemeinen und ihren Erscheinungsformen im Speziellen zu verstehen, benötigen Praktiker viel mehr empirisches Marketingwissen, um Marken besser zu führen und besser mit Menschen zu kommunizieren.

Dieser Essay soll dazu einen kleinen Beitrag leisten, auch wenn bereits zu diesem Zeitpunkt klar ist, dass neue Formen der Integration, wie zum Beispiel Transmedia Storytelling, viele spannende Fragen für Markenartikler und Agenturen aufwerfen.

Gleichzeitig sollte deutlich geworden sein, dass das Messen von Kampagnenergebnissen der Entwicklung leider etwas hinterherhinkt, was viele Entscheider davon abhalten wird, neue Wege zu beschreiten. Genau hier liegt eine große Gefahr: Nämlich dass Kampagnenziele verfolgt werden, weil ein bestimmter Kampagnentyp die Erfolgsmessung besonders erleichtert, statt Ziele auszugeben, die den werbetreibenden Unternehmen wirklich helfen. Am Ende sind Messgrößen nur Mittel zum Zweck, ganz sicher aber nicht der Zweck an sich, warum kommuniziert wird.

Von der ersten Idee bis zur integrierten Kampagne – ein Fallbeispiel

Ende 2008 gab Henkel mit einem Briefing an die Agentur stöhr, MarkenKommunikation den Startschuss für eine der aufwändigsten Kampagnen, die eine Waschmittelmarke bis dahin gesehen hatte. Die Einführung von Spee Color Gel sollte mit einer integrierten Kampagne unterstützt werden.

Bei stöhr, und seiner digitalen Schwesteragentur freshcells trat ein Kernteam aus zehn Leuten an, das sich der Aufgabe annahm – Kreative, Online-Spezialisten, strategische Planer, Berater und Projektmanager. Die darauf folgenden Monate wurden von der ersten Idee bis zur Umsetzung der Crossmedia-Kampagne von einer engen Zusammenarbeit mit Brand Management, Media, PR und Vertrieb von Henkel sowie mit der Mediaagentur mediaedge:cia bestimmt. Später sollte dieser Kreis sogar noch um eine Eventagentur erweitert werden.

Die Ziele für die Markteinführung waren klar: Es ging kein Weg daran vorbei, schnell Markenbekanntheit für das neue Produkt aufzubauen und potenzielle Käufer zu aktivieren, sich mit Spee Color auseinanderzusetzen. Am POS sollte schließlich der letzte Impuls für Erstkäufe gegeben werden. Und das am besten bereits vor dem Start des TV-Spots im August 2009.

Genau hierin bestand die Herausforderung für die Agentur. Denn die Kampagne sollte unter anderem eine junge, urbane Zielgruppe aktivieren, die sich für das Thema

Waschen eigentlich nicht interessiert. Diese mit rein rationalen Produktargumenten zu erreichen, galt unter den Marken- und Mediastrategen als wenig Erfolg versprechend.

So stand von vornherein fest, dass die Agentur sich neben einem TV-Spot und unterschiedlichen POS-Maßnahmen einiges einfallen lassen müsste, um dieser Herausforderung gerecht zu werden.

Im ersten Schritt machte das stöhr, Team sich daran, die Kampagnenidee zu entwickeln. Gleichzeitig begann die Mediaagentur, mögliche Mediagattungen und Mediamixe zu bewerten, die den Zielen, Zielgruppen und dem vorhandenen Budget am besten gerecht würden.

Da beide Prozesse zeitgleich stattfanden, entschied sich das stöhr, Team gegen den konventionellen Weg der Kampagnenintegration. Dieser sieht für gewöhnlich so aus, dass zuerst eine Idee für den TV-Spot entwickelt und in der Folge auf alle anderen Medien heruntergebrochen wird.

Diese vermitteln dann nicht nur dieselbe Botschaft wie der TV-Spot, sondern weisen einen gemeinsamen Look and Feel auf, der meist auf einem überall einzusetzenden Schlüsselbild (Key Visual) aufbaut.

Für die Agentur bestand die beste Alternative darin, eine medianeutrale Idee zu entwickeln. Eine Idee, die unabhängig von den noch zu definierenden Medien funktionieren und die Mediaagentur nicht in ihren zur Auswahl stehenden Möglichkeiten limitieren würde.

Die Kernidee

stöhr, leitete aus der Positionierung von Spee Color eine Idee ab, die Henkel sofort überzeugte: „Spee bringt Farbe in Dein Leben."

Sie sollte als markenorientierte Klammer dienen, um die Kampagne über die unterschiedlichsten Medien zusammenzuhalten. Da die Klammer konzeptioneller statt formaler Natur war, konnten die ausgewählten Mediakanäle so ausgestaltet werden, dass ihre jeweilige Stärke zum Tragen kam.

Eine streng formale, werbeorientierte Integration hätte stattdessen zur Konsequenz gehabt, dass zum Beispiel Online-Banner, POS-Displays und Free Cards Botschaft und Schlüsselbild des TV-Spots einfach übernommen hätten.

Die Chancen, dass die Banner unter diesen Umständen angeklickt oder die Free Cards von der Zielgruppe mitgenommen und womöglich an Freunde verteilt würden, waren aus Sicht der Kreativen und Strategen bei stöhr, nicht übermäßig groß.

Deshalb entstanden aus der markenorientierten Idee „Spee bringt Farbe in Dein Leben" Konzepte für einen TV-Spot, POS und alle weiteren Maßnahmen, die jede für sich in Kombination mit dem jeweiligen Medium funktionieren würde. Im März 2009 stand das entsprechende Gesamtpaket.

Online, aber anders

In der Zwischenzeit war mit Unterstützung der Mediaagentur ein klares Bild über das Medienverhalten und die Präferenzen der jungen Zielgruppe entstanden. Allen Beteiligten war von Anfang an bewusst, dass das Internet eine gewichtige Rolle spielen würde. Dass es aufgrund der bekanntermaßen geringen Klickraten auf Online-Banner nicht mit den üblichen Maßnahmen getan sein würde, machte eine wesentlich anspruchsvollere Vorgehensweise notwendig.

stöhr, entwickelte deshalb eine Story zu einem Alternate Reality Game (ARG), das vier Wochen vor der Erstausstrahlung des TV-Spots starten und die junge Zielgruppe aktivieren sollte. Ein Spiel, bei dem die Grenzen zwischen fiktiven Ereignissen und realen Erlebnissen bewusst verwischt wurden, indem die Story bruchstückhaft über verschiedene Plattformen wie YouTube, Myspace und diverse Blogs gestreut und anscheinend real existierende Nebenfiguren in die Geschichte eingeflochten wurden.

Der Ablaufplan

Gleichzeitig wurde ein Ablaufplan entwickelt, der zwei wesentliche Elemente beinhaltete:

- Das ARG sollte mit dem Versand eines mysteriösen Pakets an über 50 einflussreiche Blogger starten, die anfangen sollten, zu recherchieren und vor allem über das ARG zu berichten.
- Zudem überzeugte stöhr, das Brand Management bei Henkel davon, das ARG über die komplette Dauer von vier Wochen ungebrandet ablaufen zu lassen. Spee sollte sich in dieser Phase also auf keinen Fall zu erkennen geben. Einerseits, um Spekulationen anzuheizen, wer sich hinter dem ARG verbirgt. Andererseits um zu verhindern, dass ein Low-involvement-Produkt wie ein Waschmittel der jungen Zielgruppe einen Grund gibt, gleich wieder auszusteigen.

Erst nach dieser Vorlaufzeit sollte die Spee-Farbjagd mit einem Feuerwerk ungewöhnlicher Online-Events die Karten aufdecken und die bis dahin gewonnenen Teilnehmer mit der Aussicht auf den Gewinn einer Weltreise zum Weitermachen motivieren.

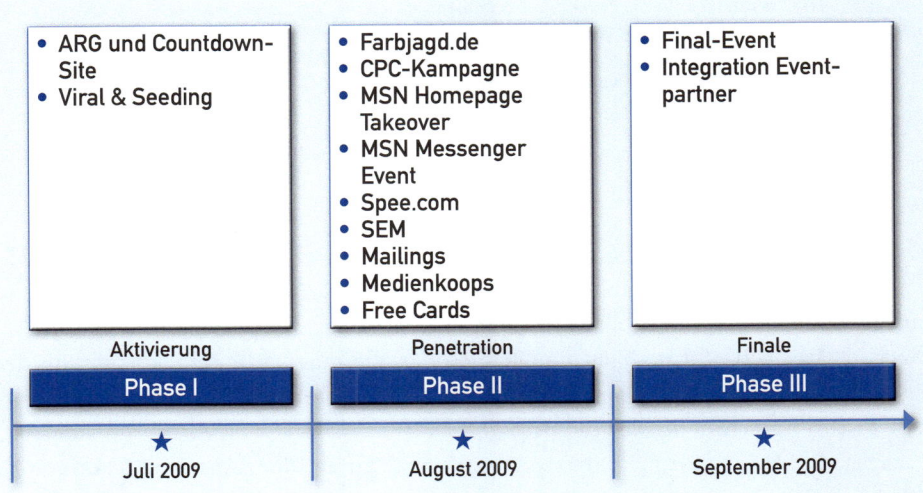

Ablaufplan

Storytelling als Initialzündung in der ersten Phase der Kampagne

Mitte Juli erhielten mehr als 50 ausgewählte Blogger ein geheimnisvolles, graues Paket mit mysteriösen Hinweisen, Zeitungsausschnitten, einem Notizbuch, versteckten Hilferufen und einer Internetadresse.

Geheimnisvolles Paket

Der Postbote klingelte gerade und überreichte mir ein Paket was vom Gewicht her nicht ohne ist. Natürlich ohne Absender und dieses mal an uns beide Adressiert (was ich schon mal sehr gut finde, da man sieht, der oder diejenigen haben recherchiert 😊). Natürlich war bei mir wieder die Neugierde gross, also öffnete ich das Paket:

Drin ist eine Weinflasche, ein Zettel mit Hand beschrieben an einen "Herrn Doktor" gerichtet, ein kleines Moleskine-Büchlein, eine Leuchtkugel die die

Farben wechselt und eine Schatztruhe (die ja entzückend ist 😊) mit Schokotalern. In dem Moleskine befanden sich Zettel, wie aus einem Buch rausgerissen und darauf waren ein paar Wörter und Textzeilen mit Bleistift unterstrichen. Noch dazu lag eine SD-Card in dem Buch und in diesem Buch stand vorn, auch wieder mit Hand geschrieben "www.edsblog.de". Dieses Mal steht aber eben ein Name und Anschrift im Impressum der Seite, dennoch kann man nicht viel damit anfangen.

Das Bloggerpaket

Wer den Hinweisen nachging und diese richtig deutete, entschlüsselte nach und nach weitere Internetadressen und kam so dem schrecklichen Plan eines gewissen Dr. Grau auf die Spur. Dieser drohte, alle Farben zu zerstören und die Welt in düsteres Grau zu tauchen. Das ARG führte Tausende Teilnehmer, die durch die Berichterstattung der Blogger und aufkeimende Spekulationen um den Urheber des Spiels angezogen wurden, Schritt für Schritt der Lösung entgegen: Einer spannenden Schnitzeljagd durch das Internet, die als Spee-Farbjagd am 17. August 2009 startete. So wurde wie geplant erst zu diesem Zeitpunkt deutlich, dass die Marke Spee hinter der Aktion steckte und nicht wie spekuliert Volkswagen oder Vodafone.

Die zweite Phase der Kampagne

Neben dem Start der Farbjagd ging am 17. August 2009 auch der TV-Spot auf Sendung, in dem der Spee-Fuchs einen Farbschweif hinter sich herzieht und so einer grauen und langweiligen Welt Farbe und Lebendigkeit verleiht. Online wurde der Start der zweiten Kampagnenphase mit mehreren Events begleitet, die die Markenidee aufmerksamkeitsstark umsetzten. Nur um ein Beispiel zu nennen, wurden Hunderttausende Internetnutzer an diesem Tag Zeuge eines spektakulären Homepage-Takeovers: Die MSN-Startseite wurde bei Aufruf zunächst komplett in Schwarz-Weiß angezeigt, bevor der Spee-Fuchs mit seinem Farbschweif über die Seite sprang und diese in Regenbogenfarben tauchte. Darüber hinaus starteten zwei Mediakooperationen mit dem Stadtmagazin Prinz und dem Reiseanbieter Explorer sowie eine Bannerkampagne, die die User auf „farbjagd.de" leitete.

Ausschnitt TV-Spot

Homepage-Takeover

Online-Banner

Farbjagd: Jagd nach Blau

Free Card

MSN-Messenger-Event

Die dritte Phase der Kampagne

Nicht nur die Kampagne strebte ihrem Höhepunkt entgegen, sondern auch die Farbjagd, die sich durch die Online-Kampagne und die Mediakooperationen einen unerwartet großen Teilnehmerkreis erschloss. Mitte September fand sie ihren Abschluss in einem furiosen Offline-Finale, bei dem die Gewinner für ihre Jagd nach Dr. Grau mit einer Weltreise belohnt wurden, die sie an die buntesten Schauplätze mehrerer Kontinente führte.

Hoch gewettet und hoch gewonnen

Die Entscheidung des Brand Managements von Henkel, der Agenturempfehlung zu folgen und eine markenorientierte Kampagne umzusetzen, die nicht im üblichen Sinne integriert ist, hat sich für alle Beteiligten ausgezahlt. Neben der erfolgreichsten Neueinführung eines Waschmittels seit 2003 mit einem über den Erwartungen liegenden Marktanteil für Spee Color Gel profitierte Spee als Marke so stark von der Kampagne, dass alle unter ihr angebotenen Produkte an Marktanteil zulegten.

Literaturtipps

- Bruhn, M.; Schmidt, S.J.; Tropp, J. (Hrsg.): Integrierte Kommunikation in Theorie und Praxis. Wiesbaden 2000
  Experten aus der Betriebs- und Kommunikationswissenschaft sowie Praktiker aus namhaften Unternehmen erläutern aus ihrer Sicht, was erfolgreiche integrierte Kommunikation ausmacht.
- Friedrichsen, M.; Konerding, J.: Studie Integrierte Kommunikation.
  Eine Untersuchung aus dem Jahr 2004 im Auftrag des Gesamtverbandes Werbeagenturen (GWA), die sich mit der Bedeutung integrierter Kommunikation und ihren organisatorischen Folgen für Unternehmen und Agenturen auseinandersetzt.
- Schwarz, T.; Braun, G.(Hrsg.): Leitfaden Integrierte Kommunikation.
  Waghäusel 2012
  In diesem Buch setzen sich namhafte Autoren mit der Realität auseinander, die das Web 2.0 geschaffen hat. Dort produzieren Konsumenten häufig nicht nur mehr Informationen als so manches Unternehmen. Diese werden von den Verbrauchern, die ihre Kaufentscheidung fundieren wollen, auch als glaubwürdiger erachtet als die Werbebotschaften der Hersteller.
  Das Buch liefert einen Blick auf die bisherige Sichtweise integrierter Kommunikation und zeigt kritische Punkte auf, die in der heutigen Realität nicht mehr funktionieren. Dazu werden Ansätze geliefert, wie diese Entwicklung von Unternehmen zum eigenen Vorteil genutzt werden kann.

Der Autor

Henrique da Rosa berät seit über 16 Jahren namhafte Kunden aus den Bereichen Automotive, Fast Moving Consumer Goods, Finanzen, Handel und Medien. In dieser Zeit betreute er bei verschiedenen Agenturen unter anderem Marken wie BMW, C&A, Deutsche Bank, DKV, Mars, SuperRTL und Wella. Über einen Zeitraum von drei Jahren war er auf Kundenseite tätig.

Seit 2009 ist er als Leiter Strategie und Beratung bei der stöhr, MarkenKommunikation GmbH für verschiedene nationale und westeuropäische Marken des langjährigen Kunden Henkel verantwortlich.

Social Media Marketing
Mehr als ein bloßer Hype

Mirko Düssel

Was sind Social Media?

Zunächst stellt sich die Frage, was „Social Media" eigentlich sind. Es fängt schon bei den Begriffen an. Neben Social Media werden Begriffe wie „Web 2.0" oder „soziale Netzwerke" synonym verwendet.

> ◤ **Social Media sind digitale Medien und Technologien, die es Nutzern ermöglichen, sich untereinander auszutauschen und mediale Inhalte einzeln oder in Gemeinschaften (Communitys) zu gestalten. Social Media bieten dem Nutzer die Möglichkeit, selbst Inhalte zu erstellen und über verschiedene Kanäle miteinander zu teilen.**

Daher spricht man bei Social Media auch vom so genannten „Mitmach-Web" (user generated web). Plattformen wie zum Beispiel Facebook, Twitter, YouTube oder andere, sind lediglich Werkzeuge, die die Kommunikation und den Aufbau von Beziehungen ermöglichen.

Social Media sind mehr als ein Hype. Erst 2009 richtig gestartet, sind heute weltweit mehr als eine Milliarde Menschen in sozialen Netzwerken vertreten. Allein in Deutschland haben im Mai 2012 24 Millionen Menschen Facebook genutzt (Unique Visitors). Es folgen Xing mit 4,9, Twitter mit 4,4 und Google+ mit 4,3 Millionen aktiven Nutzern.

Insgesamt verfügen von den 65 Millionen Internetnutzern in Deutschland 74 Prozent über mindestens einen Account in einem sozialen Netzwerk (BITKOM, 16.01.2012, Studie über Nutzerverhalten in sozialen Netzwerken). Etwa 60 Prozent der Nutzer sind täglich aktiv. Aufgrund der zunehmenden Verbreitung von hochmobilen Endgeräten (Smartphone, Tablet) ist davon auszugehen, dass die Nutzung weiter steigt. Inzwischen werden mehr Nachrichten über Facebook als über E-Mail ausgetauscht.

Machtverschiebung vom Anbieter zum Nachfrager

Das Internet und hier vor allem Social Media verändern die Gesellschaft gravierend (vgl. folgende Ausführungen von Peter Kruse, Beitrag Enquete-Kommission Internet und digitale Gesellschaft, Bundestag 05.07.2010). Es vollzieht sich eine grundlegende Machtverschiebung vom Anbieter zum Nachfrager. Das ist auf die hohe Vernetzungsdichte, die sich in den letzten Jahren dramatisch erhöht hat, zurückzuführen. Das Internet durchdringt die gesamte Gesellschaft und ist für nahezu jedermann jederzeit verfügbar.

Zu der gestiegenen Vernetzungsdichte kam mit Social Media die massive Spontanaktivität hinzu. Immer mehr Menschen beteiligen sich aktiv. Hinzu kommt etwas, das die Systemtheoretiker „kreisende Erregung" nennen, d.h. durch Funktionen wie „retweet" (Twitter) oder „teilen" (Facebook, Google+) haben Systeme die Tendenz zur Selbstaufschaukelung. Es kann also passieren, dass ein solches System plötzlich mächtig wird, ohne dass vorhersagbar ist, wo und wie etwas passiert. Die Menschen haben das für sich entdeckt. Die erste Motivation ins Internet zu gehen, war das Bedürfnis nach Zugang zu Information. Die zweite Motivation im Internet war das Bedürfnis, sich darzustellen („Spuren zu hinterlassen"). Jetzt merken die Menschen, dass sie über die Netzte mächtig werden können, und schließen sich zusammen.

▶ **Das Verhalten solcher nichtlinearen Systeme lässt sich grundsätzlich nicht mehr vorhersagen.**

Wenn hier die klassischen Instrumente der Marktforschung und daraus abgeleitete Prognosen des Kundenverhaltens nicht mehr greifen, wie können wir dann im Marketing Annahmen über zukünftige Entwicklungen treffen?

Das ist letztlich eine Frage der Empathie. Gelingt es uns wahrzunehmen, was in den sozialen Netzen zurzeit resonanzfähig ist?

▶ **Wenn Sie einigermaßen nah am Markt sind, wenn Sie einigermaßen nah an den Menschen sind, dann können Sie zwar nicht vorhersagen, was passiert, aber Sie haben ein Gefühl für die Resonanzmuster Ihrer Zielgruppen.**

Sie haben ein Gefühl dafür, was gerade Priorität hat und daher wichtig ist.

Hier ist Umdenken angesagt. Wir müssen begreifen, dass Macht sich neu definiert. Wir bekommen einen extrem starken Kunden. Macht ist jetzt beim Nachfrager, nicht beim Anbieter. Wenn es Unternehmen nicht gelingt, empathisch genug zu sein, um zu wissen, wo diese Art von Aufschaukelung stattfindet, dann bekommen sie zukünftig Probleme, das Kundenverhalten zu verstehen und die richtigen Angebote zu generieren.

Abschließend stellt sich also nicht die Frage, *ob* Unternehmen sich auf Social Media einlassen, sondern lediglich, *wie* sie am besten mit diesen Entwicklungen umgehen!

Marketer, seien sie nun als Dienstleister in Agenturen oder direkt in den Marketingabteilungen der Unternehmen, können Social-Media-Kampagnen weder erfolgreich planen und begleiten, noch auf Bezugsgruppen wirkungsvoll eingehen und reagieren, ohne Engagement, Fachwissen, Kenntnisse und letztlich vor allem auch das Gespür von Mitarbeitern mit einzubeziehen, die die Leistungen erstellen und in direktem Kundenkontakt stehen. Im Rahmen von Social Media kann ein noch so gutes Briefing die unmittelbare Markt- und Kundenkenntnis, wie sie letztlich nur die Mitarbeiter haben (oder haben sollten), nicht ersetzen.

Daher scheint es für Marketer sinnvoll, sich im Rahmen der folgenden Ausführungen einmal die Unternehmensbrille aufzusetzen und nachzuvollziehen, wie Social Media ganzheitlich im Unternehmen umgesetzt werden kann.

Social Media Marketing ist anders

Marketing ist die ganzheitliche Ausrichtung eines Unternehmens auf den Markt. Social Media Marketing ist die Nutzung der sozialen Netzwerke, um das Unternehmen besser auf den Markt und seine Kunden auszurichten.

Natürlich sind Social Media ursprünglich nicht entwickelt worden, um Unternehmen eine Plattform für den Dialog mit ihren Kunden zu schaffen. Vielmehr ist es so, dass sich in sozialen Netzwerken über alle Bereiche des täglichen Lebens und Arbeitens ausgetauscht wird. Wenn dieser Austausch nun Unternehmen oder Produkte und Services von Unternehmen zum Gegenstand hat, hat der Marketer ein vitales Interesse daran, an diesem Dialog teilzunehmen.

Menschen (Kunden) vertrauen anderen Menschen viel stärker als der Werbung, den Medien oder Unternehmen.

Wollen Unternehmen nun an Social Media teilnehmen, so gelingt das nur dadurch, dass sie sich wirklich einbringen und bereit sind, mit dem Kunden einen echten Dialog zu führen.

Vordergründige, platte Anpreisung und plumper Verkauf von Produkten und Services, ähnlich der klassischen Ein-Kanal-Kommunikation, wie sie in den Massenmedien betrieben wird, funktionieren in den sozialen Netzen nicht!

Kunden in den Social Media wollen nicht mehr nur informiert, sondern aktiv beteiligt werden.

Sie suchen das Gefühl, wirklich ernst genommen zu werden. Und sie besprechen ihre Anliegen bezüglich Produkten und Leistungen nicht nur mit den Unternehmen, sondern auch oder sogar exklusiv mit ihrer Community. Sind Kunden unzufrieden oder fühlen sich nicht ernst genommen, suchen sie sich eine Plattform, um sich mit Gleichgesinnten auszutauschen und/oder nur ihrem Unmut Luft zu machen.

Die Entscheidung, die Unternehmenskommunikation selbst zu steuern, haben Unternehmen in den sozialen Netzwerken nicht. Sie können sich nur entscheiden, aktiv am Dialog teilzunehmen und somit durch echte Zwei-Kanal-Kommunikation mit ihren Kunden zu sprechen.

Social Media Marketing lässt den Traffic auf der Unternehmenswebsite auf natürliche Weise massiv ansteigen. Sobald sich in der Community herumgesprochen hat, dass auf den Seiten eines Unternehmens hochwertige Inhalte zu finden sind, werden diese spontan geteilt und so weitergegeben.

Wohlgemerkt: Unternehmen müssen hochwertige Inhalte anbieten, soll der Traffic signifikant steigen.

Unterschiede zwischen klassischen und sozialen Medien aus Marketingperspektive		
Kriterium	Klassische Medien	Soziale Medien
Kontrolle über Inhalte	Unternehmen	Nutzer
Produzent der Inhalte	Unternehmen	Nutzer
Art der Kommunikation	one-to-many	many-to-many
Definition des Umfeldes	Werbeträger (Medium)	Nutzer
Fokus	Unternehmen, Produkt, Marke	Kunde

Social Media Marketing ist auch deshalb anders, weil auf Unternehmen hier völlig andere Herausforderungen zukommen: Extreme Kanal- und Datenvielfalt, völlig unstrukturierte Daten, zum Teil geschlossene Kanäle, Vernetztheit und Schnelligkeit von Veränderungen.

Herausforderungen für Unternehmen in den Social Media

- Kanalvielfalt
- ca. 300 Plattformen in Deutschland
- Datenvielfalt
- weltweit mehr als 200 Millionen Blogs, davon ca. 40 Millionen über Produkte und Marken, ca. 10.000 Tweets/Minute über Produkte und Marken
- Unstrukturiertheit von Daten
- Texte, Videos, Kommentare, Shares, Tweets usw.
- Geschlossenheit von Kanälen
- geschlossene Gruppen, Kreise, individuelle Rechte, E-Mail, Chat usw.
- Vernetztheit
- hohes Maß an Komplexität, keine klaren Strukturen und Wirkmechanismen
- Schnelligkeit von Veränderungen: nahezu täglich gibt es Neuerungen, Rahmenbedingungen ändern sich, alte Regeln sind ungültig, neue entstehen

Allein aufgrund dieser Herausforderungen ist es aus meiner Sicht unabdingbar, dass Unternehmen sich bereits jetzt mit Social Media auseinandersetzen, um den Anschluss an diese neuen Kommunikationskanäle nicht zu verpassen. Wie Sie später sehen werden, reicht es zunächst vielleicht aus, sich zumindest passiv den sozialen Netzen zu nähern und so zumindest die Wirkmechanismen besser zu verstehen.

Märkte sind Gespräche

Die wohl wichtigste These aus dem im Jahr 2000 veröffentlichten „Cluetrain Manifest" lautet: Märkte sind Gespräche. Heute sind wir dieser Vision mit Social Media einen Schritt näher gekommen. Die Gespräche in den Social Media sind direkt und finden in

Echtzeit von Mensch zu Mensch statt, selbst wenn die Beteiligten physisch nicht an einem Ort sind.

Unternehmen haben keine Chance, wohl ausformulierte „Sprachregelungen" zu entwickeln und diese von Vorstand, Geschäftsführung oder Kommunikationsabteilung genehmigen zu lassen, bevor sie veröffentlicht werden. Der Kunde will sofort eine Antwort – echt und authentisch.

Die große Herausforderung für Unternehmen wird es nicht sein, diesen Dialog zu organisieren – denn das lassen Social Media nicht zu. Vielmehr wird es die große Herausforderung sein, möglichst aufrichtig und ehrlich mit dem Kunden zu sprechen – und das an jeder Stelle im Unternehmen. Die aktive Beteiligung an Social Media kann nur funktionieren, wenn im Unternehmen eine breite Basis an Mitarbeitern „mitmacht", sich einbringt und am Ball bleibt.

Wenn viele Mitarbeiter mit dem Kunden sprechen, gibt es nur eine Sprachregelung: die Wahrheit.

> **Nur mit aufrichtiger und wertschätzender Kommunikation wird es möglich sein, glaubwürdig und widerspruchsfrei mit dem Kunden zu kommunizieren.**

Im betrieblichen Alltag werden oft Guidelines erstellt – mit Empfehlungen für Mitarbeiter, die sich aktiv an den „Gesprächen mit dem Kunden" beteiligen wollen (siehe Kapitel „Social Media Guidelines").

Wenn es Unternehmen gelingt, sich als Community-Mitglied einzuführen, dessen Beiträge lesenswert sind, werden die Nutzer sich für diese Beiträge interessieren und diese teilen. Wenn Unternehmen mit den Mitgliedern ihrer Community wertschätzend und fair umgehen, werden diese zu „Markenbotschaftern" des Unternehmens.

Chancen und Risiken

Aus dem bereits Gesagten ergeben sich für Unternehmen Chancen, aber auch Risiken. Es muss klar sein, dass das Thema Social Media Potenziale bietet. Es muss aber auch klar sein, dass ein Engagement für Social Media nur dann Sinn macht, wenn die Bereitschaft und der Wille da sind, sich konsequent an dem direkten und kontinuierlichen Dialog mit den Kunden zu beteiligen.

Chancen und Risiken von Social Media	
Chancen	■ Steigerung von Markenbekanntheit und Markenbindung ■ Inszenierung des Unternehmens und der Marke ■ Image als modernes, zeitgemäßes Unternehmen ■ Empfehlungsmarketing der Zukunft ■ Erhöhung der Kundenzufriedenheit ■ Produktentwicklung mit Nutzern ■ Trendanalyse

	■ Steigerung der Auffindbarkeit im Web ■ Etablierung als Experte(n) zu Fachthemen ■ Visualisierung komplexer Leistungsangebote
Risiken	■ Kontrolle wird durch Moderationen ersetzt ■ Mit negativen Einträgen muss konstruktiv und professionell umgegangen werden ■ Nicht-Betreuung führt zu Nicht-Relevanz bei Kunden ■ Fehlende Guidelines für Mitarbeiter können zu negativer Reputation führen ■ Verzicht auf Social Media führt zu mangelnder Präsenz, Chancen für den Wettbewerb, eingeschränkten Kenntnissen über das eigene Image und geringem Verständnis für Kunden und ihre Bedürfnisse

vergleiche Lünendonk 2012

Die wichtigsten Social-Media-Marketing-Kanäle

Ein Kennzeichen von Social Media ist die nahezu unübersehbare Vielfalt an unterschiedlichsten sozialen Netzwerken, Blogs, Foren und Portalen. Je nach Aufgabenstellung, Branche, Zweck und Social-Media-Strategie sind die geeigneten Kanäle auszuwählen.

Die Mitglieder der einzelnen sozialen Netze haben gleiche Interessen, tauschen sich untereinander aus, helfen einander und machen sich gegenseitig auf Neuigkeiten aufmerksam.

Im Wesentlichen gilt in den meisten sozialen Netzen das Follower-Prinzip. Findet jemand eine Person, eine Gruppe oder ein Unternehmen interessant, so kann er ihre Beiträge abonnieren. Gleichgültig, ob es sich um Statusmeldungen, Blog-Beiträge, Videos oder anderes handelt.

Die Unterschiede zwischen den Plattformen sind zum Teil erheblich. Viele der knapp 300 in Deutschland verfügbaren Plattformen haben unterschiedliche Schwerpunkte. Sie sprechen unterschiedliche Altersgruppen, Geschlechter, Zielgruppen oder Themenfelder an.

Aber keine Angst. Meine Empfehlung lautet jetzt sicher nicht, dass Unternehmen auf allen Plattformen vertreten sein sollten. Vielmehr ist es so, dass Unternehmen sich nach sorgfältiger Prüfung für einige „Basis-Plattformen" entscheiden sollten und dann, wenn es wirklich für das Unternehmen sinnvoll ist, noch für das eine oder andere soziale Netzwerk mit spezieller Ausrichtung.

Im Folgenden gebe ich Ihnen einen kurzen Überblick über die wichtigsten Social Media: Blog und Microblog, Business-Netzwerke, Freundesnetzwerke, Video- und Fotoportale sowie Verbraucherportale, Foren, Wikis, Präsentationsportale und Social Bookmarking.

Obwohl Facebook, Xing, Twitter und Google+ ohne Frage die größten Netzwerke sind, wäre es zu einfach, alle anderen einfach auszublenden.

Das Social Media Prisma von www.ethority.de gibt Ihnen einen ersten Überblick über die nahezu grenzenlos erscheinende Vielfalt der unterschiedlichen Social-Media-Anwendungen:

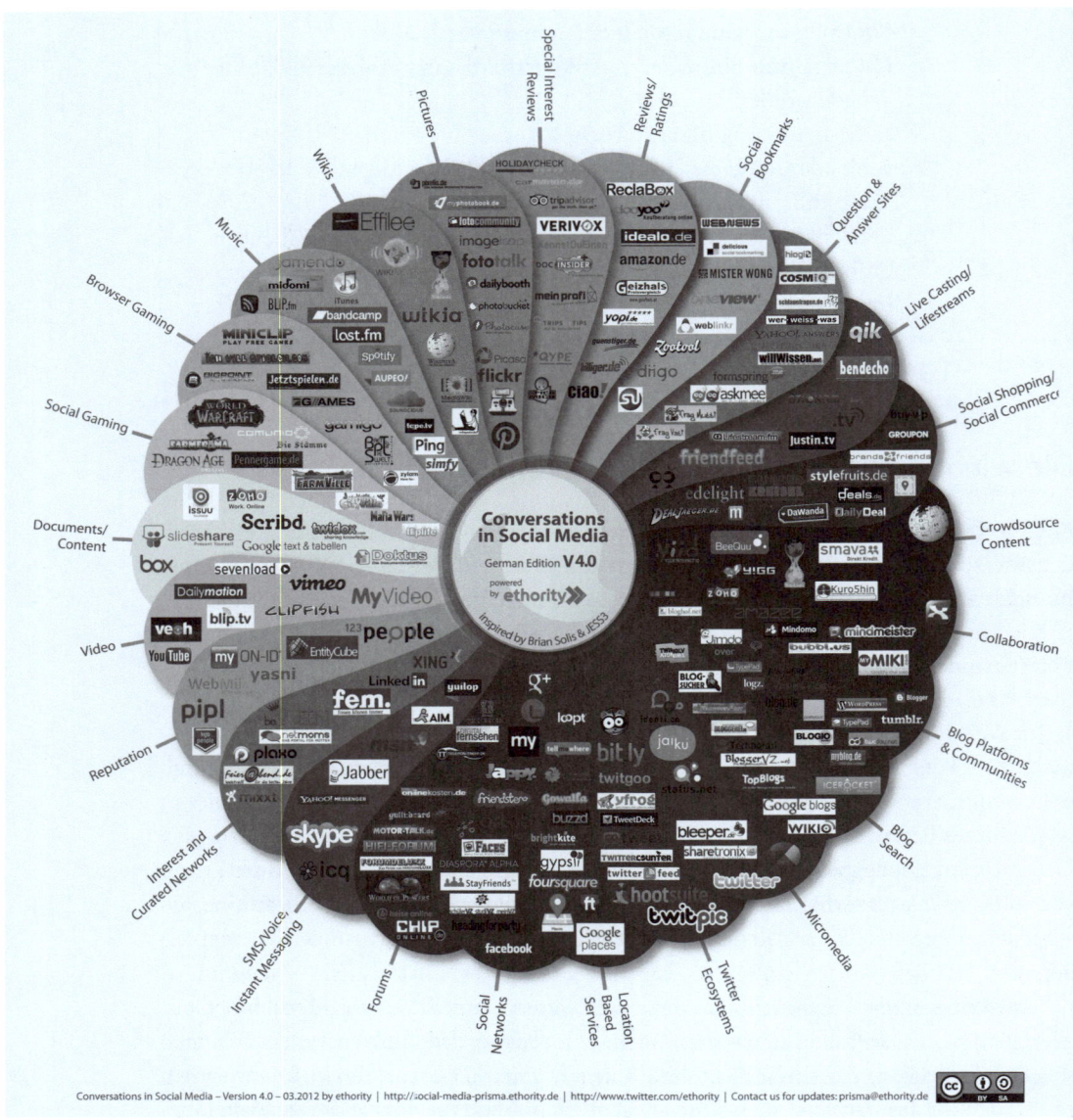

Social Media Prisma 4.0 (ethority GmbH & Co. KG)

Im Folgenden werden die für Unternehmen aus Marketingsicht wichtigsten „Basis-Plattformen" der Social Media kurz vorgestellt. Aus Platzgründen werden nur einige Aspekte an dieser Stelle beleuchtet.

Generell empfiehlt es sich, die angesprochenen Dienste einmal näher kennen zu lernen und dann auf Zielgruppenrelevanz zu prüfen.

Generell sollte dies der Leitgedanke sein:

▶ **Treffe ich meine Zielgruppe oder zumindest Teile derselben in dem jeweiligen sozialen Netzwerk an und kann ich für meine Kunden einen Mehrwert durch Social Media generieren?**

Nur wenn das anbietende Unternehmen mit dem jeweiligen Social-Media-Kanal dem Nutzer einen Mehrwert bietet, besteht die Chance, einen echten Dialogkanal für Nutzer und Anbieter zu etablieren. Ansonsten heißt es: Außer Followern nichts gewesen.

Ein Fehler, der oft zu beobachten ist: Erst konzentriert man sich darauf, möglichst viele Follower (oft außerhalb der eigenen Zielgruppe) zu gewinnen und wundert sich dann, warum Social Media nichts bringen.

Blog (Unternehmen) und Microblog (Twitter)

Blogs gibt es schon seit mehr als zehn Jahren. Sie sind gewissermaßen das Rückgrat der Social Media. Was früher auf Websites „Neues" oder „Aktuelles" war, erledigt heute ein Blog viel besser.

Ein Blog ist das Web-Tagebuch eines Unternehmens. Es ist eine chronologisch strukturierte Website. Der aktuellste Beitrag steht jeweils oben, der älteste unten. Ursprünglich hatten Blogs die Aufgabe, mit geringem technischen Aufwand eigene Inhalte im Web zu veröffentlichen. Blogs können sowohl privat (z.B. exklusiv für Kunden) als auch öffentlich sein.

Mit einem Blog stellt ein Unternehmen fachliche Kompetenz unter Beweis und zeigt Interesse, mit Kunden und Interessenten zu aktuellen Themen im Gespräch bleiben zu wollen. Die chronologische Natur des Blogs erlaubt es, Themen nach Bedarf, Interessenschwerpunkten und aktuellen Anlässen der Kunden zu publizieren.

Die integrierte Suchfunktion sowie die Möglichkeit, thematische Kategorien anzulegen, machen ältere Artikel leicht zugänglich. Kommentarfunktion und die Integration anderer sozialer Netze fördern den Dialog mit Kunden und Nutzern. Darüber hinaus lieben Suchmaschinen und allen voran Google Blogs, weil sie, wenn sie gut gemacht sind, guten Content produzieren und über viele Backlinks (Links von anderen Seiten auf den Blog) verfügen. Alle genannten Punkte fördern die Reputation des Unternehmens und das Suchmaschinenranking der Unternehmensseiten erheblich.

Alles in allem verfügt ein Unternehmen mit einem Blog über eine eigene Plattform, über die es direkt mit seinen Zielgruppen kommunizieren kann. Es erhöht seine Reichweite, da es mit Nutzern in Kontakt tritt, die es bisher noch nicht kannten. Empfehlungen der Leser über Social-Media-Kanäle sind gelebtes Empfehlungsmarketing. Das direkte Feedback der Kunden hilft dem Unternehmen, die Qualität seiner Produkte und Services zu verbessern.

Twitter

Wenn ein Unternehmen einen eigenen Corporate Blog eingerichtet hat, empfiehlt es sich, einen Twitterkanal (www.twitter.com) einzurichten, über den die Leser und weitere

Zielgruppen die Möglichkeit haben, sich jederzeit über aktuelle Änderungen zu informieren.

Twitter funktioniert ähnlich wie ein Blog. Nur mit dem Unterschied, dass die einzelne Nachricht auf 140 Zeichen begrenzt ist. Diese Kurznachrichten werden ähnlich wie eine SMS automatisch an die Follower (Folger) versendet, wenn diese das nächste Mal auf Twitter (oder einer der vielen Twitter-Apps) online sind. Gerade der mobile Nutzer wird so jederzeit über Aktuelles auf dem Laufenden gehalten. Ein kurzer Tweet (die Twitter-Nachricht) reicht, um den Inhalt einer aktuellen Veröffentlichung kurz anzureißen und darauf zu verlinken. Der Nutzer entscheidet bei Interesse, dem Link zu folgen.

Der Vorteil der auf den ersten Blick scheinbar limitierenden Begrenzung auf 140 Zeichen: Tweets sind kurz und prägnant, kommen sofort zur Sache und verschaffen dem Nutzer sofort einen guten Überblick.

Tweets werden bei gängigen Suchmaschinen in die so genannte Realtime Search aufgenommen. Google & Co. stellen sicher, dass ein Beitrag so innerhalb von Sekunden in der Suche gefunden werden kann. Auch hier leisten Unternehmen wieder einen Beitrag zu einer besseren Auffindbarkeit ihrer Produkte und Leistungen im Internet.

Business-Netzwerke: Xing und LinkedIn

Geschäftlich motivierte Netzwerke, wie der Marktführer in Deutschland Xing (www.xing.com), fördern die Möglichkeit, miteinander in Kontakt zu bleiben. Seien es lose Geschäftsbeziehungen, Kunden- oder Lieferantenkontakte, es ist ein Leichtes – einmal miteinander vernetzt –, in Kontakt zu bleiben.

Da auch hier die Social-Media-Grundsätze gelten, macht es für Unternehmen unter Umständen Sinn, so genannte moderierte Gruppen einzurichten oder an ihnen teilzunehmen.

Der in den letzten Monaten zu beobachtende Hype, Xing und andere Netzwerke massiv für die Kaltakquise zu nutzen, nervt viele Mitglieder und ist für seriöse Anbieter nicht zu empfehlen.

 Die Grundidee von Social Media ist, erst Nutzen bieten – dann Nutzen ernten.

Einige Anbieter, vor allem Kleinunternehmer und Freiberufler, missbrauchen die an sich sinnvollen Möglichkeiten und spamen potenzielle Kunden mit nahezu „unwiderstehlichen Angeboten" zu.

Unabhängig von diesen Auswüchsen, kann man Business-Netzwerke hervorragend nutzen, um bestehende Kontakte zu pflegen, neue Kontakte zu knüpfen, anderen zu helfen und so eigene Kompetenz zu zeigen.

Im Rekrutierungsprozess ist es für Fach- und Führungskräfte schon nahezu selbstverständlich, mit einem eigenen Profil vertreten zu sein. Ebenso gehört es für Unternehmer und Selbstständige zum guten Ton, mit einer Visitenkarte auf Xing oder LinkedIn vertreten zu sein.

Das bisher vor allem für Xing Gesagte gilt im Wesentlichen auch für LinkedIn (www.linkedin.com). LinkedIn ist ein amerikanisches Business-Netzwerk und hat vor allem im internationalen Kontext seine Bedeutung. Für deutsche Unternehmen, die vor allem in Deutschland und Europa aktiv sind, ist Xing sicherlich zunächst die erste Wahl.

Auch als Werbemedium ist Xing unter Umständen interessant:

- knapp fünf Millionen Nutzer in Deutschland
- mehr als die Hälfte sind Business Professionals, die Akademiker sind oder über ein Haushaltsnettoeinkommen von mehr als 3.500 Euro verfügen
- knapp 60 Prozent sind zwischen 30 und 50 Jahre alt
- 65 Prozent sind männlich
- 80 Prozent aller deutschen Führungskräfte haben ein Profil auf Xing

Mit zur Verfügung stehenden geeigneten Targeting-Tools können hier unter Umständen effiziente Online-Werbekampagnen durchgeführt werden.

Das Benutzerprofil der Xing-User unterscheidet sich somit grundlegend von anderen Netzwerken und insbesondere Facebook-Profilen, die eher jünger sind, ein geringeres Einkommen und Interessen haben, die eher aus dem privaten Umfeld stammen. Selbst klassische Plattformen von Handelsblatt oder Financial Times Deutschland haben in der skizzierten Zielgruppe keine annähernd ähnliche Reichweite.

Denken Sie aber bitte daran, dass Sie aus Marketingsicht unterscheiden müssen, ob Sie Aktionen auf Xing planen, um von Ihrem Engagement in der Community zu profitieren oder um Onlinewerbung zu betreiben.

Freundesnetzwerke: Facebook, Google+ und Co.

Facebook ist mit mehr als 950 Millionen Mitgliedern das weltweit größte soziale Netzwerk. Allein in Deutschland hat Facebook etwa 24 Millionen aktive Mitglieder (mehr als ein Drittel aller Internetnutzer).

Google+, erst im vergangenen Jahr richtig gestartet, hat zum jetzigen Zeitpunkt allein in Deutschland schon mehr als vier Millionen aktive Mitglieder. Wenn es Google gelingt, seine Dienste (Search, YouTube, Blogger, AdWords, Analytics, Picasa etc.) zu integrieren, ist anzunehmen, dass hier ein großes Potenzial entsteht.

Hohe Reichweiten sind jedoch auch hier nicht alles. Neben der Frage nach den richtigen Zielgruppen sollten Unternehmen sich auch fragen, welchen Nutzen sie ihren Kunden mit einer Unternehmensseite bieten. Wenn es gelingt, hier eine echte Community zu etablieren, haben Unternehmen einen direkten Draht zu ihrer Zielgruppe.

Da die unter Dreißigjährigen heute mit 92 Prozent nahezu faktisch alle einen Facebook-Account haben und damit groß geworden sind, sollten sich auch Unternehmen darauf einstellen, kurz- bis mittelfristig nicht mehr um Facebook herumzukommen.

Gleichgültig ob beispielsweise im Handwerk, in der Beschaffung oder im Personalwesen, der Anteil an Mitarbeitern, Kunden und anderen Geschäftspartnern, die in sozialen Netzen aktiv sind, steigt beständig.

Für Facebook und Google+ gilt das Gleiche wie für Twitter. Die Seiten werden von Suchmaschinen vollständig indiziert und bringen so Backlinks und Reputation für die Suchmaschinenoptimierung.

Video- und Fotoportale am Beispiel YouTube

Der Hunger nach Bild- und Videomaterial ist in den sozialen Netzen unstillbar. Es wird ohne Unterlass „Gefällt mir" geklickt, bewertet, kommentiert, gepostet und geteilt. Portale zum Teilen und Bewerten von Fotos und Videos gibt es viele, lassen Sie uns hier vor allem YouTube (www.youtube.com) als Videoportal exemplarisch betrachten.

YouTube ist mittlerweile nach Google die am zweithäufigsten angefragte „Suchmaschine". Die Community liebt Videos. Für Unternehmen kann es auch spannend sein, Informationen über Produkte und Services, Anwendungshinweise oder Montageanleitungen als kurze Videos zur Verfügung zu stellen. Videos ersetzen zwar das geschriebene Wort nicht, helfen jedoch, dem Kunden schnell den gewünschten Sachverhalt zu verdeutlichen.

YouTube-Videos bieten Unternehmen zahlreiche Vorteile

- Einen quasi Standard, der nahezu auf jedem Endgerät (PC, Notebook, Tablet, Smartphone etc.) offline und online problemlos in der Handhabung ist und abgespielt werden kann
- Hervorragende Eignung für das Teilen über verschiedene Social-Media-Kanäle
- Beste Auffindbarkeit über Suchmaschinen, insbesondere Google (YouTube ist bereits seit 2006 eine hunderprozentige Tochter)
- Attraktive YouTube-Videos generieren Traffic für die eigene Website

Unter den Fotoportalen ist in Deutschland an erster Stelle sicherlich Flickr zu nennen, allerdings müssen Sie hier auf die Nutzungsbedingungen achten, die eine kommerzielle Nutzung ausschließen.

Je nach Zielsetzung müssen Sie also auf andere Portale ausweichen oder Ihre Bilder und Fotos auf der eigenen Website und beispielsweise über Facebook, Google+ etc. zur Verfügung stellen. Für Bilder ist das auch in Ordnung, da der durchschnittliche Internetnutzer leicht in der Lage ist, auch mit den technischen Bedingungen umzugehen. Jeder kann Bilder betrachten, speichern, verteilen.

Bewertungs- und Verbraucherportale, Foren, Wikis, Präsentationsportale

Es gibt zahlreiche weitere soziale Netzwerke für unterschiedlichste Anwendungen, sie allein hier zu nennen, würde den Rahmen des Beitrages sprengen. Lassen Sie mich nur einige Beispiele anführen.

Da wären zunächst die Bewertungs- und Verbraucherportale. Sie sind gewissermaßen die Vorreiter der sozialen Netzwerke. Jedes Unternehmen sollte prüfen, ob es relevante Portale für die eigenen Produkte und Leistungen gibt.

Warum Unternehmen auf Bewertungsportalen aktiv sein sollten

Auf Bewertungsplattformen suchen Verbraucher nach Entscheidungshilfen. Die Möglichkeit, Bewertungen für andere Nutzer abzugeben, stammt aus dem Beginn des „Mitmach-Webs" und hat bisher nichts von ihrer Aktualität und Attraktivität eingebüßt.

▶ **Die Bewertung durch „Freunde" gibt, soweit sie aufgrund des mitgelieferten Kommentars plausibel ist, stärkere Kauf- oder Nicht-Kauf-Anreize als dies jedes andere unternehmerische Werbemittel zu leisten vermag.**

Generell gilt, dass Nutzer gerne auf Bewertungen als relevante Informationsquelle zurückgreifen. Wenn sie die Wahl haben, ein Produkt bei einem Anbieter zu kaufen, das oder der überwiegend positiv bewertet wurde, oder bei einer Alternative, die überwiegend negativ bewertet wurde, ist die wahrscheinliche Entscheidung offensichtlich.

Portale wie Amazon oder eBay schreiben einen Teil ihres Erfolges sicherlich den ausgefeilten Bewertungsfunktionen zu – die beide Portale von Anfang an anboten. Bewertungen haben im digitalen Zeitalter fast schon eine ähnliche Bedeutung gewonnen wie die Bewertung der Stiftung Warentest in der Offline-Welt.

Es lohnt sich also, die eigenen Kunden zu motivieren, Bewertungen zu schreiben. Eine ausreichende Basis an positiven Bewertungen – die auch aktuell sein sollten – ist ein gutes Fundament, um den Verkauf auch über diesen Kanal zu fördern.

Bei der Buchung von Reisen greifen Internetnutzer gerne auf Bewertungs- und Vermittlungsportale zurück. Gerade die schlechten Erfahrungen mit teilweise werblich überhöhten Katalogbeschreibungen haben das Vertrauen in die Anbieterbeschreibungen erschüttert, sodass potenzielle Bucher lieber den Bewertungen von anderen Reisenden für die Auswahl des geeigneten Zielortes Vertrauen schenken.

Foren

Die Vorläufer der heutigen sozialen Netzwerke sind die oft zu Unrecht vergessenen Foren. Bereits seit Ende der Siebzigerjahre tauschen sich hier Nutzer zu Spezialthemen aus. Sie bilden oft eine kleine, aber feine Community, deren Vertrauen Unternehmen erst gewinnen müssen. Gelingt ihnen dies, bekommen sie Zugang zu echten Powerusern und authentischen Multiplikatoren. Foren sind für Nutzer, die spezielle Fragen haben, nach wie vor eine ausgesprochen attraktive Anlaufstelle.

Im Grunde gelten für Foren die gleichen Spielregeln wie für alle sozialen Netzwerke. Durch die thematische Fokussierung sind Unternehmen im Kern ihrer Zielgruppe. Vordergründige Werbung für Produkte und Dienstleistungen ist hier kontraproduktiv. Unternehmen profilieren sich über ihre Nutzen stiftenden Beiträge und erfahren im Gegenzug von Insidern und Powerkunden, wie ihre Produkte und Dienstleistungen unter der Lupe betrachtet, in Grenzbereichen getestet und mit Leidenschaft genutzt werden.

Für Unternehmen ist es wichtig, die Foren aus dem eigenen Tätigkeitsbereich zu kennen. Interessiert sich jemand wirklich für ein Thema, wird er auch die entsprechenden Foren (und damit das Unternehmen) finden, weil er dort authentische und unverfälschte Informationen, Meinungen und Erfahrungen erwartet.

Wikis

Es ist schon faszinierend, wenn man das weltweit größte Wiki, nämlich Wikipedia, einmal etwas genauer betrachtet. Wikipedia wurde im Jahre 2001 gegründet und hat sich als Enzyklopädie zum größten Nachschlagewerk im Internet entwickelt. Mehr als zwölf Millionen Artikel in mehr als 260 Sprachen sind inzwischen verfügbar.

Dies kann nur gelingen, wenn viele Tausend aktive Mitglieder der Community ehrenamtlich daran mitwirken.

Für Unternehmen gibt es mehrere Aspekte, die hier bedeutsam sind. Zum einen hat Wikipedia selbst eine herausragende Reputation bei Suchmaschinen. Es ist also wichtig, alle relevanten Themen, die Produkte oder die eigene Firma betreffen, im Auge zu behalten. Dies ist bei Wikipedia sehr leicht möglich. Registrierte Mitglieder setzen einfach alle interessanten Artikel auf Beobachtung und werden dann automatisch informiert, wenn sich etwas ändert.

Unternehmen sollten einer Illusion nicht unterliegen. Wikipedia ist eine Enzyklopädie und keine Gelben Seiten oder ein Firmenhandbuch. Nur das, was enzyklopädisch bedeutsam ist, wird aufgenommen. Wenn Unternehmen das akzeptieren, können sie aktiv an der Gestaltung mitwirken.

Das Konzept von Wikipedia beruht auf dem Konzept „Wiki". Wiki steht dabei für eine Technologie zur kollektiven Erstellung von Internetinhalten. Wenn Unternehmen nun über spezielles Fachwissen verfügen, könnte ein eigenes Wiki einerseits Reputation und Kompetenz in die Zielgruppe tragen und andererseits in hohem Maße wertvoll für das Suchmaschinenranking sein.

Präsentationsportale

Insbesondere im B2B-Marketing sind Präsentationen eine hervorragende Möglichkeit, ein interessiertes Fachpublikum anzusprechen. Slideshare (www.slideshare.com) ist die Plattform, die sicherlich am weitesten verbreitet ist, wenn es darum geht, Präsentationen über das Internet zu verbreiten.

Auf Plattformen wie Slideshare können Unternehmen ihre Präsentationen oder Handbücher online leicht zugänglich machen. Interessant ist hierbei, dass sie entscheiden, ob die Präsentation nur betrachtet oder auch heruntergeladen werden kann.

Hohe Reichweite und Sichtbarkeit durch gutes Suchmaschinenranking und leichte Teilbarkeit über Blogs, Twitter und Facebook sorgen für eine schnelle Verbreitung und leichte Erreichbarkeit. Für regelmäßige Präsentationen kann man einen eigenen Channel (dann allerdings kostenpflichtig) einrichten.

Social Media im Unternehmen

Die vorhergehenden Ausführungen haben gezeigt, dass Unternehmen nahezu unzählbare Möglichkeiten haben, über die sozialen Netze in Dialog zu treten und echte Beziehungen aufzubauen. Die grundsätzliche Frage bleibt, welche Social-Media-Kanäle die geeignetsten sind und unter Effektivitäts- und Effizienzgesichtspunkten die beste Amortisation des investierten Aufwandes für ein Unternehmen versprechen.

Hierzu beantworten wir im Folgenden drei Fragen:
- Welche Unternehmensbereiche können von Social Media profitieren?
- Wie werden die richtigen Social-Media-Kanäle ausgewählt?
- Welche Unternehmensziele werden mit Social Media verfolgt?

Anschließend erhalten Sie Hinweise, warum Social Media Guidelines wichtig sind, bevor Sie in Ihr Social-Media-Marketing-Projekt einsteigen.

Für den Fall, dass doch einmal ein „Shitstorm", eine Hasstirade, in den Social Media über Sie hereinbrechen sollte, oder um so etwas von vorneherein zu vermeiden, folgen einige Tipps aus der Praxis.

Unternehmensbereiche, die von Social Media profitieren

Social Media im Unternehmen sind keinesfalls Selbstzweck. Es ist kein reiner Vertriebskanal und auch kein Kommunikationsinstrument für ausschließlich junge, internetaffine, männliche Mitarbeiter, Kunden und Zielgruppen.

Social Media richtig verstanden können für viele Unternehmensbereiche eine wertvolle Unterstützung bei der Erfüllung ihrer Aufgaben sein.

Kundenbindung

Mithilfe von Social Media haben Sie ein effektives Tool, um direkt mit Ihren Kunden im Gespräch zu bleiben. Wenn Ihre Kunden bereits in den Social Media aktiv sind, ist es ein Leichtes, sich mit ihnen zu vernetzen. Sie haben einen kostengünstigen Kommunikationskanal, um einen aktiven Kundendialog zu pflegen und Kundenbeziehungen nachhaltig zu festigen.

Über Facebook, Twitter und andere halten Sie Ihre Kunden auf dem Laufenden, beantworten Fragen auf dem „kleinen Dienstweg" und pflegen den Kontakt, indem Sie am virtuellen Leben des Kunden teilnehmen und ihn an Ihrem teilhaben lassen.

Marktforschung/Produktentwicklung

Über Social Media erfahren Sie viel über die Zufriedenheit Ihrer Kunden mit Ihren Produkten. Sie erfahren, was Ihre Kunden begeistert und womit sie besonders zufrieden sind. Sie erfahren aber auch, womit Ihre Kunden vielleicht nicht so zufrieden sind und was Sie besser machen können. Dieses für Sie wertvolle Feedback erfolgt im direkten Dialog. Die Kommunikation ist hierbei in der Regel offen und konstruktiv geprägt. Man bemüht sich um Lösung eines Problems und nicht nur, wie oft befürchtet, um eine Möglichkeit, sich Luft zu verschaffen.

Wenn Ihre Community erkennt, dass Ihnen der Austausch wichtig ist und Sie vom Feedback Ihrer Kunden lernen möchten, erhalten Sie hier nicht nur treue Fans, sondern auch wertvolle Ideen, Impulse und Anregungen für die Verbesserung Ihrer Produkte und Prozesse.

Über Umfragen und Wettbewerbe beziehen Sie Ihre Nutzer direkt in die Entwicklung Ihrer Produkte und Services mit ein.

Public Relations

Mit Social Media kann der Informationsfluss Ihres Unternehmens in Richtung Öffentlichkeit hervorragend unterstützt und optimiert werden. Sie können die Öffentlichkeit gezielt und in Echtzeit mit wichtigen Nachrichten und Informationen Ihres Unternehmens versorgen.

Sie können sich von Journalisten und Agenturen unabhängig machen, da Sie selbst zur Kommunikationszentrale werden.

Werbung

Eine der großen Chancen in den Social Media liegt darin, dass Sie Anzeigen direkt zielgruppenspezifisch schalten können (Targeting). Idealerweise schalten Sie Werbung ohne Streuverluste.

Ihre Werbung wird also grundsätzlich zielgenauer. Sie wählen die Empfänger Ihrer Botschaften exakt nach Geschlecht, Alter etc. aus. Allerdings müssen Ihre Online-Anzeigen für Ihre Zielgruppe in hohem Maße relevant, motivierend und speziell auf die Nutzer abgestimmt sein. Nur so wecken Sie unmittelbares Interesse und lösen Reaktionen aus, bevor der Empfänger Ihrer Botschaften mit der Maus zur nächsten Nachricht oder Anwendung geklickt hat.

Vertrieb

Der Vertrieb wird nicht nur bei der Kundenbindung bestehender Kunden oder der Gewinnung neuer Kunden durch Social Media unterstützt. Je nach Produkt erschließen Sie sich mit Social Media als eigenständigem Vertriebskanal einen neuen Absatzweg.

Bieten sich bei Ihren Produkten und Dienstleistungen Social Media nicht als Abverkaufskanal an, so setzen Sie Social Media vor allen Dingen zur Verkaufsförderung ein. Sie schaffen so weitere direkte Kontaktmöglichkeiten zu Ihren Kunden.

Recruiting / Human Resources / Weiterbildung

Der Personalentwicklungsprozess im Unternehmen wird gleich an mehreren Stellen unterstützt. Social Media eignen sich sehr gut für die Akquisition von Fachkräften, die ihre Kompetenz über zahlreiche Social-Media-Kanäle verbreiten und so schnell als Experten auf ihrem Gebiet identifiziert werden. Führungskräfte und insbesondere Nachwuchskräfte und „Wechselbereite" sind über ihr Profil identifizierbar.

Social Media sind auch hervorragend geeignet, um eine direkte Kommunikation mit den Mitarbeitern zu ermöglichen. Bei sehr vielen Netzwerken gibt es die Möglichkeit, eine eigene (geschlossene) Gruppe einzurichten, die für Dritte nicht einsehbar ist. Hierüber kann das Topmanagement dann direkt mit den Mitarbeitern kommunizieren und Impulse, Ideen und anderen Input zu einem aktuellen Gesprächsthema geben.

Über das Internet nutzen Mitarbeiter Social Media für ihre Weiterbildung. Neben Präsentationen, Videos, Blogs können als wichtig bewertete Links zu Informationsquellen, Portalen und anderen interessanten Seiten leicht verfügbar gemacht werden.

Online-Marketing

Nicht zuletzt fördert und unterstützt Ihr Engagement in den Social Media Ihr klassisches Online-Marketing. Sie steigern Markenbekanntheit und Image über Empfehlungsmarketing, erhöhen die Reichweite Ihrer Botschaften, verbessern Ihr Ranking in den Suchmaschinen und schaffen es so, mehr Traffic auf Ihre Website zu bringen.

Die wichtigsten sozialen Netzwerke für Ihr Unternehmen

Es gibt zahlreiche Plattformen, die im Einzelfall für Unternehmen attraktiv sein könnten. Eine gute Anlaufstelle ist der „Social Media Planner" der Agentur für Online-Marketing und -PR INPROMO. Der kostenlos zur Verfügung gestellte Planer bietet Ihnen die Möglichkeit, mit wenigen Mausklicks eine erste Zielgruppenanalyse durchzuführen.

Wählen Sie Alter, Geschlecht und thematischen Schwerpunkt, soweit er kategorisiert ist. Schauen Sie sich dann die infrage kommenden Portale an und prüfen Sie Angebot, Umfeld, Zielgruppen. Eine gute Möglichkeit ist immer die Registrierung und zunächst passive Teilnahme in der Community. Sie werden dann sehr schnell die Relevanz für Ihr Unternehmen feststellen.

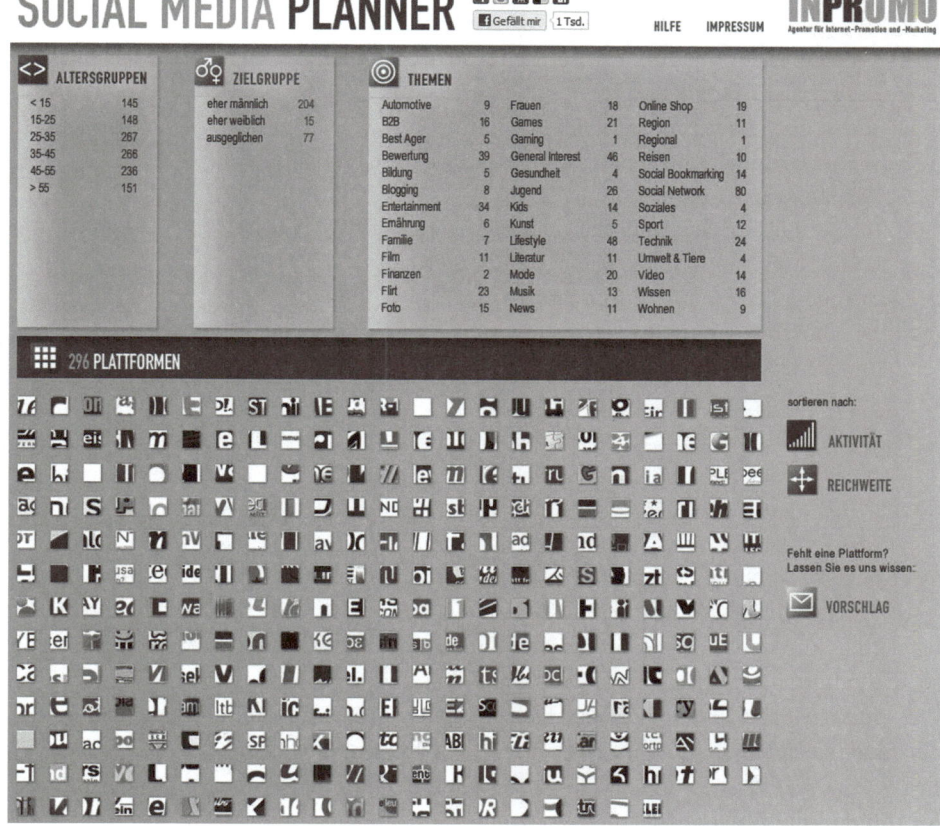

INPROMO Social Media Planner (www.socialmediaplanner.de)

Wenn Sie die Auswahl von Ihnen aktiv genutzter Social-Media-Kanäle erweitern wollen, empfiehlt sich ein konsequent schrittweises Vorgehen. Erst wenn die aktuell betreuten Plattformen stabil „laufen", prüfen Sie weitere Kanäle und integrieren Sie sie in Ihre Social-Media-Strategie.

Unternehmensziele in den Social Media

Um den Mitarbeitern Ihres Unternehmens, die in den sozialen Netzwerken aktiv sind, eine klare Richtung zu geben, ist es unverzichtbar, klare Ziele zu definieren. Zu leicht verzetteln sich die Maßnahmen im Social Media und irgendwann stellen Sie sich die Frage, was das Ganze bringt.

Die Herausforderung bei der Definition Ihrer Ziele ist es, konkrete Ziele festzulegen, die messbar und terminiert sind. Da im Vorfeld mögliche Erfolge einzelner Maßnahmen nur schlecht abzuschätzen sind, wählen Sie einen möglichst breiten Ansatz und definieren auch Ziele, die unter Umständen nicht einzuhalten sind. Durch einen konsequenten Soll-Ist-Vergleich wird es Ihnen möglich sein, sehr schnell zu lernen.

Mögliche Unternehmensziele in den Social Media:
- Unternehmensinhalte mit den Kunden teilen
- Umsatzsteigerung durch Werbung für Produkte über Anzeigen
- Neukunden-Akquisition
- Traffic zur Homepage generieren
- Verbesserung des Suchmaschinenrankings durch Backlinks (Search Engine Optimization; SEO)
- Markenbekanntheit und Markenbindung ausbauen
- Unternehmens- bzw. Markenimage pflegen
- Zufriedenere Kunden durch Servicekanal
- Kollaborative Weiter- bzw. Neuentwicklung von Produkten durch Anregungen und Vorschläge von Kunden
- Steigerung der Veröffentlichungsquote
- Marktbeobachtung und Trendforschung

Social Media Guidelines

Die Kommunikation in den sozialen Netzwerken funktioniert vor allem dann, wenn viele Mitarbeiter im Unternehmen sich beteiligen. Weil dies unmöglich zentral zu steuern ist, wird es notwendig, Social-Media-Richtlinien festzulegen (Social Media Guidelines).

Social Media Guidelines sollen sicherstellen, dass die Kommunikation über die einzelnen Social-Media-Kanäle im Interesse des Unternehmens erfolgt.

Sie sollten sicherstellen, dass
- ein Ansprechpartner für Social Media im Unternehmen benannt ist, um eventuelle Fragen der Mitarbeiter beantworten und in Zweifelsfällen Entscheidungen treffen zu können,
- Authentizität und Glaubwürdigkeit an erster Stelle Ihrer Kommunikation stehen,
- durch Ihre Aktivitäten in den sozialen Netzwerken für den Kunden echter Mehrwert entsteht,
- die Tonalität des Unternehmens gewahrt bleibt,

- Ihren Nutzern immer klar ist, dass die Mitarbeiter aus Ihrem Unternehmen für sich und nicht das Unternehmen selbst sprechen,
- die sozialen Netzwerke nicht der richtige Ort zur Veröffentlichung von Betriebsgeheimnissen sind,
- jedem Beteiligten klar ist, welches Material urheberrechtlich unbedenklich verwendet werden darf.

Ein gelungenes Beispiel für Social Media Guidelines von Unternehmen, das hier beispielhaft angeführt wird, ist die „MAN Social Media Guideline" (mit freundlicher Genehmigung von MAN):

MAN Social Media Guideline
Orientierung im Web 2.0

Was ist Social Media?

Social Media sind Kommunikationskanäle im Internet, die allen Nutzern die Möglichkeit bieten, sich aktiv zu beteiligen.

Dazu gehören Online-Netzwerke wie Xing, LinkedIn oder Facebook, Medien-Plattformen wie YouTube oder flickr, Online-Publikationen wie Twitter oder Blogs. Sie erlauben den Nutzern, Inhalte zu veröffentlichen, auszutauschen und zu kommentieren. So hat sich Wikipedia z.B. als zentrales Nachschlagewerk etabliert. Damit beeinflussen Social Media die Entwicklung des gesamten Internets zu immer mehr Interaktion.

Was bedeutet das für MAN?

Social Media bieten für MAN Herausforderung und Chance zugleich. Mitarbeiter müssen sich ihrer Verantwortung als potenzielle Vertreter von MAN im Web bewusst sein. Gleichzeitig können sie Social Media nutzen und damit einen Wertbeitrag zur Qualität der Produkte und Dienstleistungen leisten. MAN will seine Mitarbeiter sensibilisieren mit dem Ziel, dass sie sich kompetent und im Sinne des Unternehmens im Internet bewegen.

Für MAN bieten die neuen Plattformen großes Potenzial, mit unterschiedlichen Zielgruppen interaktiv zu kommunizieren.

Zur Erfüllung von Arbeitsaufgaben ist der Umgang mit Social Media während der Arbeitszeit erlaubt. Die private Nutzung des MAN-Internetzugangs bleibt untersagt. Die Entscheidung im konkreten Einzelfall liegt beim Vorgesetzten. Bestehende Richtlinien wie z.B. Geheimhaltungsverpflichtung etc. gelten weiterhin.

Diese Guideline will MAN-Mitarbeiter hinweisen, worauf sie achten sollten, wenn sie sich auf Social-Media-Plattformen bewegen, und grenzt deren Aktivitäten zum offiziellen Engagement des Unternehmens im Internet ab.

Wie verhalte ich mich richtig?

Freundlich und mit Respekt.

Gutes Benehmen im Internet unterscheidet sich nicht von angemessenem Verhalten außerhalb des Internets. Es gelten dieselben Definitionen von Verantwortung und Vertraulichkeit wie im sonstigen Umgang mit Kollegen, Kunden, Geschäftspartnern oder in der Öffentlichkeit. Der MAN Code of Conduct enthält dafür alle Verhaltensgrundsätze.

Dazu gehört auch der verantwortliche Umgang mit Zugangsdaten und persönlichen Informationen. Überlegen Sie sich, welche Angaben über sich selbst Sie im Internet hinterlegen und informieren Sie sich, wer Zugriff darauf hat. Respektieren Sie die Privatsphäre von Kollegen und Kolleginnen: Persönliche Informationen über andere oder Fotos, auf denen andere zu sehen sind, veröffentlichen Sie nur mit deren ausdrücklicher Genehmigung. Denken Sie daran, nicht das Urheberrecht anderer zu verletzen (nicht selbst erstellte Fotos oder Musik).

Unterschiedliche Kulturen und unterschiedliche Ansichten gibt es natürlich auch im Internet – sie verdienen alle Respekt. Ebenso respektvoll ist der Umgang mit Wettbewerbern.

Offen und transparent.

Seien Sie ehrlich. Ob in Ihrer beruflichen Funktion oder privat: Wenn Sie sich zu Themen äußern, die in irgendeiner Weise mit MAN zu tun haben, ist es fair, offenzulegen, dass Sie bei MAN arbeiten. Wenn Sie aber kein offizieller MAN-Sprecher sind, machen Sie auch das klar. Zum Beispiel: „Ich bin Mitarbeiter von MAN. Diese Äußerungen sind aber meine persönliche Meinung und repräsentieren nicht die Positionen, Strategien oder Meinung von MAN."

Besonnen und verantwortungsvoll.

Jeder MAN-Mitarbeiter ist für seine öffentlichen Meinungsäußerungen selbst verantwortlich. Seien Sie sich bewusst, dass im Internet jede Veröffentlichung früher oder später von Vorgesetzten, Kollegen oder ehemaligen Mitarbeitern gelesen werden kann, von bestehenden oder potenziellen Kunden, von Partnern oder Journalisten.

Unternehmensinternes hat im WWW nichts zu suchen. Hingegen können Inhalte, die bereits auf offiziellen Wegen veröffentlicht wurden, zum Beispiel auf MAN-Websites oder in Pressemitteilungen, selbstverständlich verwendet werden. Bei Fotos muss allerdings das Urheberrecht beachtet werden. Geht es um andere Unternehmensinformationen, empfiehlt sich eine Rückfrage beim Vorgesetzten. Denn: Was im Internet veröffentlicht wird, ist für sehr viele Menschen sichtbar, und das für sehr lange Zeit.

Selbst wenn Kollegen oder Kunden Stress und Ärger bereiten, ist das Internet nicht das richtige Ventil dafür. Gegen Frust gibt es sicher eine interne Lösung. Umgekehrt erfordert öffentliche Kritik an MAN eine gelassene Reaktion: Wer sich zu aggressiven Kommentaren provozieren lässt, nützt dem Unternehmen nicht.

Äußern Sie sich bei MAN-Themen nur zu Inhalten, von denen Sie etwas verstehen. Sollten Sie sich geirrt haben, stehen Sie dazu. Einen Fehler einzugestehen wirkt in der Öffentlichkeit besser als der Versuch der Rechtfertigung oder eine Löschung.

Im Zweifel oder wenn MAN verstärkt thematisiert wird, wenden Sie sich bitte an Ihre zuständige Unternehmenskommunikation.

http://www.man.eu/MAN-Downloadgalleries/All/1Unternehmen/MAN_Gruppe/
social-media-guidelines-2010-de-web.pdf

Shitstorm: Keine Angst vor Angriffen über die sozialen Netzwerke

Ein „Shitstorm" ist die unberechtigte oder berechtigte Kritik an einer Person oder einem Unternehmen, die in einem sozialen Netzwerk wiederholt aufgegriffen wird und sich unter Umständen leicht aufschaukelt.
Solche Angriffe sollten – auch wenn sie temporär einen hohen Aufmerksamkeitsgrad erzielen – nicht überbewertet werden.

Grundsätzlich gilt:
- Beleidigungen, unsachliche Kritik oder gar Häme können ausgesessen werden.
- Echte Kritik oder der sachliche Anteil polemischer Kritik sollte konstruktiv aufgenommen und beantwortet werden.
- Auf jeden Fall sollte auf ein schlichtes „Löschen" der unangenehmen Passagen verzichtet werden. Diese Art scheinbarer Zensur wird in sozialen Netzwerken abgelehnt. (Ausnahme: Links zur Eigenwerbung dürfen selbstverständlich gelöscht werden.)
- Lassen Sie sich auf keinen Fall zu unangemessenen Reaktionen, Polemik oder aggressiven Kommentaren hinreißen.
- Bleiben Sie dadurch souverän, dass Sie offen und konstruktiv mit den Nutzern umgehen und Rede und Antwort stehen. Dann werden Sie insbesondere bei ungerechtfertigter Kritik auch aus einem Shitstorm gestärkt herausgehen.

Umsetzung von Social Media Marketing im Unternehmen

Lassen Sie mich zum Schluss des Beitrages noch einige Hinweise zur Umsetzung von Social Media Marketing geben. Wir werden kurz die Voraussetzungen, wichtige strategische Implikationen und die Erfolgsmessung wirksamer Umsetzung besprechen.

Strategische, inhaltliche und personelle Voraussetzungen

Wichtiger als die strategische Frage, ob Sie Social Media Marketing nutzen, ist die Frage, welche langfristigen Ziele Sie verfolgen und welches Budget hierfür zur Verfügung gestellt wird.

Zu beachten ist hierbei, dass alle Aktivitäten in den Social Media eine gewisse Zeit benötigen, bis Sie die Funktionsmechanismen des jeweiligen Social-Media-Kanals verstanden haben und die daraus abgeleiteten Aktivitäten spürbare Ergebnisse erzielen.

Die inhaltliche Frage beschäftigt sich damit, ob Unternehmen und Produkte genügend regelmäßigen Inhalt liefern oder ob aus weiteren Quellen (Blogs, Medien usw.) Inhalte aufbereitet werden müssen.

Da Aktivitäten in den Social Media immer Zweikanal-Kommunikation sind, sollten Sie nicht nur die Frage der Inhalteerstellung bedenken, Sie sollten sich auch darauf vorbereiten, sowohl negative als auch positive Antworten zu bekommen und wie Sie mit ihnen umgehen.

Nicht zuletzt scheitern Social-Media-Projekte auch daran, dass die personelle Frage nicht ausreichend geklärt ist. Es muss klar sein, dass auf Dauer Agenturen, Berater und Redaktionen oder gar Praktikanten nicht ausreichen, um den notwendigen Content zu erstellen und den Dialog mit den Nutzern zu führen.

Einen authentischen und konstruktiven Dialog können Unternehmen in der Regel nur mit eigenem Personal etablieren.

Die Social-Media-Marketing-Strategie

Ähnlich wie in anderen Bereichen des Marketings ist es bei den Social-Media-Aktivitäten notwendig, eine klare Strategie zu erarbeiten und umzusetzen. Wichtig ist es vor allem auch deshalb, weil gerade beim Social Media Marketing die Gefahr sehr groß ist, dass die eingesetzten Ressourcen auf zu viele unterschiedliche Aktivitäten verteilt werden und Sie sich eher verzetteln. Die Wirkung würde verpuffen.

Eine abgestimmte Strategie hingegen vermag die unterschiedlichen Aktivitäten zu bündeln und deren Wirkung zu verstärken.

Insbesondere ist darauf zu achten, dass die Maßnahmen des Social Media Marketings eng mit den Internetaktivitäten abgestimmt sind, um maximale Wirkung zu erzielen.

Charlene Li und Josh Bernoff schlagen zur Erarbeitung der Social-Media-Strategie das POST-Framework vor:

P = People
Zuerst wird eine sorgfältige Zielgruppenanalyse durchgeführt. Finden Sie heraus, ob und wo Ihre Kunden in den sozialen Netzen unterwegs sind. Fragen Sie sich, welche Kanäle Ihre Kunden nutzen und welche Medien sie favorisieren.

O = Objectives

Auf Basis der Zielgruppenanalyse legen Sie konkret fest, über welchen Social-Media-Kanal Sie welche Zielgruppe erreichen wollen. Ferner definieren Sie messbar und terminiert, was Sie erreichen wollen. Ziele können beispielsweise sein: eine bestimmte Anzahl Follower, Aufrufe, Kommentare, „Gefällt mir", „Teilen" etc.

S = Strategy

Ihre Social-Media-Strategie beschreibt, mit welchen Kompetenzen und mit welchem Aufwand Sie grundsätzlich vorgehen. Bestandteil der Strategie sollte unter anderem auch der Redaktionsplan und die Benennung von Themenverantwortlichen sein.

T = Technology

Die Frage, wie die ausgewählten sozialen Netzwerke (technisch) zu handhaben und zu bedienen sind, ist abschließend festzulegen und umzusetzen. Die Frage nach den richtigen Tools steht nicht im Vordergrund. Die Tools folgen der Strategie.

Erfolgsmessung von Social-Media-Aktivitäten: Reichweite ist nicht alles

Wie alle Aktivitäten im Unternehmen ist auch das Engagement im Social Media Marketing auf Effektivität und Effizienz zu überprüfen. Hierzu stehen verschiedene Kennzahlen zur Verfügung.

Exemplarisch seien im Folgenden wesentliche Kennzahlen im Social Media Marketing genannt:

- Reichweitenkennzahlen (Follower, Impressions, Click Rates ...)
- Marken- und Unternehmenserwähnungen (Share of Voice)
- Zielgruppenengagement (Audience Engagement)
- Diskussionsreichweite (Conversation Reach)
- Aktive Markenfans (Active Advocats)
- Markenfan-Effekt (Advocacy Impact)
- Lösungsrate (Issue Resolution Rate)
- Bearbeitungsdauer (Resolution Time)
- Kundenzufriedenheitsrate (Satisfaction Score)
- Trenderwähnungen (Topic Trends)
- Stimmungsbarometer (Sentiment Ratio)
- Ideen-Effekt (Idea Impact)
- ...

Die genannten Kennzahlen beziehen sich auf Dialogqualität, Markenfans, Servicequalität und Innovationsgrad der Social-Media-Aktivitäten.

Beabsichtigen Sie, mit Ihren Social-Media-Aktivitäten direkt den Verkauf zu fördern, bedienen Sie sich der klassischen Kennzahlen aus dem Online-Marketing. Exemplarisch seien hier genannt: Impressions, Click Through Rate, Conversion Rate, Verkäufe, Registrierungen, Warenkorbanalyse etc.

Social Media Monitoring

Ein Aspekt sollte jedoch nicht vergessen werden. Bisher haben wir darüber gesprochen, die Wirksamkeit bzw. die Wirtschaftlichkeit der Aktivitäten des Social Media Marketings zu steuern. Darüber hinaus ist es jedoch auch wichtig, zu überprüfen, was über ein Unternehmen gesprochen wird.

Der Dialog in den sozialen Netzen nimmt immer weiter zu, ob ein Unternehmen aktiv daran mitwirkt oder nicht. Die Kontrolle der Inhalte der sozialen Netzwerke wird also unerlässliche Pflicht für ein Unternehmen. Andernfalls ist die Reputation des Unternehmens unter Umständen gefährdet und das Unternehmen merkt es noch nicht einmal.

Allerdings dürfen wir uns auch nicht der Illusion hingeben, dass eine Kontrolle über die Inhalte der sozialen Netze jemals möglich sein wird.

> **Die Rolle des Unternehmens ist also eher eine beobachtende und aktiv teilnehmende als eine kontrollierende wie bei den klassischen Medien.**

Literaturtipps

- Bernoff, Josh; Li Charlene: Facebook, YouTube, Xing & Co.: Gewinnen mit Social Technologies, Hanser 2009
- BITKOM: Leitfaden Social Media, 2010
- BITKOM: Social Media in deutschen Unternehmen, 2012
- DIN SPEC 91253: Einführung und Management von Web 2.0 und Sozialen Medien in KMU, März 2012
- Düssel, Mirko: Marketing-Grundlagen verstehen und anwenden, Cornelsen 2011
- Düssel, Mirko: Handbuch Marketingpraxis – Von der Analyse zur Strategie, Ausarbeitung der Taktik, Steuerung und Umsetzung in der Praxis, Cornelsen 2006
- Düssel, Mirko: Trends und Entwicklungen in Märkten und Marketing, in: Nagel, Kurt: Praktische Unternehmensführung, Olzog 2005
- Düssel, Mirko: Praktische Grundlagen für aktives Pricing – Optimale Preisgestaltung für mehr Absatz, größere Kundenzufriedenheit und höhere Erträge, Cornelsen 2005
- E-Commerce-Center Handel: Social Media im Handel – Ein Leitfaden für kleine und mittlere Unternehmen, Köln 2010
- Freie und Hansestadt Hamburg: Social Media in der Hamburgischen Verwaltung, Version 1.2, 06.03.2012
- Grabs, Anne; Bannour, Karim-Patrick: Follow me! Erfolgreiches Social Media Marketing mit Facebook, Twitter & Co., Galileo 2011
- Heymann-Reder, Dorothea: Social Media Marketing – Erfolgreiche Strategien für Sie und Ihr Unternehmen, Addison-Wesley 2011
- Lembke, Gerald: Social Media Marketing – Analyse, Strategie, Konzeption, Umsetzung, Cornelsen 2011
- Lünendonk: Whitepaper „Einsatz von Social Media für B2B-Dienstleister", 2012

- Parpart, Nadja: Social Media: Dialog als Erfolgsfaktor für Unternehmen, Whitepaper Virtual Identity AG, August 2009
- Schwarz, Torsten: Leitfaden Online Marketing, Band 2, Marketingbörse 2011
- Weinberg, Tamara: Social Media Marketing – Strategien für Twitter, Facebook & Co., O'Reilly 2009

Der Autor

Mirko Düssel ist Geschäftsführer von Mirko Düssel & Co., einer Strategie- und Marketingberatung in Kaarst, und Geschäftsführender Gesellschafter der Düssel Mittelstandsberatung KG. Er war zuvor erfolgreich als Projektleiter, Produktmanager, Vorstandsassistent, Key-Account-Manager und Marketingleiter tätig.

Mirko Düssel begleitet Unternehmen bei der strategischen Ausrichtung und systematischen Marktbearbeitung.

Bei Fragen steht er Ihnen gern zur Verfügung: info@duessel.com

Online-Marketing
Suchmaschinenmarketing, Display-Werbung, Affiliate-Marketing

Guido Pelzer

Online-Marketing ist für alle Unternehmen ein wichtiger Bestandteil des Marketingkonzeptes. In diesem Aufsatz werden drei wichtige Möglichkeiten des Online-Marketings vorgestellt. Der Beitrag erläutert unter anderem, was man unter Suchmaschinenmarketing versteht und wie es funktioniert. Außerdem wird gezeigt, welche Rolle die Display-Werbung auf so genannten Content-Webseiten im Online-Marketing spielt, und zum Schluss erfahren Sie, was sich hinter dem Begriff Affiliate-Marketing verbirgt.

Suchmaschinenmarketing (SEM): So werden Sie gefunden

Das Internet ist riesig. Weltweit sind Millionen von Webseiten registriert und täglich kommen noch immer neue Seiten hinzu. Aktuell (Stand: April 2012) sind laut des deutschen Nameserverdienstes DENIC allein 15 Millionen Webseiten mit der Top-Level-Domain (TLD) .de registriert. Jede Minute werden zudem im Internet ca. 30 Stunden Video-Material bei YouTube hochgeladen und sechs neue Artikel bei Wikipedia eingestellt.

DENIC (www.denic.de)

Die DENIC eG (Deutsches Network Information Center) betreibt den Nameserverdienst für die deutsche Top-Level-Domain .de. Sie ist die zentrale Registrierungsstelle in Deutschland und verfügt darum über die jeweils aktuellen Daten in Bezug auf „DE-Domains". Bei der DENIC erfährt man auch, wer der jeweilige Besitzer und technische Administrator einer DE-Domain ist. Dies ist wichtig, falls man eine Kontaktadresse benötigt, um beispielsweise unerlaubte Bild-Kopien von einer Webseite entfernen zu lassen.

Die große Menge an Webseiten, verbunden mit den vielen Informationen macht so genannte Suchmaschinen im Internet unentbehrlich. Ohne Suchmaschinen wäre es unmöglich, in kurzer Zeit die jeweils passenden Informationen in dem riesigen Wust an Online-Inhalten zu finden.

Die Suchmaschinen verbinden im Internet die Suchenden mit den Informationsanbietern, also den Webseiten, auf denen neben Informationen auch zu der jeweiligen

Suchanfrage passende Produkte und Dienstleistungen angezeigt werden. Diese Schnittstelle zwischen Suchenden und Anbietern hat eine große Bedeutung und bietet so auch eine hervorragende Möglichkeit Werbung zu platzieren, um die Aufmerksamkeit der Suchenden auf bestimmte Webseiten zu lenken. Auf Grund der besonderen Möglichkeiten, die das World Wide Web an diesem Knotenpunkt bietet, hat sich mit dem „Suchmaschinenmarketing" eine ganz spezielle Marketingform entwickelt.

Der Vorteil des Suchmaschinenmarketings besteht darin, dass so genannte „qualifizierte Besucher" gezielt auf die ihren Bedürfnissen entsprechende Webseite geführt werden.

▼ **Das Suchmaschinenmarketing liefert nämlich im Unterschied zum ziellosen Surfer genau die Besucher, die sich qualifiziert haben, indem sie ihre Bedürfnisse, Interessen und Probleme mit einem bestimmten Suchbegriff (Keyword) verbunden und dies in den Suchschlitz der Suchmaschine eingegeben haben.**

Suchmaschinenmarketing (SEM = Search Engine Marketing) lässt sich grob in zwei Bereiche unterteilen:

- Search Engine Advertising (SEA): die bezahlte Werbung bei Suchmaschinen
- Search Engine Optimization (SEO): der Bereich der organischen (objektiven) Suchergebnisse, die man durch Suchmaschinenoptimierung verbessern kann. Natürlich gehört SEO auch zum Suchmaschinenmarketing und sollte daher auch unter den Begriff SEM zusammengefasst werden.

Auf einer Suchergebnisseite, z.B. einer Google-Ergebnis-Seite, findet man daher grundsätzlich folgende zwei „Ergebnis-Blöcke":

- Organische Ergebnisse aus den Google-Datenbanken
- Bezahlte Ergebnisse aus der Google-Werbung

Die organischen Suchergebnisse, welche Google objektiv anhand einer speziellen Formel ermittelt, findet man im linken Bereich der Ergebnisseite. Das Ranking der eigenen Seite innerhalb dieser Ergebnisse kann man mithilfe von SEO-Maßnahmen in gewissem Maße „beeinflussen". Solange es keine unerlaubten Maßnahmen sind, ist dies auch im Sinne von Google, denn Google möchte dort natürlich die besten Ergebnisse für seine Nutzer auflisten. Wenn Sie z.B. Arbeitsschutzkleidung auf Ihrer Webseite anbieten, so macht es also Sinn, diesen Begriff auch auf Ihrer Webseite zu verwenden und nicht nur von „Schutzkleidung" zu sprechen.

Die bezahlte Suchmaschinenwerbung (SEA) in Form von Textanzeigen wird über das Google-Werbeprogramm (AdWords) geschaltet. Die Textanzeigen findet man auf der Suchergebnisseite zunächst einmal im rechten Bereich, und darüber hinaus können bis zu drei Anzeigen oberhalb der organischen Suchergebnisse eingeblendet werden.

Zusätzlich schaltet das AdWords-System neuerdings auch Anzeigen unterhalb der organischen Suchergebnisse. Wir werden zukünftig wahrscheinlich auch erleben, dass Anzeigen innerhalb der Suchergebnisse auftauchen werden.

Bei beiden Formen des Suchmaschinenmarketings geht es letztlich darum, sich eine möglichst gute Position auf den Ergebnisseiten der Suchmaschinen (SERP = Search Engine Result Page) zu erarbeiten.

Diese Positionierung erfolgt bei den Google-Textanzeigen vereinfacht gesagt durch eine Kombination von Klickgeboten und der Qualität der Werbung. Das Ranking beispielsweise für die Google-Werbung ist das Produkt aus dem maximalen Gebot für einen Klick (max. CPC – Cost per click) auf die jeweilige Textanzeige multipliziert mit dem so genannten Qualitätsfaktor. Dabei bewertet der Google-AdWords-Qualitätsfaktor, wie gut das Keyword, die Textanzeige und die verlinkte Webseite auf die Suchintention des Google-Nutzers abgestimmt sind.

max. CPC   x   Qualitätsfaktor   =   Google AdWords Ranking

Diese „Google-Werbe-Formel" soll möglichst verhindern, dass unpassende Werbeeinblendungen zu den Suchanfragen erfolgen. Es wäre für die Suchenden z.B. sehr ärgerlich, wenn zu dem Suchbegriff „Druckerpatronen" Anzeigen von Versicherungsgesellschaften erscheinen würden. Wird zu oft unpassende Werbung eingeblendet, könnte die Folge sein, dass Nutzer sich einer anderen Suchmaschine zuwenden.

Bei der Suchmaschinenoptimierung, dem SEO, geht es mehr darum, dass Sie Ihre Webseiten programmiertechnisch und inhaltlich so gestalten, dass die Seiten jeweils einen der vorderen Plätze bei Google, Yahoo & Co. erhalten.

✉ **Eine Webseite, die Besucher über eine Suchmaschine erhalten möchten, sollte mindestens unter den ersten 30 Ergebnissen auftauchen.**

Ein Ranking unterhalb von Position 30 (dies entspricht den ersten drei Seiten in der Standarddarstellung der Google-Suchergebnisse) wird von den Suchenden kaum noch wahrgenommen.

Das Thema Suchmaschinenmarketing betrifft natürlich alle Suchmaschinen, faktisch gibt es in Deutschland jedoch nur drei Anbieter, die aus Marketingsicht interessant sind, weil diese drei Suchmaschinen ca. 99 Prozent der täglichen Suchanfragen abdecken. Diese „großen Drei" sind:
- Google
- Yahoo
- Bing (Microsoft-Suchmaschine)

Von diesen drei Suchmaschinen ist wiederum Google die interessanteste, weil Google in Deutschland über 90 Prozent der täglichen Suchanfragen beantwortet. Eine gute Platzierung auf den Ergebnisseiten bei Google bzw. eine Werbeeinblendung auf der ersten Google-Seite bringt daher eine bessere Kosten-Nutzen-Relation als dies bei anderen Suchmaschinen der Fall ist.

Keywords: Nur die richtigen Suchbegriffe führen potenzielle Kunden auf Ihre Seite

Sowohl beim SEO als auch beim SEA geht es letztlich darum, dass bei Google (& Co.) die eigene Webseite zu bestimmten Suchbegriffen möglichst auf den vorderen Positionen gelistet wird, die Suchmaschinen-Nutzer auf das Ergebnis klicken und am Ende auf der Webseite landen. Optimalerweise werden die Besucher dann auch noch zu Kunden. Dies ist ja das eigentliche Ziel des Online-Marketings – und wird dennoch im Internet oft vergessen!

Suchmaschinenmarketing beginnt also immer mit den Suchbegriffen. Diese sollten zu Beginn sehr umfangreich und sorgfältig recherchiert werden. Hier ist es sinnvoll, zunächst einen möglichst großen Ideen-Pool zu erzeugen, der dann später noch entsprechend verfeinert und reduziert werden kann. Grundsätzlich sind natürlich nur solche Keywords angebracht, die zum eigenen Informationsangebot und den Produkten und Dienstleistungenen passen. Es bringt nichts, wenn Ihre Webseite zwar im Zusammenhang mit vielen Suchbegriffen aufgerufen wird, zu denen dann aber keine Lösungen und Angebote zu finden sind. Qualifizierte und somit potenziell kaufwillige Nutzer sind in diesem Fall ganz schnell wieder von Ihrer Webseite verschwunden und die ganze Mühe war vergebens!

Während man beim SEA auch mehrere 100 Keywords schalten kann (wenn es denn das Werbebudget hergibt), so ist es vor dem Hintergrund der aufwändigen Optimierungsprozesse beim SEO zunächst sinnvoll, sich auf maximal zehn Haupt-Keywords zu beschränken.

✉ **Sorgen Sie durch eine Auswahl passender Suchbegriffe dafür, dass möglichst viele qualifizierte Nutzer auf Ihre Seite kommen.**

Folgende Tools und Methoden helfen Ihnen, passende Suchbegriffe zu entwickeln:

So finden Sie die richtigen Keywords:

- Brainstorming, um eigene Begriffe zu finden
- Keyword-Vorschläge durch Kollegen erstellen lassen
- Keyword-Vorschläge durch „Externe" (Bekannte, Verwandte) erstellen lassen
- Kundenbefragung zu Keyword-Ideen
- Webstatistiken und interne Webseiten-Suche mit Blick auf Keywords auswerten
- Insights for Search nutzen (www.google.com/insights/search)
- Google-Keyword-Tool nutzen (https://adwords.google.com/select/Keyword ToolExternal)
- Offline-Fachzeitschriften sichten und nach Keywords durchforsten
- Google Suggest testen

Google Suggest nennt man die automatisierten Google-Vorschläge, die unterhalb des Google-Suchschlitzes erscheinen, sobald ein Begriff eingegeben wird. Diese Vorschläge werden u.a. aus historischen Nutzerdaten generiert. Sie erfahren also über Google Suggest, welche Begriffskombinationen die Google-User vorrangig zu Ihrem Haupt-Keyword gesucht haben. Diese Informationen sind natürlich sehr wertvoll für Ihre Keyword-Liste.

Suchmaschinenoptimierung: Wie sichern Sie sich die ersten Plätze?

SEO bezeichnet die Optimierung der eigenen Webseite mit Blick auf die Suchmaschinen. Diese Suchmaschinenoptimierung beinhaltet vereinfacht gesagt verschiedene Verbesserungen des Webseiten-Codes, damit die Programme der Suchmaschinenbetreiber (so genannte Robots, Spider oder Crawler) die gefundenen Texte einfacher lesen und thematisch einordnen können. Die Suchmaschinen ordnen nämlich Begriffe und Wortkombinationen einzelnen Webseiten zu und versuchen gleichzeitig, die Bedeutungen der Webseiten für die Suchenden zu erkennen. Dazu wird der gesamte Webauftritt und jede einzelne Unterseite gewichtet, sodass die für die Suchenden vermeintlich wichtigsten und interessantesten Seiten zum jeweiligen Suchbegriff weiter vorne auf den Suchergebnisseiten angezeigt werden. All diese Informationen werden in riesigen Datenbanken abgelegt.

Man erkennt schon an dieser kurzen Beschreibung, wie aufwändig und komplex es ist, das Internet zu durchsuchen, interessante und passende Webseiten zu allen möglichen Begriffen zu finden, die Informationen zu archivieren und gleichzeitig noch nach Bedeutung für die Suchenden zu ordnen. Offensichtlich gelingt die Bewältigung dieser Aufgabe der Firma Google am besten. So wurde Google zumindest in Europa zu der mit Abstand populärsten Suchmaschine.

Neben den On-Page-SEO-Faktoren (Webseiten-Programmierung und -Texte) besteht der, wie SEO-Experten betonen, weitaus wichtigere Anteil am Ranking in der Beurteilung der Seitenqualität und Themenrelevanz aus Empfehlungen im Form einer Verlinkung von anderen Webseiten.

Die Hauptaufgabe der Suchmaschinenoptimierung ist also der Aufbau eines „Online-Empfehlungsmarketings", sodass möglichst viele „themenrelevante Webseiten" auf die zu optimierende Webseite verlinken.

Die Informationen zum Webseiteninhalt kombiniert mit den Verlinkungen der Webseite ergeben für Suchmaschinen wie Google letztlich ein individuelles Ranking, bei dem jede einzelne Unterseite einer Webpräsenz einem Keyword bzw. einer Kombination mehrerer Suchbegriffe zugeordnet wird.

Neben der Anzahl eingehender Links von anderen Webseiten wird es nach Meinung vieler Experten für Unternehmen zukünftig immer wichtiger, eine Präsenz und Erwähnung in den stark wachsenden sozialen Netzwerken aufzubauen. Also neben den Links von anderen Webseiten sollte ein Unternehmen auch bei Twitter, Facebook & Co. Erwähnung finden und eine positive Reputation aufbauen. Vor allem Google+, das soziale Netzwerk von Google, wird hierbei zukünftig eine entscheidende, positive Rolle für das Ranking in der Google-Suchmaschine spielen.

Die Verbesserung des Rankings durch soziale Netzwerke ist eine Vermutung, die aus einer hohen Korrelation zwischen den vorderen Positionen in den Suchmaschinen und der gleichzeitig häufigen Erwähnung dieser hoch rankenden Webseiten in sozialen Netzwerken resultiert. Ein Zusammenhang könnte vor allem darin liegen, dass Webseiten, die in sozialen Netzwerken verstärkt auftauchen, auch wiederum entsprechend häufig eine Verlinkung von Webseiten erhalten, weil diese Seiten interessante Informationen oder Produkte liefern. Bei dieser These würde sich also die Bekanntheit einer Marke (und somit der zugehörigen Webseite) in der Anhäufung vieler Links widerspiegeln. Ein weiterer Hinweis auf die Bedeutung der sozialen Netzwerke ergibt sich aus verschiedenen Äußerungen von Google-Mitarbeitern. Dabei scheint es jedoch aus Google-Sicht so zu sein, dass die Reputation in den sozialen Netzwerken vor allem als Trustfaktor (Vertrauensfaktor) genutzt wird.

> **Eine starke Position in den sozialen Netzwerken würde so also ein gutes Google-Ranking zusätzlich bestätigen.**

Grundsätzlich sollten Sie wissen, dass nicht alle Maßnahmen, die zur Suchmaschinenoptimierung herangezogen werden, auf einer offiziellen Google-Liste stehen. Die SEO-Kriterien werden oft nur durch Beobachtung der Ranking-Ergebnisse in Kombination mit speziellen Tests von SEO-Experten erarbeitet und dann online diskutiert. Als SEO-Fachmann muss man sich also aus den eigenen Beobachtungen, den Experimenten und Diskussionen der SEO-Community die wichtigen Kriterien zusammenstellen.

Grob kann man die SEO-Kriterien in On-Page und Off-Page unterteilen.
- On-Page steht für die Maßnahmen, die Sie selber durch Änderungen in der Programmierung und beim Inhalt direkt beeinflussen können.
- Bei den Off-Page-Maßnahmen geht es darum, dass andere auf Ihre Webseite verlinken und dass Ihre Social-Media-Aktivitäten möglichst viel weitergegeben, kommentiert und empfohlen werden. Diese Kriterien sind nur indirekt beeinflussbar!

Folgendes sollten Sie beachten, damit Ihre Webseite auf den Google-Ergebnisseiten zu Ihren wichtigsten Keywords ganz vorne auftaucht:

So sichern Sie sich die vorderen Plätze:

- Einen zum wichtigsten Keyword passenden Domain-Namen auswählen
- Passende URLs, so genannte „sprechende" URLs nutzen

- Der Serverstandort sollte mit dem Zielland, für das optimiert wird, übereinstimmen
- Domain-Alter beachten – eventuell eine alte Webseite übernehmen
- Webseite mit flacher Struktur anlegen – jede Unterseite sollte mit drei Klicks erreichbar sein
- Keywords gezielt in die Programmierung einbauen
- Überoptimierung (Übertreibung) vermeiden und lieber Keyword-Variationen nutzen
- Interne Verlinkung wichtiger Keywords innerhalb der eigenen Webpräsenz einbauen
- Informationen auf der Webseite immer aktuell halten
- Regelmäßig neue Webseiten-Inhalte einstellen
- Auf die Qualität der Webseiten-Inhalte (Sprache, Grammatik, Informationsgehalt, Design, Bilder usw.) achten
- Ausstiegsrate der Seitenbesucher beobachten und möglichst niedrig halten – am besten durch interessanten und zum Keyword passenden Webseiten-Inhalt
- Verlinkung von unterschiedlichen externen Webseiten aufbauen
- Verstärkt Links von Webseiten aufbauen, die thematisch zur eigenen Webseite passen
- Verstärkt Links von vertrauenswürdigen Webseiten (Alter, hoher Page-Rang, Experten-Seiten) aufbauen
- Gekaufte Links und Linkpartner mit „unseriösen Webseiten" meiden
- Steigerung der Reputation in sozialen Netzwerken durch informative und nützliche Beiträge, die dann geteilt und kommentiert werden

Anmerkungen: Es wird immer gerne mit Tipps geworben, wie man einfach die ersten Google-Positionen erreichen kann – aber SEO ist nicht einfach. Diese Maßnahmen sind immer mit viel Arbeit verbunden! So hört sich Linkaufbau zunächst einmal einfach an, nimmt jedoch viel Zeit in Anspruch, weil ein echter, guter Linkaufbau bedeutet, dass man mit dem Partner sprechen und verhandeln muss. Außerdem sollten Sie beachten, dass immer erst die Kombination verschiedener Maßnahmen zum Erfolg führt. Es gibt also verschiedene Baustellen bei der Suchmaschinenoptimierung.

Achten Sie bei den SEO-Maßnahmen – wie bei allen Dingen im Leben – darauf, dass Sie einzelne Maßnahmen nicht übertreiben! So ist zum Beispiel eine „sprechende URL", also die Adresse einer Webseite, die sich selber beschreibt, wie z.B. „www.sporthaus-mayer.de/tennis/tennis-schuhe.html", ein wichtiger Punkt beim SEO. Wenn jedoch aus der URL eine „Geschichte" wird, wie z.B. „www.sporthaus-mayer.de/tennis-shop-gut-und-guenstig/tennis-schuhe-rot-weiss-gestreift.html", dann wird der Vorteil eher zu einem Nachteil für das Google-Listing.

Diese kleine Liste der verschiedenen SEO-Maßnahmen soll auch einen Eindruck von der Vielfältigkeit der SEO-Stellschrauben bieten. Der Ranking-Algorithmus von Google wird zudem ständig verändert, verfeinert und – in Abhängigkeit zu dem jeweiligen Such-Thema – mit zusätzlichen Filtern bedacht. Google wertet nach eigenen Angaben über 200 unterschiedliche Merkmale als Ranking-Kriterien aus. Diese Kriterien werden zudem unterschiedlich gewichtet und auch noch laufend angepasst, um die Suchergebnisse immer weiter im Sinne der Google-Nutzer zu optimieren.

Der Erfolg gibt Google Recht, da die aus Nutzersicht guten Ergebnisse die besten Argumente für seine Vormachtstellung bei der Websuche sind. Für die SEO-Arbeit macht es daher Sinn, ständig auf dem Laufenden zu sein und stets die (sich ändernden) Google-Kriterien als Grundlage für die Webseitenoptimierung heranzuziehen.

Bei den SEO-Maßnahmen sind vor allem Links wichtig – und zwar diejenigen Links, die von anderen Webseiten auf Ihre Webseite verlinken. Beachten Sie dabei jedoch folgende Warnung:

 Kaufen Sie keine Links mehr – die Zeit ist vorbei!

Oft werden noch Links in großen Mengen zum Kauf angeboten. Google hat aber diesen Linkverkäufern den Kampf angesagt, da dadurch das Ranking auf unnatürliche Weise verändert und durch Geld in Form von gekauften Links bestimmt werden kann. Bei der Bekämpfung setzt Google nicht nur auf eigene Statistiken und Beobachtungen, sondern lässt sich von entsprechend überführten Webmastern auch Linkverkäufer nennen. Zum Linkkauf gehört auch der Linktausch im großen Umfang. Vermeiden Sie diese Praktiken und schauen Sie sich die Webseiten immer persönlich an, die Sie selber verlinken und die auf Sie verlinken.

Links von Seiten, die keine gehaltvollen Inhalte haben, werden neuerdings verstärkt von Google abgewertet. Verfolgen Sie hierzu im Internet die Diskussion zum Google-Algorithmus-Update mit dem schönen Namen „Panda-Update".

Meiden Sie „bad neighbourhood"! Google hat viele Möglichkeiten, Linkkäufer und -händler zu entdecken. Links aus einem kommerziellen Linknetzwerk sind im zunehmenden Maße schädlich für Ihr Webprojekt. Daher werden in SEO-Kreisen jetzt schon Optimierungsmaßnahmen entwickelt, um gekaufte Links gezielt wieder abzubauen.

Neben den Linkquellen müssen Sie auch die Art des Linkaufbaus beachten. Das Auftreten vieler, neuer Links zur gleichen Zeit erregt ebenso die Aufmerksamkeit der Google-Kontrollsysteme wie ein wiederkehrender starker Anstieg z.B. am Monatsende. Hier vermuten die Google-Spam-Wächter z.B. einen speziellen Linkkauf, der aus Budget-Reserven immer zum Monatsende bestritten wird.

Bauen Sie Links für Ihre Webseiten auf natürliche Weise auf.

 Vor allem bei Firmen- und Markenwebseiten sollte man nicht mit SEO-Maßnahmen spielen und tricksen – dafür ist die Unternehmenswebseite zu wertvoll.

> ## Nutzen Sie diese Link-Ideen, um auf natürliche Weise Links für Ihre Firmen-Webseite zu sammeln:
>
> - Fragen Sie Ihre (zufriedenen) Kunden. Vielleicht haben diese Kunden eigene Webseiten oder sogar einen Blog, der mit einem Link auf Ihre Seite verweisen kann.
> - Überzeugen Sie Ihre Zulieferer, damit diese auf Ihre Webseite verlinken.
> - Vernetzen Sie sich auch mit „Konkurrenten" – falls Sie z.B. unterschiedliche Zielregionen haben, verschiedenen Marktnischen bedienen oder sich Ihre Angebote gegenseitig ergänzen können.
> - Nutzen Sie Ihr Netzwerk, wie z.B. Marketing-Clubs oder Organisationen für Link-Empfehlungen.
> - Tragen Sie Ihr Unternehmen (falls möglich) in die Online-Datenbank der IHK bzw. der HWK ein.
> - Fragen Sie bei Sponsoring-Maßnahmen oder bei einem Engagement für karitative Zwecke nach Backlinks.
> - Erstellen Sie Pressemitteilungen, die Links zu Ihrer Seite enthalten.
> - Schreiben Sie interessante Artikel für Blogs, die diese mit Hinweis auf Ihre Seite nutzen können.
> - Erstellen Sie nützliche Informationen, die verlinkt werden können, z.B. Infografiken, Statistiken, Vergleichstabellen, Erfahrungsberichte, Testergebnisse, „Top 10 Tipps" aus Ihrem Fachgebiet, Linksammlung zu Ihrem Thema usw. Diese nützlichen Informationen werden oft freiwillig, ohne Linkanfrage verlinkt. Dies ist dann echtes „Online-Empfehlungsmarketing".

Wie funktioniert bezahlte Suchmaschinenwerbung – SEA?

Die Positionierung von AdWords-Anzeigen oder Anzeigen in Werbeprogrammen anderer Suchmaschinen ist die Aufgabe von Search Engine Advertising (SEA).

Ich werde Ihnen die Funktion anhand von Google AdWords, dem Anzeigenvermarktungsprogramm von Google verdeutlichen, weil Google in Deutschland den Löwenanteil im Bereich der bezahlten Text-Anzeigen ausliefert.

Das zweitgrößte Netzwerk, welches demgegenüber jedoch nur mit einem Anteil von unter zehn Prozent im deutschen Markt vertreten ist, besteht aus der „Search Alliance" von Yahoo und Microsoft, welche mit zwei Werbeprogrammen, dem „Yahoo! Search Marketing" und dem „Microsoft adCenter" Kunden akquirieren. Die beiden Werbeprogramme arbeiten aber zusammen und beliefern die Suchmaschinen „Yahoo" und „Bing". Für die größtmögliche Abdeckung Ihrer Zielgruppe sollten Sie in beiden Netzwerken – Google AdWords und Yahoo-Microsoft-Werbenetzwerk – vertreten sein. Praktischerweise kann man die kompletten AdWords-Kampagnen aus dem AdWords-Konto exportieren und danach in das Yahoo! Search Marketing-Konto importieren. Das reduziert die Arbeit erheblich.

Ein AdWords-Konto ist folgendermaßen aufgebaut:
Das Konto besteht aus einer oder mehreren Kampagnen, wobei oft eine Kampagne reicht. Es gibt aber auch viele Gründe dafür, noch zusätzliche Kampagnen anzulegen:
- Bewerbung unterschiedlicher Länder, Regionen und Städte
- Bewerbung unterschiedlicher Länder- und Sprachkombinationen
- Verteilung festgelegter Werbebudgets auf unterschiedliche Produktgruppen
- Bewerbung zeitlich begrenzter Kampagnen (z.B. Sommer- und Winter-Kampagne)
- Bewerbung unterschiedlicher Endgeräte (Desktop/Laptop – Smartphone – Tablet-PC)
- Bewerbung von „Such-Kampagnen" und dem „Display-Netzwerk", welches z.B. in Foren, Info- oder Fachportalen Werbung schaltet

Unterhalb der Kampagnen-Ebene befinden sich die Anzeigengruppen. Auf dieser Ebene ist es durchaus sinnvoll, mehrere parallele Anzeigengruppen pro Kampagne einzurichten. Eine Anzeigengruppe enthält sinnvollerweise immer ein bestimmtes Keyword-Cluster zu einem Thema, verbunden mit zwei bis drei zugehörigen Textanzeigen. Je feiner man die Keyword-Cluster aufteilt, desto besser kann man Keyword und Anzeigen aufeinander und damit auf das Suchbedürfnis der potenziellen Kunden abstimmen. Eine Anzeigengruppe sollte maximal bis zu 20 Keywords enthalten. Kleinere Gruppen von Keywords sind jedoch effektiver.

Am Beispiel eines Sport-Shops schauen wir uns einmal an, wie man Keyword-Cluster in verschiedene Anzeigengruppen unterteilen könnte.
Ein Sportgeschäft möchte beispielsweise verschiedene Sportartikel zu den Sportarten „Tennis" und „Badminton" über eine AdWords-Kampagne bewerben.

Die Anzeigengruppen könnten anhand folgender Themengebiete aufgeteilt werden:
- Sportgeschäft in Kombination mit dem Standort (= Städtename), dem Firmennamen usw. – als so genannte „Brand-Kampagne"
- Tennis-Schläger – eventuell weiter unterteilt nach den einzelnen Schlägermarken
- Badminton-Schläger
- Tennis-Schuhe allgemein
- Tennis-Schuhe Damen
- Tennis-Schuhe Herren
- Tennisanzüge
- Badminton-Schuhe
- usw.

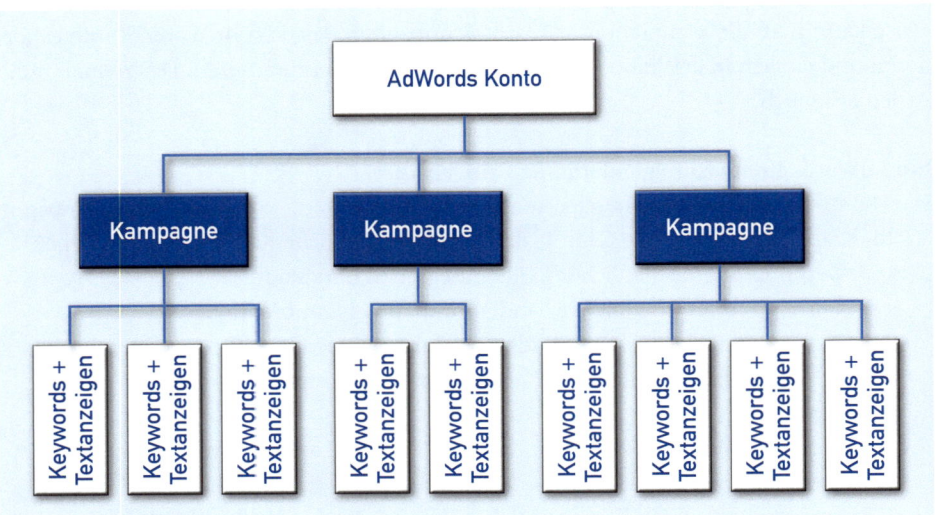

Aufbau eines AdWords-Kontos

Zur Erstellung einer ersten Google AdWords Werbe-Kampagne durchlaufen Sie am besten folgende Schritte:

1. Rufen Sie die AdWords-Startseite unter http://adwords.google.de auf.
2. Erstellen Sie ein AdWords-Konto mit Angaben Ihrer Rechnungsdaten.
3. Geben Sie Ihre Bezahloptionen (Kontoeinzug, Kreditkartenabbuchung oder eine Vorauszahlungsoption) ein.
4. Falls Sie einen AdWords-Gutschein-Code für Neukunden haben, geben Sie diesen ein. (Der AdWords-Neukunden-Gutschein beinhaltet die Konto-Einrichtungsgebühr und das Budget für die ersten Werbeklicks; http://www.adwords-starthilfe.de/gutschein.)
5. Richten Sie eine erste Kampagne ein und legen Sie die wichtigsten Kampagnen-Einstellungen (Zielregion, Laufzeit, Werbezeiten, Endgeräte, Werbenetzwerk) fest.
6. Geben Sie Ihr Tagesbudget an.
7. Erstellen Sie eine erste Anzeigengruppe.
8. Schreiben Sie Ihre ersten zwei Text-Anzeigen.
9. Geben Sie die gewünschten Suchbegriffe für die Anzeigengruppe ein.
10. Speichern Sie Ihre Eingaben ab.

Um alle Strategien, Kontoeinstellungen, AdWords-Tools und Konto-Statistiken darzulegen, benötigt man mindestens den Umfang eines kompletten Buches (siehe hierzu auch meine Veröffentlichungen unter Literaturtipps).

Darum erhalten Sie an dieser Stelle zunächst die wichtigsten Tipps und Tricks, die man bei der Erstellung einer guten AdWords-Kampagne beachten sollte. Mit diesen Hinweisen sparen Sie wertvolles Werbebudget und erreichen schneller Ihre Ziele, z.B. Kundenanfragen und/oder Online-Bestellungen.

So entwickeln Sie eine gute AdWords-Kampagne:

- Legen Sie zu Beginn die Ziele Ihrer Werbeaktion möglichst konkret fest (Bestellungen im Online-Shop, Download von Info-Material, Aufruf einer speziellen Unterseite mit weiterführenden Informationen etc.).
- Messen Sie das Erreichen dieser Ziele mithilfe eines Conversions-Codes (einen entsprechenden Code können Sie im AdWords-Konto unter „Tools und Analysen / Conversions" erstellen).
- Nutzen Sie das Geo-Targeting und legen Sie Ihre Ziele (Länder, Regionen, Städte) in den Kampagnen-Einstellungen fest.
- Steuern Sie die gewünschten Werbezeiten (Wochentage und Tageszeiten) über den „Werbezeitplaner" im AdWords-Konto.
- Richten Sie Ihre Kampagne auf die unterschiedlichen Endgeräte aus und erstellen Sie eigene Kampagnen für Smartphones und für Tablet-PCs mit speziellen Zielseiten.
- Trennen Sie Ihre Kampagne für das Suchnetzwerk (Google-Suche, Suche bei Google-Partnern) von den Display-Kampagnen, die als Anzeigen (Text oder Image) auf Content-Seiten, z.B. bei „Spiegel Online" oder „meinestadt.de" oder ähnlichen Webseiten erscheinen.
- Planen Sie zu Beginn der Werbekampagne Ihr Gesamt-Werbe-Budget und legen Sie das Tagesbudget pro Kampagne fest.
- Recherchieren Sie Ihre Keywords sorgfältig.
- Nutzen Sie die „Keyword-Optionen" und schalten Sie nicht zu allgemeine Keywords.
- Fügen Sie auch negative Keywords (ausschließende Keywords) ein, die ein Schalten der Anzeige im Zusammenhang mit diesen Keywords (z.B. „kostenlos") verhindern.
- Teilen Sie Ihre Keywords in möglichst kleine Keyword-Cluster auf und ordnen Sie diese in Anzeigengruppen den passenden Anzeigentexten zu.
- Erstellen Sie Anzeigentexte, die optimalerweise auch jeweils das Haupt-Keyword der Anzeigengruppe beinhalten.
- Analysieren Sie Ihre wichtigsten Konkurrenten bei den AdWords-Text-Anzeigen und grenzen Sie Ihre Anzeigen von dieser Konkurrenz durch spezielle Angebote oder Vorteile ab.

Hinweise zur Budgetplanung:

Das AdWords-Budget sollte vor der Erstellung der ersten Kampagne geplant werden. Die groben Kosten können über das Tool „Traffic Estimator" im AdWords-Konto geschätzt werden.

Grundsätzlich sollte das Budget jedoch aus rein betriebswirtschaftlichen Gesichtspunkten festgelegt werden. Als Unternehmer oder Marketingfachmann(frau) wissen Sie, dass nur ein gewisser Teil des erwirtschafteten Geldes wieder in die Werbung gesteckt werden kann. Falls Sie Suchmaschinenmarketing neu im Unternehmen einführen, muss eventuell Budget aus anderen Werbemaßnahmen in den Topf „Suchmaschinenmarketing" umgeschichtet werden.

Hinweise zu den Keywords:

Planen Sie die Schaltung Ihrer Keywords sorgfältig. Der größte und häufigste Fehler besteht darin, dass die Keywords zu allgemein gewählt werden und nicht auf die Leistungen, die man verkaufen möchte, abgestimmt sind. Außerdem wird beim Start einer AdWords-Kampagne zu wenig an das Suchverhalten eines typischen Google-Users gedacht.

- Erstes Beispiel: Wenn Sie z.B. nur Rennräder in Ihrem Portfolio haben, dann macht der Suchbegriff „Fahrrad" wenig Sinn, weil die meisten Google-User mit dem Begriff „Fahrrad" auch nach anderen Fahrradarten wie z.B. „City-Rad" oder „Kinderrad" recherchieren.
- Zweites Beispiel: Wenn Sie als Reiseunternehmen ein Hotel in Tokio bewerben wollen, dann macht selbst die Suchphrase „Tokio Hotel" keinen Sinn, weil Sie in diesem Fall hauptsächlich Suchanfragen von Kids erhalten, die nach einer Musikband suchen! Diese Keyword-Kombination sollten Sie also möglichst nicht in die Werbekampagne aufnehmen – auch wenn das AdWords-Keyword-Tool diese Suchphrase vorschlägt, weil sie so oft gesucht wird.

➤ **Eine AdWords-Werbung ohne vorherige strategische Überlegungen zu Ihren Zielen, Konkurrenten, Ihren Produktvorteilen etc. erzielt nur geringe oder gar keine Wirkung.**

Es kann im Gegenteil sehr schnell passieren, dass Sie sich enttäuscht von der Google-Werbung abwenden, weil Sie unnötigerweise zu viel Geld ausgegeben haben.

SEO und SEA im Vergleich – Was ist besser?

Im Internet brandet oft die Diskussion auf, ob man mit Blick auf das Suchmaschinenmarketing besser SEO oder SEA nutzt. Als ein Hauptargument gegen SEA und für SEO wird dabei oft auf den hohen finanziellen Aufwand verwiesen, da die Anzeigenwerbung bei jedem Klick Geld kostet. Bei dieser Argumentation sollten Sie jedoch immer bedenken, dass auch Suchmaschinenoptimierung auf keinen Fall kostenlos ist. SEO kostet zumindest Zeit, um Webseiten programmiertechnisch umzubauen. Hinzu kommt ein erheblicher Aufwand, um laufend neue Links aufzubauen, ein (Link-)Netzwerk zu knüpfen, neue Inhalte auf die Website zu stellen, und neuerdings auch Beiträge für die sozialen Netzwerke zu erstellen usw.

Zudem muss man ständig die Entwicklung im SEO-Bereich beachten, da laufend neue „Google-Updates", wie z.B. das „Panda-" oder das „Penguin-Update" wieder Veränderungen in puncto Strategie und anderer SEO-Maßnahmen erfordern.

Um eine Entscheidung für oder gegen SEO/SEA zu fällen, sollte man sich die Vor- und Nachteile der beiden SEM-Maßnahmen daher genau anschauen:

Vorteile der Suchmaschinenoptimierung (SEO)	Vorteile bezahlter Suchmaschinenwerbung (SEA)
■ Webseitenbesucher produzieren keine Klickkosten. ■ Das „organische Ranking" erhält einen Vertrauensvorschuss beim Suchenden. ■ „Organisches Ranking" erzielt zum Teil bessere Conversions als die Text-Anzeigen.	■ Ein vorderes Google-Ranking ist schnell erreichbar. ■ Keywords sind beliebig wähl- und austauschbar. ■ Anzeigentexte können selber bestimmt werden. ■ Bei der bezahlten Werbung sind Sie in Bezug auf Keywords und die dargestellten Texte direkt bei Google sichtbar, während eine Veränderung im organischen Listing meist erst nach Wochen oder Monaten erreicht wird. ■ Die Landingpage zu einem bestimmten Keyword kann sehr genau bestimmt werden.

Der entscheidende Punkt in Bezug auf Suchmaschinenoptimierung besteht jedoch darin, dass hierdurch eine vordere Position nicht garantiert werden kann.

Sie können also viel Zeit in SEO investieren und haben trotzdem keine Garantie, dass Sie mit einem festgelegten Keyword auch ein bestimmtes Ranking erreichen, weil neben dem Zusammenspiel der unterschiedlichen Google-Faktoren natürlich auch die Konkurrenz zu Ihren Keywords eine wichtige Rolle spielt und die Konkurrenzunternehmen eventuell selber im Bereich SEO Optimierungsmaßnahmen durchführen.

Außerdem kann Google zukünftig, wie bereits die Vergangenheit gezeigt hat, die „Spielregeln" ändern. Dann gehen vorher schwer erkämpfte Ranking-Positionen auch schnell wieder verloren. Mit diesem Problem kämpfen einige Webseiten, die nach den Panda- und Penguin-Updates auf Grund qualitativ minderwertiger Inhalte, leicht zu analysierender Linknetzwerke und bestimmter Linktechniken starke Ranking-Verluste erlitten haben, obwohl diese Seiten vorher längere Zeit auf den vorderen Plätzen positioniert waren. Nach dem Update mussten sich die Webprojekte durch Änderungen an den Webseiten und Linkstrukturen wieder an die vorderen Positionen herankämpfen.

Der Vorteil einer vorderen Position in dem organischen Listing besteht natürlich darin, dass keine zusätzlichen Klickkosten entstehen, d.h. wenn Sie in der organischen Listung vorne stehen, ist es im Gegensatz zu den bezahlten Anzeigen mit Blick auf die Kosten egal, ob zwei oder 200 Besucher am Tag über dieses Suchergebnis auf Ihre Webseite kommen.

Folgende Vorteile der bezahlten Anzeigenwerbung in Suchmaschinen sollten Sie in Ihre Entscheidung für oder gegen die bezahlte Suchmaschinenwerbung einbeziehen.

- **Zeitfaktor:** Die AdWords-Werbung ist nach der Erstellung direkt innerhalb von 15 Minuten auf der ersten Seite bei Google sichtbar, während SEO-Maßnahmen auch sechs Monate oder länger dauern, bis sich ein vorderer Platz einstellt.
- **Individuelle Werbetexte:** Mithilfe der AdWords-Werbung haben Sie die Möglichkeit zur Schaltung individueller Werbeaussagen. Die Anzeigentexte können schnell geändert werden. Bei neuen Aktionen, Angeboten oder Änderung Ihres Werbeslogans, kann die AdWords-Werbung innerhalb einer Viertelstunde angepasst werden.
- **Kurzfristige Trends bewerben:** Bei Modebegriffen, wie z.B. „Abwrackprämie" oder „Schweinegrippe", nach denen nur für eine beschränkte Zeit gesucht wird, kommt nur eine bezahlte Werbung infrage. Der Trend-Suchbegriff ist nach relativ kurzer Zeit für Werbende uninteressant. Hier lohnt sich der Aufwand der Suchmaschinenoptimierung erst gar nicht.

Display-Werbung

Neben der Werbung im Such-Netzwerk bietet das Google-AdWords-Werbeprogramm auch Werbung auf so genannten Content-Seiten an. Bei Content-Seiten handelt es sich um Webseiten mit interessanten Inhalten, wie z.B. Nachrichten-Seiten, Foren oder Ratgeber-Webseiten zu einem Themenkomplex. Auf diesen Seiten werden vom Eigentümer Werbeplätze, z.B. im Header, an der Seite oder in speziellen Bereichen mitten auf der Webseite, angeboten.

Die Werbeflächen können mit Werbebotschaften in verschiedenen Formaten wie z.B. „animierten Bildanzeigen", „Video-Anzeigen" oder aber auch einfachen „Textanzeigen" ausgefüllt werden. Google (oder auch andere Vermarkter) vermitteln die Werbeplätze dann an Werbetreibende.

Dieses so genannte Display- oder Content-Netzwerk funktioniert nach anderen Regeln als die klassische Suchmaschinen-Werbung. Die Webseitenbesucher, die diese Werbung sehen, haben nicht speziell nach bestimmen Begriffen gegoogelt, sondern sind auf diesen Seiten, weil sie ein Thema oder eine Nachricht auf der jeweiligen Webseite interessiert. Die Besucher werden daher nicht so gezielt angesprochen wie die Besucher der Suchergebnisseiten. Darum ist die Klickrate auf diese Display-Ads auch viel geringer. Trotzdem kann diese Werbeform interessant sein, vor allem, wenn man seine Marke in einem Themenumfeld bekannt machen möchte, oder wenn man Produkte bzw. Lösungen vermarkten will, die noch ganz neu sind und nach denen daher noch nicht so oft gesucht wird.

Im Google-Display-Netzwerk können neben den einfachen Text-Anzeigen auch Image-Anzeigen, die z.B. durch den eigenen Designer erstellt wurden, hochgeladen werden. Sie können diese Anzeigen aber auch ganz einfach mithilfe von Templates im AdWords-Konto selber online erstellen, ohne dass Sie einen Designer engagieren müssen. Die Video-Anzeigen, die aufwändiger produziert werden müssen, werden noch relativ selten im Display-Netzwerk genutzt. Dies wird sich wahrscheinlich in Zukunft ändern, weil Video-Formate allgemein im Internet an Bedeutung gewinnen.

> **So planen Sie eine gute Display-Kampagne mit Google AdWords:**
>
> - Bestimmen Sie selber genau, in welchem Umfeld und am besten auf welchen Seiten Ihre Anzeigen erscheinen sollen.
> - Vergeben Sie ein eigenes Budget für die Display-Kampagne und erstellen Sie dazu eine eigene AdWords-Kampagne.
> - Beachten Sie den Unterschied zwischen Suchmaschinenmarketing und Banner-Anzeigen. Die Banner-Anzeigen auf den Content-Seiten sollen hauptsächlich Aufmerksamkeit auf eine Marke oder ein Produkt lenken. Daher eignen sich diese Kampagnen auch gut für Produkte oder Dienstleistungen, die noch unbekannt sind.
> - Arbeiten Sie mit Bannern, animierten Display-Anzeigen und eventuell Videos, um in einem Umfeld, welches nicht auf die Suche fokussiert ist, genügend Aufmerksamkeit zu erreichen. Im Display-Netzwerk erzielen Sie mit visuellen Elementen viel mehr Aufmerksamkeit als mit reinen Text-Anzeigen.

Affiliate-Marketing

Make or Buy, also selber machen oder eine Leistung einkaufen, ist immer eine wichtige Grundsatzfrage für Unternehmer, die sich ja um viele Aspekte in Ihrem unternehmerischen Leben kümmern müssen. Das Geschäft der so genannten Affiliates ist das Suchmaschinenmarketing und die Display-Werbung im Internet.

Affiliates sind also Werbepartner, die auf ihren Internetseiten oder auch Newslettern für andere Unternehmen werben und dafür eine erfolgsbezogene Provision in unterschiedlichen Abstufungen erhalten.

Vereinfacht gesagt verkaufen Affiliates Kundenkontakte im Internet.

Unter diesem Gesichtspunkt ist die Entscheidung für Affiliate-Marketing also die Entscheidung, die Online-Marketing-Leistungen einzukaufen.

Affiliates positionieren sich im Internet, meist mithilfe von SEO – aber auch mit eigenen AdWords-Anzeigen – in einem bestimmten Themenfeld. Wenn die Seite dann über Google oder ein Linknetzwerk gut gefunden und besucht wird, können die Affiliates potenzielle Kunden weitervermitteln und dafür entsprechende Provisionen verlangen.

Dabei gibt es verschiedene Stufen der Kundenvermittlung:
- reine Webseitenbesucher (Visits)
- Kundenkontakte mit personalisierten Daten, wie z.B. E-Mail-Adressen (Leads)
- Aufträge, Bestellungen (Sales)

Diese qualitative Steigerung der Kundenkontakte wird im Affiliate-Marketing durch eine entsprechende höhere Vergütung entlohnt.

Affiliate-Abrechnungsmodelle

- **Pay per Click:** Bei diesem Modell wird nur der Klick und die Weiterleitung auf die Webseiten des Anbieters (Visits) bezahlt. Dieses Modell verursacht die geringsten Kosten, besitzt jedoch auch die geringste Qualität der Kundenvermittlung, denn ein Webseitenbesucher ist noch kein Kunde.
- **Pay per Lead:** Hier werden echte Kundendaten geliefert (Leads). Der Kunde hat also seine E-Mail-Adresse oder andere Adressdaten angegeben und zeigt gleichzeitig Interesse am Produkt / an der Dienstleistung. Diese Kontakte sind höherwertig, es ist jedoch auch hierbei noch kein Geschäftsabschluss zu Stande gekommen. Die Kundenkontaktdaten lassen sich Affiliates natürlich höher entlohnen als die bloßen Webseitenbesucher.
- **Pay per Sale:** Diese Vermittlung liefert echte Kundenbestellungen (Sales), d.h., der Anbieter verkauft tatsächlich etwas. Hier hat der Affiliate die ganze Arbeit geleistet (Ansprache der Zielgruppe, überzeugende Argumentation, Vorbereitung des Kaufabschlusses). Dies lässt er sich natürlich entsprechend bezahlen. Bei dieser Art der Geschäftsvermittlung liegt ein hohes Risiko beim Affiliate, da ein Verkauf mit vielen Faktoren (z.B. Außendarstellung des Herstellers, externe Ereignisse, Produktqualität etc.) verbunden ist, die der Affiliate nicht beeinflussen kann. „Pay per Sale" ist daher relativ teuer und wird auch nicht so oft angeboten wie die anderen Affiliate-Vergütungsmodelle.

Hinweis: Viele Experten sehen Google zunehmend auch als Player im Affiliate-Geschäft. Google wird Bereiche des Affiliates übernehmen, während die Platzierung der Affiliates über SEO-Maßnahmen zukünftig immer schwieriger wird, weil Google auf Grundlage der zunehmenden Qualitätskriterien einen Großteil der Affiliate-Seiten abwerten und damit aus dem „sichtbaren Bereich" der Ergebnisseiten (Search Engine Result Pages – SERP) verdrängen wird.

Neben der Entscheidung, alle Kundenkontakte über Affiliate einzukaufen, kann ein Affiliate-Netzwerk aber auch eine sinnvolle Ergänzung zu den eigenen SEA- oder SEO-Maßnahmen sein, weil die Netzwerke eventuell noch zusätzliche Kundengruppen erreichen können.

Zur Entscheidungsfindung in Bezug auf Affiliate-Marketing hier die Pros und Kontras:

Vorteile Affiliate-Marketing	Nachteile Affiliate-Marketing
■ Weniger Werbungs- und Akquise-Arbeit	■ Verursacht z.T. hohe Kosten ■ Geringere Steuerungsmöglichkeit, z.B. beim Werbeumfeld

■ Verschiedene Abrechnungsmodelle für unterschiedliche Ziele ■ Schnelle und starke Werbeeffekte in einem großen Netzwerk	■ Nur Besucher statt Kunden bei falscher Steuerung ■ Kurzfristige Änderungen der Bedingungen bei Google und somit auch der Möglichkeiten eines Affiliate-Netzwerkes

Verschiedene Affiliate-Anbieter sind beispielsweise

- AdWords-Netzwerk
- Zanox: http://www.zanox.com/de
- Contaxe: http://www.contaxe.com
- SuperClix: http://www.superclix.de

Fazit

Im Online-Marketing gibt es verschiedene Möglichkeiten, sich prominent zu platzieren, um die Aufmerksamkeit seiner Zielgruppe zu erhalten. Für eine erfolgreiche Umsetzung der eigenen Online-Marketing-Strategie lohnt es sich immer, wenn man vorher etwas mehr Zeit in die Planung investiert. Hier gilt es genau zu überlegen, welche Zielgruppe man erreichen möchte und welche Effekte dabei erzielt werden sollen.

Hinzu kommt die genaue Analyse der Ressourcen „Geld" und auch „Zeit". Diese Überlegungen bilden dann die Entscheidungsgrundlage zur Auswahl der Online-Marketing-Maßnahmen. Dazu gehört natürlich auch die Budgetplanung und eventuell die Auswahl externer Dienstleister, die an bestimmten Stellen das Online-Marketing-Projekt unterstützen können.

Literaturtipps

- Pelzer, Guido: Google AdWords Advanced: Zielgerichtetes Internet-Marketing mit Google-Anzeigen. Midas Verlag, Zürich 2010
- Pelzer, Guido: Google AdWords. Lern-DVD/Video-Training, Video2brain, Graz 2011
- Pelzer, Guido (Hrsg. & Autor): AdWords aktuell – Praxisletter. MEV Verlag, Augsburg
- Pelzer, Guido, Wassenberg, Gerd: Online-Marketing mit Google: Mit SEO und SEM werden Sie gefunden. Addison-Wesley, München 2012

Der Autor

Guido Pelzer ist zertifizierter Google AdWords Professional und Inhaber der Firma p3 consult, die Internetstrategien erarbeitet. Seit 2008 veranstaltet er als einer der ersten fünf zertifizierten AdWords-Trainer Seminare für Google in Deutschland. Als Geschäftsführer eines internationalen Unternehmens setzte er bereits 2002 als eines der ersten Unternehmen in Deutschland Google AdWords zur Vermarktung von SAP-Schulungen ein.

Seit über 10 Jahren berät Guido Pelzer zudem KMUs und große Unternehmen als Dienstleister zu den Themen „Suchmaschinenmarketing" und „Social Media Marketing". Sein Wissen vermittelt er als Gastdozent für Online-Marketing an der FH Gelsenkirchen.

Targeting
Der Weg zu neuen Kunden im Internet

Mirko Düssel

Vom Targeting zum Online-Targeting

Targeting ist die systematische Auswahl der anzusprechenden Zielgruppen und gewinnt weiter an Bedeutung. Für Profis im Marketing ist und war Targeting schon immer ein zentraler Erfolgshebel für die Ausrichtung aller Marketingaktivitäten. Neue Technologien rund um das Internet eröffnen jedoch völlig neue Möglichkeiten für eine gezielte Kundenansprache.

Unternehmen können es nicht allen Kunden recht machen. Zu unterschiedlich sind die Bedürfnisse, Erwartungen und Anforderungen der einzelnen Verbraucher. Der Begriff „Targeting" steht daher ursprünglich für zielgruppenorientiertes Marketing, welches hilft, Marktchancen besser zu erkennen und zu nutzen.

Marketingaktivitäten sollten nicht breit gestreut werden („Schrotflinte"), sondern möglichst zielgenau auf die ins Auge gefassten Zielgruppen ausgerichtet sein („Scharfschütze"). Ziel ist der effiziente Einsatz knapper Werbebudgets mit möglichst geringen Streuverlusten.

Einer systematischen Marktbearbeitung liegt der STP-Ansatz zu Grunde (Kotler/Bliemel 2007). STP steht hierbei für Segmenting, Targeting und Positioning. Für jedes Unternehmen stellen sich hiernach die Fragen:

- Wie segmentieren wir unseren Markt und was sind mögliche Zielgruppen?
- Was sind die attraktivsten Zielgruppen und Zielmärkte?
- Wie können wir uns in den Zielmärkten wirksam positionieren und unsere Zielgruppen effizient ansprechen?

Unternehmen können heute nicht alle potenziellen Kunden in ihren Märkten zufrieden stellen oder gar begeistern. Zu vielschichtig sind die Erwartungen, zu unterschiedlich die Anforderungen. Außerdem wird der Wettbewerb in einigen Segmenten möglicherweise bessere Lösungen anbieten können.

Der Markt ist also zu segmentieren und wird in die wichtigsten Marktsegmente aufgeteilt, also in klar abgegrenzte Kundengruppen, die eine eigenständige Marktbearbeitung erfordern. Sei es, dass Produkte und Services angepasst werden, der Vertrieb oder die Kommunikation speziell auf einzelne Kundengruppen ausgerichtet wird oder unterschiedliche Preisstrategien zu wählen sind.

Definition: Targeting ist in diesem Sinne die systematische Auswahl und Konzentration der Marketingaktivitäten auf ausgewählte Marktsegmente und Zielgruppen.

Sinnvoll voneinander abgegrenzte Marktsegmente sind die Voraussetzung für eine effektive Marktbearbeitung, mit der es gelingt, Kundengruppen gezielt anzusprechen und ihnen einen spezifischen Mehrwert zu bieten. Ein solches Vorgehen wird als differenziertes Marketing bezeichnet.

Wird hingegen nur ein einzelnes Marktsegment bearbeitet, spricht man von konzentriertem Marketing. Die zur Verfügung stehenden Segmentierungskriterien können sehr unterschiedlich sein und sind vom jeweiligen Markt abhängig.

Wird gar keine Marktsegmentierung vorgenommen, sondern der Gesamtmarkt bearbeitet, spricht man von undifferenziertem Marketing. Diese Form der Marktbearbeitung bietet sich in vielen Märkten wegen der unterschiedlichen Kundenerwartungen und vor allem wegen des hohen Konkurrenzdrucks nicht (mehr) an.

Online-Targeting

Der Grundgedanke des Targetings wird im Online-Marketing zurzeit brandheiß gehandelt. Es scheint der Heilige Gral gefunden worden zu sein: Nämlich die Möglichkeit, Kunden gezielt und ohne bzw. mit möglichst geringen Streuverlusten anzusprechen.

 Das Internet mit seinen Möglichkeiten bietet dem Marketing und der Werbung erstmals die Chance, Kunden noch gezielter anzusprechen als dies über die klassischen Massenmedien möglich ist.

Aufgrund seines virtuellen Nutzungsverhaltens wird dem Internetuser, möglichst exakt auf seine Bedürfnisse zugeschnitten, das passende Werbemittel „ausgeliefert".

 Beim Online-Targeting werden Werbemittel „ausgeliefert".

Diese Formulierung wird verwendet, um zu verdeutlichen, dass nicht mehr der Werbungtreibende in einem Werbeträger ein Werbemittel schaltet, sondern durch das Targetingsystem. Werbung für Damen-Kosmetik wird so nicht bei jungen Männern angezeigt und eine Werbung für Hundefutter nicht der Katzenliebhaberin präsentiert.

Definition: Online-Targeting ist das fokussierte und automatisierte Ansprechen einer spezifischen Zielgruppe im Internet.

Dabei wird anhand verschiedenartiger Kriterien Werbung speziell für ausgewählte Nutzer eingeblendet. Wird beispielsweise in einer Suchmaschine nach einem bestimmten Begriff gesucht, dann wird für diesen Suchbegriff relevante Werbung eingeblendet. Mitunter hohe Streuverluste werden so deutlich reduziert.

Anders als bei der klassischen Werbung geht es beim Online-Targeting nicht um feste thematische Umfelder, sondern um dynamische Gruppen. Auch wenn der Internetnutzer individuell angesprochen wird, handelt es sich nicht um eine echte Eins-zu-eins-

Beziehung wie im persönlichen Verkauf oder im Direktmarketing. Es geht immer noch um Zielgruppen, die automatisiert anhand von technischen, sprachlichen oder profil-basierten Merkmalen angesprochen werden.

> **Kennzeichen des Online-Targetings ist die anonymisierte und/oder pseudonymi-sierte Ansprache, die keinen Rückschluss auf eine Einzelperson ohne deren Zustim-mung zulässt.**

Während Sie im Direktmarketing Ihren Empfänger „kennen" (Name, Anschrift etc.) und definierten Empfängern individuelle Botschaften senden, liefern Sie beim Targeting ziel-gruppengenaue Werbemittel. Der Empfänger selbst ist aber unbekannt. Sie wissen z.B. lediglich, dass Ihre Empfängerin weiblich und ca. 25 bis 35 Jahre alt ist.

Diese Informationen beruhen allerdings nicht auf gesicherten Kundendaten, sondern wurden vorher aufgrund des Nutzungsverhaltens des Users statistisch ermittelt. Von der Grundidee her durchaus vergleichbar mit einem guten Verkäufer in einem Ladenlokal: Er kennt Sie nicht persönlich, beobachtet aber aufmerksam Ihr Verhalten, um Ihnen zielführend passende Angebote zu unterbreiten.

Gezielte Ansprache des Online-Kunden

Die wesentliche Herausforderung jeder Mediaplanung ist die Zielgruppenerreichbarkeit. Also die Frage, über welche Medien (Zeitung, Zeitschrift, Rundfunk, Fernsehen etc.) man seine Zielgruppe am besten erreicht.

Die Empfänger (Leser/Hörer/Betrachter) des gewählten Mediums entsprechen dabei in der Regel nicht exakt der Zielgruppe. Es entstehen Streuverluste, weil die Werbung auch Menschen erreicht, die nicht zur Zielgruppe gehören. Diese Streuverluste sind möglichst zu minimieren, weil Werbungtreibende unter wirtschaftlichen Gesichtspunk-ten für ein Publikumssegment zahlen, das die beworbenen Produkte niemals kauft.

Neben der Angabe der Reichweiten werden Markt-Media-Analysen wie die Allensba-cher Werbeträgeranalyse (AWA) oder die Media-Analyse (MA) herangezogen, um zu prüfen, welche psycho- und soziodemografischen Zielgruppen über ein bestimmtes Werbemedium (Werbeträger) erreicht werden.

Anders als bei den Massenmedien besteht im Internet generell eine Punkt-zu-Punkt-Verbindung zum Nutzer. Es sind also Daten über den Nutzer vorhanden. Mithilfe des Targetings werden diese Daten systematisch genutzt, um die Zielgruppenansprache möglichst ausschließlich auf relevante Nutzer zu fokussieren.

Grundlagen des Targetings im Internet

> **Targeting im Internet beruht auf der zielgerichteten Auslieferung digitaler Werbung durch automatisierte Verfahren.**

Dies setzt ein Targeting-System voraus, das in Echtzeit ermittelt, welches Werbemittel einem Internetnutzer zu einem bestimmten Zeitpunkt idealerweise anzuzeigen ist. Die von einem Internetnutzer besuchten Webseiten werden so für den Nutzer individualisiert. Identischer Content wird mit jeweils unterschiedlichen Werbeeinblendungen präsentiert.

Durch die Individualisierung werden Streuverluste reduziert und die Effizienz von Online-Kampagnen verbessert. Besonders interessant für werbungtreibende Unternehmen sind performancebasierte Preismodelle. Hierbei werden keine pauschalen Preise für das Schalten oder das bloße Aufspielen (pay per view) eines Werbemittels bezahlt. Der Preis wird erst dann bezahlt, wenn der Nutzer das Werbemittel klickt (pay per click).

Die Streuverluste reduzieren sich erheblich und der Webseitenbetreiber hat ein originäres Interesse, ein wirksames Umfeld für erfolgreiche Werbung zu schaffen. Der Internetnutzer und potenzielle Kunde profitiert von größerer Relevanz der angezeigten Werbung und von attraktivem Content.

Eine erste Kennzahl für die Bewertung der Eignung eines Werbemittels ist die Klickrate (Click-Through-Rate, kurz CTR). Die Click-Through-Rate ist das Verhältnis der Klicks auf ein Werbemittel und der Anzahl der Auslieferungen (Ad Impressions). Durchschnittliche CTRs liegen etwa bei ein Promille. Das heißt, der Nutzer klickt nur etwa ein Mal bei 1.000 Auslieferungen.

Die Conversion-Rate (kurz CR) ist das Verhältnis der Interaktionen pro Klick (zum Beispiel Informationsanforderung oder Kauf). Durchschnittliche Conversion-Rates liegen beispielsweise zwischen 0,5 und 2,5 Prozent.

Zunehmend an Bedeutung gewinnen Branding-Effekte des Targetings. Neben der direkten Conversion kann systematisches Targeting, wenn auch schwerer messbar, einen Beitrag zur Verbesserung der Markenwirkung leisten (Brand Impact).

Der Erfolg einer Targeting-Kampagne lässt sich im Wesentlichen leichter messen, als dies bei klassischen Werbekampagnen der Fall ist. Geringe Klickraten sind beispielsweise ein Hinweis auf eine niedrige Relevanz des Werbemittels. Die Werbung muss also stärker auf die Nutzer abgestimmt werden. Geringe Conversion-Rates sind ein Hinweis darauf, dass das Angebot für den Nutzer zwar grundsätzlich interessant ist, möglicherweise aber nicht überzeugt oder zu teuer bzw. der Aufwand für den Nutzer zu hoch ist.

Funktionsweise von Targeting-Systemen

Das Targeting-System hat die Aufgabe, in Echtzeit zu entscheiden, welches Werbemittel für einen Internetnutzer relevant ist und dieses automatisch auszuliefern. Je nach verwendeter Targeting-Methode werden technik-, sprach-, verhaltens- oder profilbasierte Informationen über den Nutzer zu Grunde gelegt. Hierbei werden Keywords, technische Spezifikationen, besuchte Webseiten oder in der Vergangenheit angeklickte Werbemittel ausgewertet.

Werbungtreibende Unternehmen entscheiden, ob sie sich bei Erfassung und Auswertung der Nutzerdaten nur auf eigene Websites beschränken oder von allen Seiten eines Werbenetzwerkes (Ad Network) profitieren wollen. Die Werbenetzwerke betreiben seitenübergreifende Nutzerprofil-Datenbanken, an denen alle Netzwerkmitglieder partizipieren.

Die Werbenetzwerke bilden somit die Schnittstelle zwischen den Werbungtreibenden und den Contentanbietern. Sie analysieren die Nutzer und liefern zielgruppenadäquat die Werbemittel aus.

Das werbungtreibende Unternehmen erhält einen Überblick über die Resonanz auf die geschaltete Werbekampagne. Gleichzeitig können diese Informationen Grundlage für die Abrechnung der Internetwerbung sein (z.B. Anzahl der Ad Impressions oder Ad Clicks).

Methoden des Targetings

Ein Großteil der Werbung im Internet wird auch heute noch nicht gezielt eingeblendet. Um die Effizienz von Online-Kampagnen ist es daher oft auch nicht besser gestellt als bei klassischen Werbekampagnen in den Offline-Medien. Und dies obwohl gerade das Internet ein hohes Potenzial zur Individualisierung von Werbebotschaften bietet. Die Kunst ist es, Werbung im Internet in relevanten Umfeldern zu platzieren.

Mithilfe zeitgemäßen Targetings gelingt es Werbetreibenden, ihre Zielgruppen effizient und effektiv im Internet zu erreichen.

> **Das große Ziel des Targetings ist eine möglichst individuelle Werbung, die dem User einer Website idealtypisch das attraktivste Werbemittel präsentiert.**

Der User klickt das Werbemittel (z.B. Banner), gelangt zur Ziel-Website (Landingpage) und führt weitere Aktionen wie zum Beispiel die Anforderung von weiteren Informationen oder den Kauf eines Produktes aus.

Informationen über den User können über Keywords in einer Suchmaschine, den Kontext der besuchten Website oder aus dem Surfverhalten des Users stammen. Je nach Aufgabenstellung und Zielgruppe erzielen Sie mit den unterschiedlichen Methoden des Targetings ein hohes Maß an Relevanz.

Relevanz als Hauptmotiv des Targetings

Um für eine Targeting-Kampagne herauszufinden, was für die anvisierten Zielgruppen relevant ist, ist eine sorgfältige Zielgruppenanalyse zwingend erforderlich. Es kommt also darauf an, für potenzielle Kunden Zielgruppenmerkmale zu identifizieren, die dann wiederum Orientierung bei der Auswahl geeigneter Werbeumfelder liefern.

Relevant ist, was in einem bestimmten Zusammenhang für den Rezipienten von Bedeutung ist. Wenn es Werbung gelingt, relevante Botschaften zu adressieren, erzielt sie mehr Aufmerksamkeit, stößt auf echtes Interesse und ist wirksamer. Eine wichtige Kennzahl für Relevanz ist die weiter oben vorgestellte Click-Through-Rate.

Die unterschiedlichen Ansätze, Relevanz im Targeting zu erreichen, teilen sich grob in drei bis vier unterschiedliche Methoden. Profilbasiertes Targeting wird meistens, wie auch hier, als Variation des verhaltensbasierten Targetings gesehen. Es könnte auch eigenständig betrachtet werden, da es verhaltensbasierte Daten mit weiteren Informationen anreichert:

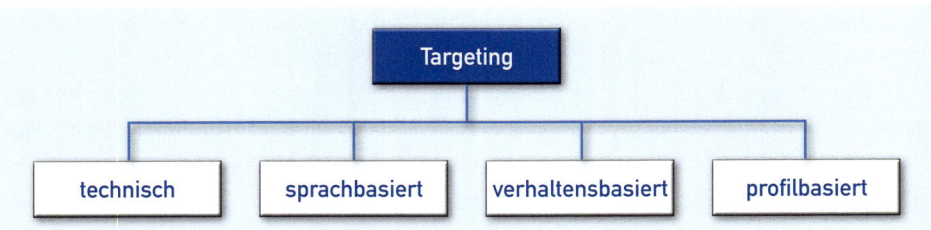

Methoden des Targetings

Je nach verwendetem Targeting-System und den Zielen Ihrer Online-Kampagne entscheiden Sie sich für die erfolgversprechendste Methode bzw. die erfolgversprechendsten Methoden.

Technisches Targeting

Beim technisch orientierten Targeting erhält der Internetnutzer die auf seine Software- und Hardwareumgebung zugeschnittenen Werbemittel. So werden lange Ladezeiten vermieden, die Werbemittel im Browser korrekt dargestellt, Werbung mit regionalem Bezug ausgeliefert und die Werbemittel in der gewünschten Frequenz angezeigt (Kontaktdosis).

Bandbreiten-Targeting
Die Auslieferung des Werbemittels erfolgt in Abhängigkeit von der Geschwindigkeit der Internetverbindung. DSL-Nutzer verfügen beispielsweise über eine höhere Bandbreite als bestimmte mobile Nutzer. Umfangreiche Werbemittel würden bei den mobilen Nutzern zu verzögerten Ladezeiten führen und der Ladevorgang würde wahrscheinlich abgebrochen werden.

Browser-Targeting (inkl. OS-Targeting)
Die Auslieferung der Werbemittel ist auf den verwendeten Browsertyp ausgerichtet. Ferner ist es möglich, dass die Zielgruppenanalyse ergibt, dass zum Beispiel bevorzugt der Browser Firefox in der Zielgruppe verwendet wird. Entsprechende digitale Werbung würde also bevorzugt bei Verwendern des Firefox geschaltet werden.

Stellen Sie sich zum Beispiel vor, Sie bewerben Browser Plug-Ins oder Updates, die ausschließlich einen bestimmten Browsertyp betreffen.

Ähnlich wie beim Browser-Targeting wird beim Operating-System-Targeting verfahren. Nur mit dem Unterschied, dass die Auslieferung des Werbemittels auf das verwendete Betriebssystem (OS) ausgerichtet ist.

Würden Sie beispielsweise eine Software ausschließlich für Windows-Anwender anbieten, würde es keinen Sinn machen, Nutzern des Betriebssystems Mac-OS ein entsprechendes Werbemittel auszuliefern.

Geo-Targeting

Die Auslieferung des Werbemittels erfolgt an Nutzer aus spezifischen Zielgebieten. Der Standort der Nutzer wird hierbei beispielsweise über die Analyse der IP- oder MAC-Adressen ermittelt.

Regionale Anbieter vermeiden Streuverluste dadurch, dass sie Werbemittel nur in ihrem Einzugsgebiet schalten. Der Veranstalter eines Events in Düsseldorf könnte seine digitale Werbung auf den Rhein-Ruhr-Raum konzentrieren.

Auch bei überregionalen Anbietern könnte es interessant sein, Angebote in Abhängigkeit von dem Standort der Nutzer zu platzieren. Denken Sie beispielsweise an Anbieter von Wetterdiensten oder Tickets für Konzerte und Sportveranstaltungen. Auch die Lieferbarkeit Ihrer Produkte in bestimmte Regionen kann ein Grund sein, auf Geo-Targeting zurückzugreifen.

Aktuelle Smartphones sind mit GPS-Empfängern ausgerüstet. Es gibt zahlreiche Apps und Services, die nach Zustimmung durch den Nutzer diese Informationen zur Optimierung ihres Angebotes verwenden. Denken Sie beispielsweise an Apps, die Ihnen die nächste Apotheke oder das nächste italienische Restaurant anzeigen.

Portale, die Immobilien oder Automobile anbieten, präsentieren ihren Besuchern Angebote aus ihrer Region. Auch dies ist ein Beispiel für Geo-Targeting.

Zeitgestütztes Targeting

Die zeitgestützte Auslieferung von Werbemitteln kann dann interessant sein, wenn das werbungtreibende Unternehmen Informationen über das zeitliche Surfverhalten seiner Zielgruppe hat. Wenn Sie zum Beispiel Inkassodienstleistungen für Handwerker anbieten, wissen Sie, dass diese am besten am frühen Morgen, späten Nachmittag oder am Samstag im Internet anzutreffen sind. Entsprechend schalten Sie Ihre digitale Werbung.

Berufstätige nutzen das Internet morgens und nachmittags dienstlich, in der Mittagspause, abends und am Wochenende hingegen privat.

Frequency Capping (FC)

Beim Frequency Capping erfolgt die Auslieferung von Werbemitteln in Abhängigkeit von den bereits bei einem Unique Visitor erfolgten Einblendungen. Ein Unique Visitor ist ein Besucher einer Website, der in einem definierten Zeitraum nur einmal gezählt wird, unabhängig davon, wie oft er in diesem Zeitraum die Website erneut aufgerufen hat.

Im Rahmen des Frequency Capping wird durch das Setzen eines Cookies (Textdatei, die beim Besuch einer Webseite auf der Festplatte des Besuchers abgelegt wird und der Zwischenspeicherung von Daten dient) dokumentiert, wie oft eine Person (anonymisiert) bereits ein bestimmtes Werbemittel erhalten hat. So kann sichergestellt werden, dass die Kontaktdosis (Anzahl Kontakte mit Werbemittel) eine vorher festgelegte Anzahl nicht überschreitet.

Sie verhindern so ablehnendes Verhalten des Nutzers (Reaktanz) bei einer übermäßigen Penetration mit identischen Botschaften, da generell die Wirksamkeit von Werbung ab einer bestimmten Anzahl von Kontakten abnimmt.

Je nach Produktgruppe und persönlichem Involvement des Nutzers schwankt die maximale Zahl an Kontakten bis zum Abnehmen der Werbewirkung. Es ist aber davon auszugehen, dass ein Nutzer, der bereits mehrere Male ein Banner geklickt hat, auch in nächster Zeit nicht das gewünschte Verhalten (Kauf oder Informationsanforderung) zeigen wird.

Weitere Formen des technischen Targetings

Neben den vorgestellten Formen gibt es zahlreiche weitere Varianten: Targeting nach Bildschirmauflösung, nach Provider, nach Flash-Player etc.

Sprachbasiertes Targeting

Beim sprachbasierten Targeting werden dem Internetnutzer je nach verwendeten Keywords, Kontext der besuchten Seite oder relevanten Synonymen entsprechende Werbemittel ausgeliefert.

Keyword-Targeting

Beim Keyword-Targeting erfolgt die Auslieferung von Werbemitteln in Abhängigkeit von der Eingabe eines Wortes oder mehrerer Worte in ein Formularfeld bei Suchmaschinen, Branchenbüchern oder anderen Websites und Portalen.

Geeignete Keywords werden vor Beginn einer Kampagne festgelegt und sollten neben alternativen Synonymen auch umschreibende Begriffe mit ähnlichem Bedeutungsinhalt haben.

Vorsicht ist bei der Gefahr von Fehlplatzierungen geboten. Haben Begriffe eine Doppelbedeutung und sind nicht eindeutig, werden die Werbemittel unter Umständen ohne die geringste Chance auf Werbeerfolg ausgeliefert. Außer Spesen nichts gewesen. Denken Sie an Begriffe wie Rad, Golf, Bienenstich, Nagelbett, Schimmel, Plakatkleber, Makler und an Eigennamen.

Wortbasiertes Targeting (Contextual Targeting)

Im Gegensatz zum Keyword-Targeting werden beim wortbasierten Targeting die Werbemittel ausgeliefert, wenn das oder die vorab festgelegten Keywords auf der Website des Contentanbieters verwendet werden. Dies kann sowohl statischer als auch dynamischer Inhalt sein, beispielsweise auf Nachrichtenportalen oder auf den Seiten von TV-Sendern.

Vorsicht ist bei negativen Kontexten (Katastrophen, Unfällen etc.) geboten, die bei ansonsten gleichen Keywords zur Auslieferung führen und Ablehnung und negative Reaktionen bei den Nutzern hervorrufen.

Semantisches Targeting

Beim semantischen Targeting erfolgt die Auslieferung der Werbemittel nach Analyse des gesamten sichtbaren Textes einer einzelnen Seite. Bei dieser (automatisierten) Analyse werden enthaltene Schwerpunktthemen und komplette Sinnzusammenhänge des Textes erkannt.

Die Online-Kampagne kann präzise thematisch gesteuert werden. Die Werbenetzwerke oder die Vermarkter bieten oft thematische Kategorien an, mit denen Kampagnen schnell und effizient geplant und umgesetzt werden können. Die Kataloge mit thematischen Kategorien bieten oft mehrere tausend spezifische Themen an, sodass auch Sie in vielen Fällen schnell die richtige Kategorie finden.

Durch das präzise inhaltliche Verständnis einer Website liefert semantisches Targeting mitunter beste Platzierungen und vermeidet kritische Umfelder. So lassen sich Werbeschaltungen auf Websites, bei denen es um Alkohol, Drogen, Tabak, Sex, Waffen, Gewalt oder extreme Ansichten geht, und Schaltungen in Peer-to-Peer-Netzwerken (gemeint sind hier vor allem Filesharingsysteme wie z.B. BitTorrent) weitgehend ausschließen. Die Gefahr von Fehlplatzierungen und negativen Kontexten ist weitgehend ausgeschlossen.

Der Nutzer erhält relevante Werbung zum Zeitpunkt der Beschäftigung mit einem speziellen Thema.

Verhaltensbasiertes Targeting

Beim verhaltensbasierten Targeting erhält der Internetnutzer basierend auf dem vergangenen Surfverhalten digitale Werbung. Je nach bisher besuchten Seiten werden Schlussfolgerungen über die aktuellen Präferenzen des Internetnutzers automatisiert gezogen und bei der Auslieferung geeigneter Werbemittel beachtet.

Targeting nach Surfverhalten (Behavioural Targeting)
Die Auslieferung der Werbemittel basiert auf dem bisherigen Surfverhalten des Nutzers und erfolgt prinzipiell in drei Schritten:
- Aufzeichnung des Surfverhaltens
- Zuordnung zu Zielgruppen
- Auslieferung spezifischer Werbemittel

Die Speicherung erfolgt pseudonymisiert anhand einer Cookie-ID ohne Personenbezug. Das Targeting nach dem Surfverhalten bringt dem Nutzer zunächst eine hohe Relevanz durch zielgruppenspezifische Werbung und dem Werbungtreibenden hohe Kampagneneffizienz durch geringe Streuverluste.

Bei der Bewertung des Surfverhaltens werden zwei Aspekte berücksichtigt.
- Beim Action Based Targeting wird die Auslieferung eines Werbemittels an bestimmte Aktionen gekoppelt. Dies sind typischerweise Klicks auf bisherige Werbemittel, das Hinzufügen eines Artikels in einen Warenkorb, das Suchen nach bestimmten Artikeln oder eine nicht finalisierte Bestellung. Ziel ist es, das kurzfristige Anliegen eines Nutzers aufzugreifen, um ein relevantes Angebot zu unterbreiten.

- Beim Interest Based Targeting wird die Auslieferung eines Werbemittels an ein konkretes Interesse an einem spezifischen Thema gekoppelt. Analysiert werden beispielsweise der häufige oder regelmäßige Aufenthalt in bestimmten Themenfeldern oder überproportional viele Sichtungen von Artikeln einer bestimmten Kategorie. Ziel ist hier, langfristige Präferenzen oder nachhaltigen Bedarf des Nutzers zu erkennen, um ein relevantes Angebot zu unterbreiten.

Beim Targeting nach dem Surfverhalten ist zu prüfen, ob die Reichweiten zu klein werden, wenn nur wenige Nutzer das definierte Surfverhalten zeigen. Außerdem lassen sich für viele Produkte keine eindeutigen Zuordnungsregeln aus dem Surfverhalten ableiten.

Beispielsweise untersucht ein Anbieter von Reisen die typischen Channels mit tourismus- und urlaubsrelevanten Inhalten. Eventuell korreliert er diese Informationen mit bestimmten Ländern oder Zielgebieten. „Trifft" der Anbieter nun einen ihm bekannten Nutzer auf einer themenfremden Seite, z.B. einer Wetterseite, liefert er ein Werbemittel mit einem speziellen Reiseangebot für diesen Nutzer aus.

Profilbasiertes Targeting (Predictive Behavioural Targeting)
Beim profilbasierten Targeting werden Werbemittel einem Internetnutzer aufgrund (anonym) zugeordneter Attribute und Merkmale ausgeliefert, die ihm mithilfe von statistischen Prognosen basierend auf Surfverhalten, Befragungen in der Zielgruppe und gegebenenfalls weiteren externen Daten zugeschrieben werden können.

Profilbasiertes Targeting ist bestrebt, ein möglichst umfassendes Verständnis für den Nutzer zu entwickeln, um ihm hochgradig individualisierte Angebote zu unterbreiten. Die hierzu erforderlichen Nutzerbeschreibungen aus vielen Quellen (Surfverhalten, Mediennutzung, Konsumverhalten etc.) sollen Zugehörigkeiten zu bestimmten Zielgruppen identifizieren. Beim Antreffen „identifizierter Nutzer" werden mithilfe automatisierter Prognoseverfahren relevante Werbemittel ausgeliefert.

Effektivität und Effizienz des profilbasierten Targetings erfordern eine nahezu vollständige Sicht auf den Nutzer aus verschiedenen Perspektiven. Hinzu kommen komplexe Modellierungsverfahren, die mit einer vieldimensionalen Überlagerung von Einzelfaktoren umgehen und eine gewisse zeitliche Stabilität und Robustheit bei gleichzeitig häufiger Aktualisierung der Modelle leisten.

Soziodemografisches Targeting (User-Declared Information Targeting)
Die Auslieferung der Werbemittel erfolgt an Nutzer mit bestimmten soziodemografischen Merkmalen oder Interessen. Die dafür notwendigen Daten wie Geschlecht, Alter, eventuell Haushaltseinkommen etc. werden vom Nutzer explizit bereitgestellt. Dies geschieht beispielsweise beim Einrichten eines Accounts auf einer Website.

Die E-Commerce-Anbieter verfügen über hochwertige Daten, da ihre Kunden im Zuge von Transaktionen eine Reihe von Informationen übermitteln, ohne die ein Kauf nicht abgewickelt werden kann. Denken Sie z.B. an Anbieter wie web.de oder GMX mit Millionen Kunden, die ihre Daten (mehr oder weniger sorgfältig) hinterlegt haben.

Auch Netzwerke in den Social Media, zum Beispiel Facebook oder Google+, generieren einen riesigen Bestand an nutzerspezifischen Informationen, die durch ihre Einbettung in ein soziales Umfeld in hohem Maße authentisch sind.

Die Integration von Präferenzen in Form von „Gefällt mir" oder „+1" bietet weitere Optionen für ein systematisches Targeting. Anzumerken ist hier, dass die sozialen Netzwerke für Werbezwecke selbstverständlich keine personenbezogenen Daten nutzen und diese auch nicht weitergeben.

Wenn der Kunde beim ersten Mal noch nicht will: Re-Targeting

Re-Targeting ist die Auslieferung eines Werbemittels an eine Nutzergruppe, die schon einmal eine bestimmte Aktion (z.B. Klick auf ein Werbemittel, Onlinebestellung) getätigt hat. Da der Nutzer das Angebot eines Anbieters bereits kennt, handelt es sich bei Re-Targeting um eine Form der Erhaltungswerbung, die Vergessenseffekten (Interessenverlust an Produkt oder Werbungtreibenden) und Gegenkräften (Marketingaktivitäten anderer Werbungtreibender) entgegenwirken soll.

Das Re-Targeting bedient sich aller Formen des bereits beschriebenen verhaltensbasierten Targetings.

Re-Targeting wird am häufigsten eingesetzt, um Nutzer, die die eigene Website ohne Kauf verlassen haben, auf anderen Websites mit eigenen Werbemitteln erneut anzusprechen. Hierzu werden die Profildaten des Nutzers einer oder mehreren zuvor definierten Zielgruppen zugeordnet. Sobald ein Nutzer erneut auf eine Website trifft, die dem Werbenetzwerk angeschlossen ist, wird ein entsprechendes Werbemittel ausgeliefert.

Auf den ersten Blick erscheint Re-Targeting vielleicht kompliziert. In der Praxis gibt es aber eine Vielzahl spezialisierter Anbieter, die zur Umsetzung des Re-Targetings im Online-Marketing-Mix zur Verfügung stehen.

Der Schwerpunkt des Re-Targetings muss allerdings keineswegs nur auf Rückgewinnung von Nutzern, die ihren Kauf nicht abgeschlossen haben, ausgerichtet sein. Re-Targeting kann darüber hinaus auch für gezielte Cross-Selling- oder Up-Selling-Aktivitäten oder für die Rückgewinnung von Bestandskunden genutzt werden.

Streuverluste werden weitgehend vermieden, da die angesprochenen Nutzer ihr Interesse bereits durch vorhergehende Kontakte dokumentiert haben. Im Vergleich zu anderen Targeting-Methoden erzielt das Re-Targeting bessere Click-Through- und Conversion-Rates (CTR und CR).

Mit Re-Targeting-Aktivitäten wird regelmäßig eine gute Performance erzielt. Das darf nicht dazu verleiten, Budgets von anderen (Online-)Marketingaktivitäten abzuziehen.

Die scheinbar besseren Click-Through- und Conversion-Rates der Re-Targeting-Anbieter dürfen nicht darüber hinwegtäuschen, dass sie oft auch das Ergebnis der vorhergehenden Online-Marketingaktivitäten sind. Denn letztendlich würde sich auch die Menge derjenigen, die mit Re-Targeting gewonnen werden könnten, verringern, wenn andere Online-Marketing-Aktivitäten reduziert werden.

Für eine objektive Bewertung ist es notwendig, sämtliche Werbemittelkontakte (Customer Journey) zu messen und auszuwerten.

Die Nutzer Ihrer Website werden Re-Targeting-Aktivitäten unterschiedlich aufnehmen. Die einen wundern sich über Ihre scheinbare Präsenz im Internet, die anderen fühlen sich regelrecht verfolgt.

Folgende vier Aspekte sind zu beachten, damit Ihre Bemühungen nicht auf Ablehnung stoßen:

- Datenschutzbestimmungen sind ausnahmslos einzuhalten.
- Der Nutzer muss eine einfache Möglichkeit haben, sich abzumelden (Opt-out).
- Nur Angebote kommunizieren, die eingehalten werden können.
- Die Werbeintensität ist mit Frequency Capping (siehe Technisches Targeting) zu limitieren.

Mehr Qualität im Kundendialog mit CRM-Targeting

CRM-Targeting wird auch Customer Targeting genannt. Dabei erfolgt die Auslieferung von Werbemitteln und Informationen auf Basis bereits vorhandener Kundendaten. Diese Informationen stammen direkt aus dem Customer-Relationship-Management-System eines Unternehmens. CRM-Targeting wird häufig in geschützten Kundenbereichen, Onlineshops, Intra- oder Extranets eingesetzt.

Da der Nutzer „persönlich" bekannt ist (Name, Anschrift, Kundennummer etc.), handelt es sich bei dieser Form des Targetings streng genommen um Direktmarketing. Neben dem Internet werden auch weitere (elektronische) Kanäle zum Kunden genutzt. Insbesondere E-Mail hat sich in den letzten Jahren fest etabliert und wird durch SMS und Social Media ergänzt.

Wenn Sie beispielsweise Kunde bei Amazon sind, werden Ihnen regelmäßig ähnliche Angebote präsentiert wie diejenigen Produkte, die Sie gesucht haben. Wenn Sie häufiger bei Amazon kaufen, wird ein Käuferprofil von Ihnen gebildet, um relativ sicher relevante Werbemittel bei Ihren Besuchen auszuliefern.

Ein anderes Beispiel ist T-Mobile, das seinen Kunden regelmäßig aktuelle Angebote für Apps auf ihr Smartphone sendet.

Bevor Direktmarketingstrategien exzessiv auf das CRM-Targeting übertragen werden, ist sicherzustellen, dass für den Kunden durch die ausgelieferten Werbemittel ein echter Mehrwert entsteht. Hochfrequente Einzelkampagnen ohne Dialogmöglichkeiten verlieren für den Empfänger schnell an Relevanz und sorgen für Reaktanz (Ablehnung).

Attraktive Aufbereitung für den Nutzer relevanter Inhalte muss höchste Priorität haben und erfordert eine systematische Auseinandersetzung mit den Kundengruppen und den individuellen Nutzungsgewohnheiten des einzelnen Kunden. Die große Herausforderung ist es, dem Kunden zum richtigen Zeitpunkt die richtige Werbebotschaft aufzuspielen.

Datenschutzrechtlich ist CRM-Targeting in der Regel nicht problembehaftet, wenn entsprechende AGB die Kundenbeziehung regeln. Ferner sollte sichergestellt sein, dass der Kunde eingewilligt hat, regelmäßige Informationen/Angebote zu erhalten und seine Kundendaten zu diesen Zwecken zur Verfügung stellt.

Targeting aus rechtlicher Sicht

Der Einsatz von Targeting ist so auszugestalten, dass keine datenschutzrechtlichen Konflikte entstehen. Die zentrale Leitfrage ist:

 Lässt sich ein Personenbezug herstellen oder nicht?

Zunächst ist insbesondere darauf zu achten, dass nicht die gesamte IP-Adresse des anfragenden Rechners protokolliert wird, die Datenschutzerklärung angepasst und eine Opt-out-Möglichkeit für den Nutzer eingerichtet ist.

Checkliste Recht und Targeting

- Der Nutzer muss über den Einsatz von Targeting-Technologien informiert werden (z.B. Impressum, Datenschutzerklärung).
- Falls Sie personenbezogene Daten für das Targeting verwenden, ist eine aktive Einwilligung des Nutzers notwendig.
- Auf der sicheren Seite sind Sie, wenn Sie auf die Speicherung von Daten mit Personenbezug grundsätzlich verzichten und auch später keine Verbindung zu konkreten Personen herstellen.
- Pseudonymisierte Nutzerprofile sind zulässig, wenn kein Widerspruch des Nutzers vorliegt, der Nutzer auf sein Widerspruchsrecht im Rahmen einer Datenschutzerklärung hingewiesen wurde und keine Zusammenführung der pseudonymisierten Nutzungsprofile mit Daten über den Nutzer erfolgt.

Es bleibt abzuwarten, welche Auswirkungen die Änderung der Richtlinie für elektronische Kommunikation (Art. 5, Abs. 3) durch den europäischen Gesetzgeber (sog. „Cookie-Richtlinie") auf geltendes Recht hat. Die EU-Richtlinie sieht für Cookies eine grundsätzliche Einwilligungspflicht vor, ist aber noch nicht in deutsches Recht überführt. Ein Beratungsgremium der EU-Kommission, die Artikel-29-Datenschutzgruppe, hat ein Dokument mit Empfehlungen zu den Ausnahmen von der Einwilligungspflicht zur Verfügung gestellt.

 Tipp: Verzichten Sie auf die Verwendung personenbezogener Daten.

Insbesondere sollten Sie weder Namen noch E-Mail-Adresse des Nutzers erheben. Ferner sollten Sie vor dem Einsatz von Targeting-Technologien einen auf dieses Fachgebiet spezialisierten Rechtsanwalt hinzuziehen.

Literaturtipps:

- Biermann, Kai: Wie vorhersagbar unser Verhalten ist, Interview mit Stephan Noller, ZEIT ONLINE, 15.02.2010
- BVDW: Targeting – Begriffe und Definitionen, Bundesverband Digitale Wirtschaft (BVDW) e.V., 2009
- Düssel, Mirko: Marketing-Grundlagen verstehen und anwenden, Cornelsen 2011
- Düssel, Mirko: Wege aus der Absatzkrise, in: newsline, Juni 2009
- Düssel, Mirko: Marketing als Schlüssel zur Kundenzufriedenheit, Lektion 5, Management-Lehrgang „Kundenzufriedenheit messen, analysieren, bewerten: Wie Sie Ihre Kunden stärker an sich binden!", Euroforum Verlag 2008, 2. Auflage
- Düssel, Mirko: New Business Development – Neue Geschäftsideen in der ITK-Branche systematisch erkennen und nutzen, in: newsline, Nachrichten der Bitkom-Akademie, März 2008
- Düssel, Mirko: Was ist Marketing?, in: USP – das magazin des marketing club berlin, no. 4, 2007
- Düssel, Mirko: Handbuch Marketingpraxis – Von der Analyse zur Strategie, Ausarbeitung der Taktik, Steuerung und Umsetzung in der Praxis, Cornelsen 2006
- Düssel, Mirko: Trends und Entwicklungen in Märkten und Marketing, in: Nagel, Kurt: Praktische Unternehmensführung, Olzog 2005
- Düssel, Mirko: Praktische Grundlagen für aktives Pricing – Optimale Preisgestaltung für mehr Absatz, größere Kundenzufriedenheit und höhere Erträge, Cornelsen 2005
- Düssel, Mirko: Strategisches Marketing, Lektion 2, Management-Lehrgang „Kompaktwissen Marketing für Neu- und Quereinsteiger", Euroforum Verlag 2005-2008, 4. Auflage
- Düssel, Mirko/Geyer, Gerda: Marketingorganisation, -planung und -kontrolle, Lektion 9, Management-Lehrgang „Kompaktwissen Marketing für Neu- und Quereinsteiger", Euroforum Verlag 2005-2008, 4. Auflage
- Düssel, Mirko: Wissensmanagement – wie man es richtig macht, in: Nagel, Kurt: Praktische Unternehmensführung, Olzog 2004
- Düssel, Mirko: Planung, Steuerung und Controlling, SMI Euroforum 2003-2010, 14. Auflage
- Düssel, Mirko: Grundlagen der Unternehmensführung, SMI Euroforum 2003-2010, 14. Auflage
- Düssel, Mirko: Qualitäts- und Wissensmanagement im Office, SMI Euroforum 2003-2010, 14. Auflage
- Düssel, Mirko: Zielgerichtete Weiterbildung als Beitrag zur Kundenzufriedenheit, in: Bergmann, Marc: Ein Kunde, ein guter Kunde, Grupello 2001

- Düssel, Mirko: Marketing in schnellen High-Tech-Märkten, in: Heidack, Clemens: High Tech – High Risk, Rainer Hampp Verlag 2000
- Engelken, Torsten: Gezieltes Online-Advertising mit Targeting-Methoden, in: Schwarz, Torsten: Leitfaden Online-Marketing, Band 2, 2011
- Hass, Berthold H. / Willbrandt, Klaus W.: Targeting von Online-Werbung: Grundlagen, Formen und Herausforderungen, in: MedienWirtschaft, 1/2011
- Kotler, Philip / Bliemel, Friedhelm: Marketing-Management: Pearson Studium 2007, 12. Auflage
- Schauf, Thomas / Türling, Fred: Online Behavioural Advertising – Was ist das eigentlich, BVDW, 06.01.2011
- Schirmbacher, Martin: Online-Marketing und Recht, mitp 2011
- Kolell, André: Retargeting, in: Schwarz, Torsten: Leitfaden Online-Marketing, Band 2, 2011

Der Autor

Mirko Düssel ist Geschäftsführer von Mirko Düssel & Co., einer Strategie- und Marketingberatung in Kaarst, und Geschäftsführender Gesellschafter der Düssel Mittelstandsberatung KG. Er war zuvor erfolgreich als Projektleiter, Produktmanager, Vorstandsassistent, Key Account Manager und Marketingleiter tätig.

Mirko Düssel begleitet Unternehmen bei der strategischen Ausrichtung und systematischen Marktbearbeitung.

Bei Fragen steht er Ihnen gern zur Verfügung: info@duessel.com

Mobile Marketing
Kunden überall ansprechen

Thomas Hörner

Mobile Marketing hat eine rasante Entwicklung hinter sich. Seit fast zehn Jahren wurde es immer wieder zum Trend des Jahres ausgerufen – nur um dann ohne wirkliche Bedeutung zu bleiben. In den letzten Jahren aber wurde Mobile Marketing dann wirklich zu einem zentralen Thema jedes digitalen Marketings. Kein Unternehmen kann es sich mehr leisten, sich nicht zumindest mit der Fragestellung zu beschäftigen, ob nicht ein Engagement auch in diesem Bereich nötig ist.

Verbreitung und Zielgruppen

Die aktuelle Entwicklung der Nutzung des mobilen Internets per Smartphone erinnert an die Anfangszeiten des Internets: rasante Zuwachsraten in wenigen Jahren, und noch bevor sich Marketingabteilungen intensiv damit beschäftigen, nutzt ein Großteil der Deutschen das neue Medium. Für das mobile Internet befinden wir uns gerade in dieser Übergangsphase hin zu einem weit verbreiteten Massenmedium.

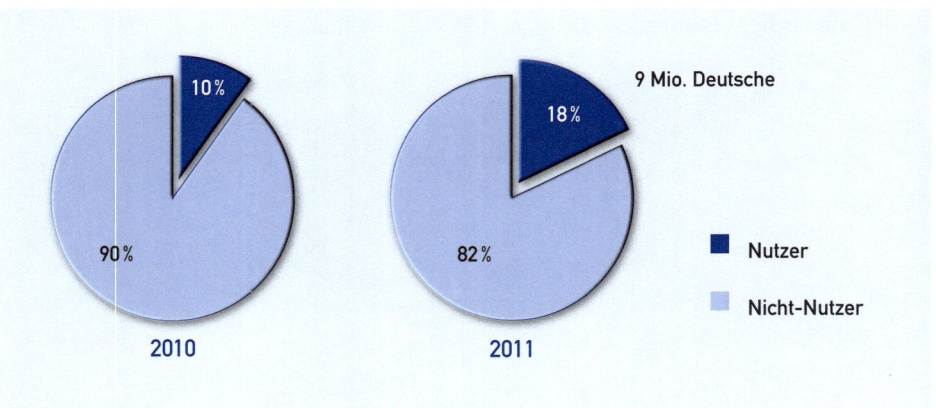

Anzahl Nutzer des mobilen Internets in Deutschland (Bitkom)

Diese rasante Entwicklung der mobilen Internetnutzung wird unter anderen getrieben von der Handy-Verkaufsstatistik. So ist inzwischen jedes zweite verkaufte Handy ein so genanntes Smartphone, also ein Handy mit Betriebssystem und Internetzugang. 89 Prozent aller Besitzer solcher Smartphones geben dann auch an, täglich das mobile Internet zu nutzen.

Web oder App?

Wann benötigt man eine Application (App) und wann ist die Entwicklung einer mobilen Internetseite die richtige Entscheidung?

Bevor diese Frage beantwortet wird, soll zuerst der Unterschied zwischen beiden mithilfe eines Vergleichs deutlich gemacht werden. Installieren Sie auf Ihrem PC ein neues Programm oder rufen Sie mit dem Browser eine Website auf? Der Unterschied ist jedem Computernutzer sofort klar.

Ein neues Programm muss installiert werden und speziell für ein bestimmtes Betriebssystem entwickelt sein. Ein Windows-Programm können Sie nicht auf einem Mac installieren, ein Linux-Programm nicht auf einem Windows-Rechner. Der Entwicklungsaufwand für den Anbieter fällt also dreimal an. Dieses installierte Programm ist dann auch fest auf dem Rechner. Wollen Sie es aktualisieren, müssen Sie extra Updates laden und installieren.

Eine Website hingegen ist für Rechner übergreifend das Gleiche: Eine Website können Sie mit einem Browser auf einem Windows-Rechner genauso aufrufen wie mit einem Browser auf einem Mac oder Linux-Computer. Sie müssen also für drei Betriebssysteme nicht drei verschiedene Internetseiten entwickeln, sondern Sie entwickeln die Website einmal für alle. Diese ist dann auch immer bei allen Nutzern gleich aktuell – Updates entfallen. Der Nachteil allerdings: Mit einer Website können Sie nicht auf die Ressourcen des PC zugreifen: Ein Zugriff auf die Festplatte und Laufwerke des PCs ist aus einer Website nicht möglich. Auch bei anspruchsvollen Programmen (z.B. Spiele) ist der Browser nicht ausreichend.

Genau wie bei diesem Vergleich eines PC-Programms mit einer Website verhält es sich auch mit dem Vergleich zwischen einer App und einer mobilen Website.

Eine App ist ein auf dem Computer (in diesem Fall dem Smartphone) zu installierendes Programm, während die mobile Website in einem Browser anzuzeigende Inhalte darstellt. Die App muss daher für jeden Smartphone-Typ (iPhone, Android, Windows etc.) gesondert entwickelt werden. Typischerweise steigen die Kosten mit jedem zu berücksichtigenden Smartphone-Typ um ca. 50 Prozent. Außerdem bedarf es vom Nutzer aktiv zu ladender Updates für die Aktualisierung.

Die mobile Website hingegen kann automatisch von allen Smartphones angezeigt werden und eine Aktualisierung auf dem Server ist sofort für alle Nutzer sichtbar. Eine App kann allerdings wesentlich mehr Ressourcen des Smartphones nutzen: Es kann im Gegensatz zur mobilen Website auf Kamera, Lagesensoren und mehr zugreifen und diese verwenden.

Die Frage, ob im Marketing eine mobile Website oder eine App eingesetzt wird, dreht sich also um die Frage, was der Zielgruppe angeboten werden soll: Wird für eine Anwendung Zugriff auf die Kamera oder andere Smartphone-Ressourcen benötigt, ist unbedingt eine App notwendig. Für reine Informationsangebote mit multimedialen und auch interaktiven Anteilen bieten heutige HTML5-Technologien umfassende und ausreichende Möglichkeiten, das Ziel mit einer mobilen Website zu erreichen. Diese muss nur einmal entwickelt werden und erreicht alle Smartphone-Besitzer.

Ein wichtiger Punkt aus Marketingsicht soll bei der Entscheidung aber nicht vergessen werden: Eine App verankert sich auf dem Smartphone mit einem Logo und ist auf dem Display des Smartphone-Nutzers immer sofort sichtbar. Das ist ein großer Vorteil. Spricht aber ansonsten alles für eine mobile Website und diese Sichtbarkeit wäre das einzige Kriterium, das für eine App spricht, ist oft folgendes Vorgehen hilfreich: Es wird zuerst eine mobile Website entwickelt und dann für die verschiedenen Smartphone-Betriebssysteme nur eine Mini-App bereitgestellt, die im Wesentlichen die mobile Website anzeigt. So können die Entwicklungskosten niedrig gehalten und trotzdem dieser Sichtbarkeitseffekt auf dem Smartphone erreicht werden.

Checkliste Mobile Website versus App		
Kriterium	Mobile Website / Webapp	App
Technologie	im Browser angezeigt	eigenständiges Programm
Analogie	klassische Internetseite	PC-Programm
Nutzbarkeit	auf jedem Smartphone	nur auf einem Gerätetyp (iPhone, Android, Windows, Symbian/ Nokia)
Abdeckung der Zielgruppe	sehr breit	nur Teil-Zielgruppen ansprechbar, Breite abhängig von genutzten Smartphone-Typen
Offline-Nutzung bei nicht vorhandener Internetverbindung	nicht bzw. mit neuen Möglichkeiten von HTML5 nur sehr eingeschränkt möglich	auch Offline-Nutzung möglich
Aktualität	sofort bei jedem Nutzer aktuell nach Aktualisierung auf Server	erst nach Update durch den Nutzer aktuell
Performance der Anwendung	mittel; stark abhängig von Internetverbindung	hoch

User-Experience	durch Browser-Technologien eingeschränkt (aber durch HTML5 immer besser werdend)	höher, da keine Einschränkung durch Browser
Zugriff auf Gerätefeatures (Kamera, Adressbuch, Lagesensoren etc.)	sehr stark eingeschränkt (meist nur Telefon-Direktwahl, Start einer E-Mail-Anwendung, Anzeige von Multimedia-Inhalten und Standortermittlung)	ja, umfassend (Zugriff auf Kamera, Adressbuch, Lagesensoren, Kompass, Standorterkennung, Telefon, SMS, E-Mail ...)
Standorterkennung	möglich Genehmigung durch Nutzer immer wieder bei Bedarf	ja Genehmigung einmal bei Installation der App
Bezahlverfahren innerhalb der Anwendung (z.B. bei Bestellungen)	verschiedene Bezahlverfahren möglich	eingeschränkte Auswahl an Bezahlverfahren
App-Stores	nicht in App-Stores zu finden	Listung in App-Stores
Logo auf Smartphone	nein	ja
Kostenakzeptanz	kaum vorhanden	(niedriger) Kaufpreis für Apps eher akzeptiert
Gebühren	keine	App-Store verdient mit über Anteil an Verkäufen
Erstellungsaufwand/ Entwicklungskosten	geringer	höher, mehrfach
Technisches Knowhow	HTML5, aus klassischer Web-Entwicklung übertragbar	Programmier-Knowhow, plattformspezifische Technologie muss erlernt werden: Java, C++ ...

Blick auf die Nutzervorlieben

Für eine Entscheidung für oder gegen mobile Website bzw. müssen aber neben den Kriterien in der Checkliste auch der Nutzer und seine Vorlieben betrachtet werden. Nutzt er überhaupt Apps? Und wenn ja, für was bevorzugt er diese? Die folgenden beiden Studienergebnisse geben einen ersten Anhaltspunkt in diesen Fragen.

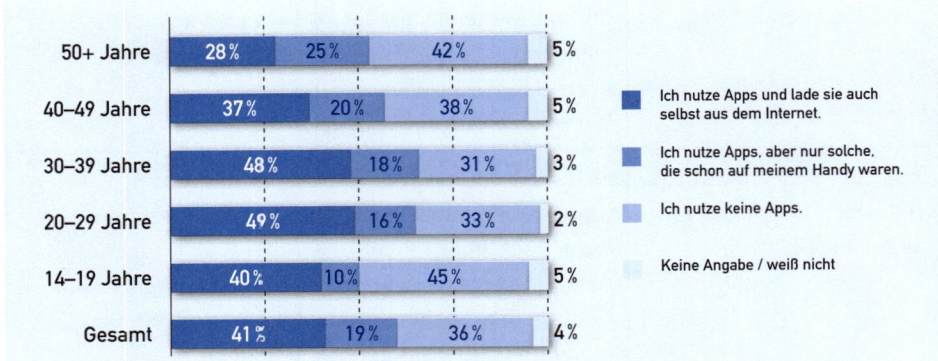

Nutzung von Apps: Nur maximal jeder zweite Smartphone-Nutzer ist überhaupt über Apps zu erreichen (Quelle: accenture: Mobile Web Watch 2010)

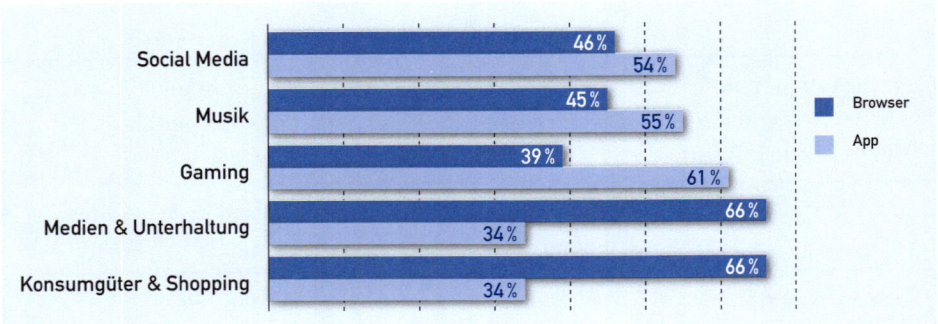

Nutzungspräferenzen: Je nach Anwendung wird eine App oder eine mobile Website per Browser bevorzugt (Quelle: Adobe Mobile Experience Survey August 2010)

Mobiles Internet versus klassisches Internet

Ein normales Smartphone kann eigentlich jede Internetseite anzeigen, auch wenn diese nicht speziell für das mobile Internet entwickelt ist. Es stellt sich daher die Frage, ob überhaupt eine spezielle Website für das mobile Internet entwickelt werden muss.

Um diese Frage zu beantworten, muss der Blick weg von einer rein technischen Betrachtung (ist die Seite aufrufbar?) hin zu den Nutzern (wie spricht man Kunden und Interessenten am besten an?) gerichtet werden.

Ausgehend vom Nutzer stellt sich als Erstes die Frage, wo das mobile Internet überhaupt genutzt wird.

Die Antwort ist zuerst einmal – auf den ersten Blick überraschend: zuhause. Entscheidend ist hier aber die spezielle Situation der Internetnutzung. Der Nutzer sitzt eben nicht am Schreibtisch, während er mobil surft. Er bzw. sie ist im Garten, sitzt auf dem Sofa oder ist in der Küche. Alles Orte, an denen das Internet bisher nicht zu finden war. Und auch der Informationsbedarf an diesen Nutzungsorten und in diesen Nutzungssituationen ist ein anderer als bei der Nutzung des klassischen Internets: Im Garten benötigt der Nutzer z.B. spontan Hilfestellung zu einem Schädling, den er gerade gefunden hat, auf dem Sofa liest er eine Zeitschrift und befriedigt im mobilen Internet ein aus der Lektüre spontan aufkommendes Informationsbedürfnis, und in der Küche nutzt er das mobile Internet als Rezeptbuch, das auch Tipps von anderen Hobbyköchen liefert.

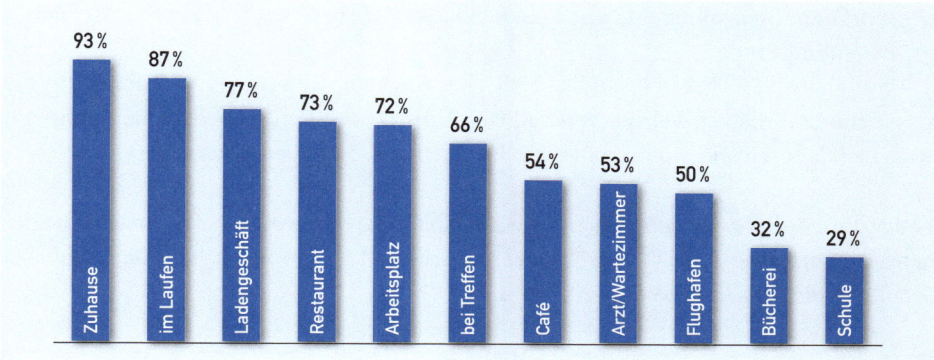

93 Prozent der Nutzer gehen zuhause ins mobile Internet
(The Mobile Movement Study, Google/Pisos, April 2011)

Ein zweiter wichtiger Ort der mobilen Internetnutzung ist unterwegs – sei es allein oder beim Treffen mit anderen. Neben dem Abruf von E-Mails (Achtung: Jeder Newsletter muss heutzutage mobil lesbar sein!) und Serviceinformationen (Busfahrplan etc.) werden sämtliche im Laufe des Tages aufkommenden Interessen und Informationsbedürfnisse sofort per Smartphone befriedigt. Die Anwendungen reichen von der Sofortbuchung eines Tickets zu einer per Plakat beworbenen Veranstaltung über die Leseprobe eines von einer Freundin soeben empfohlenen Buches bis hin zur Recherche alternativer Produkte oder anderer Anbieter direkt am Regal im Ladengeschäft.

Abweichende Nutzungssituation

Die Nutzungssituation des mobilen Internets ist also eine völlig andere als die der Nutzung des klassischen Webs. Die Frage, ob die normale Website ausreichend ist, nur weil sie sich prinzipiell über das Smartphone aufrufen lässt, kann an dieser Stelle also mit einem klaren Nein beantwortet werden:

Ein Nutzer in völlig anderen Nutzungssituationen als vor dem PC benötigt auch andere inhaltliche Angebote, in denen sich sein Bedarf jenseits des Schreibtischs widerspiegelt.

Arbeitsblatt

Im Folgenden finden Sie ein Arbeitsblatt, das Ihnen helfen soll, sich die für eine mobile Website sinnvollen Informationen und Anwendungen strukturiert zu erarbeiten.

Gehen Sie am besten wie folgt vor: Tragen Sie alle Angebote, die Sie bisher auf Ihrer klassischen Website haben, unter „Funktionalität / Information / Anwendung" ein. Prüfen Sie jetzt, wie wichtig jedes einzelne dieser Angebote abseits des Schreibtisches wirklich ist. Denken Sie dabei unbedingt an den Nutzer: Es geht nicht darum, ob *Ihnen* als Anbieter das jeweilige Angebot wichtig ist, sondern ob *der Nutzer* über das Smartphone einen Nutzen daraus ziehen kann.

In einem weiteren Schritt ergänzen Sie jetzt die Liste der Funktionalitäten / Informationen und Anwendungen: Tragen Sie jetzt neue Angebote ein, die dem Nutzer unterwegs auf dem Smartphone nützlich sind, die aber eventuell am Schreibtisch von geringer Bedeutung sind.

Damit haben Sie eine vollständige Liste aller Angebote und eine klare Priorität für die klassische und mobile Website-Version. Der Aufbau von Menüs wie auch der gesamten Website (klassisch wie mobil) sollte sich klar nach diesen Prioritäten richten.

Einige Einträge wurden im folgenden Arbeitsblatt bereits beispielhaft gemacht. Beginnen Sie aber selbst mit einem völlig leeren Arbeitsblatt und versuchen Sie, möglichst detailliert alle Ihre Angebote einzutragen.

Funktionalität / Information / Anwendung	am Schreibtisch / auf Laptop (klassisches Internet)	unterwegs / abseits des Schreibtischs (mobiles Internet)	Anmerkung
Aktuelle Meldungen	+	+	
Routenplaner zum Ladengeschäft	–	– –	
Übersicht über das Leistungsangebot	++	+	
...			
...			
– – keinerlei Bedeutung – unwichtig o passend, aber nicht wichtig + wichtig ++ sehr wichtig			

Texte und Inhalte

Am augenfälligsten beim Vergleich von mobilem und klassischem Internet ist natürlich schon der Größenunterschied zwischen dem Bildschirm eines Smartphones und dem eines klassischen PCs. Deshalb können auf einer Seite des mobilen Internets wesentlich weniger Informationen untergebracht werden als auf klassischen Internetseiten.

Die Folge daraus für den Aufbau der mobilen Internetseite ist eine angepasste Seitenstruktur:

Die Inhalte einer mobilen Internetseite müssen in kleinere Einheiten strukturiert und sinnvoll verlinkt werden. Eine exakte Übernahme des Menü- und Seitenaufbaus der klassischen zur mobilen Website ist daher nicht möglich.

Aber auch die Darstellung einer einzelnen Seite muss angepasst werden: Schon im klassischen Internet werden die Seiten nicht vollständig gelesen, sondern der Nutzer sieht vorwiegend die Überschriften und Zwischenüberschriften sowie die danach folgenden Anfangszeilen der Absätze nur kurz an. Im mobilen Internet ist dieses Verhalten noch stärker ausgeprägt. Es gilt daher erst recht:

▶ **Das Wichtige und das Interesseweckende nach vorn! Schon die ersten Sätze und die Überschrift müssen einen Nutzer überzeugen und ihm einen Nutzen versprechen. Nur dann wird er überhaupt scrollen und die Seite weiter lesen.**

Mobiles Webdesign

Die Gestaltung einer mobilen Internetseite wird durch die Größe des Smartphone-Bildschirms ebenso beeinflusst, wie durch die Art, in der mobile Websites bedient werden. Dazu kommen außerdem die Umgebungsbedingungen, in denen die mobile Website üblicherweise genutzt wird.

Hinsichtlich der Bildschirmgröße muss berücksichtigt werden, dass derzeit ca. 1.300 verschiedene Handy-Modelle am Markt sind. Diese haben zum Teil sehr unterschiedliche Bildschirmauflösungen.

▶ **Ein Layout für mobile Websites darf daher keine starre Größe haben, sondern muss sich dynamisch an die verschiedenen Bildschirmgrößen anpassen.**

Bildschirmauflösungen handelsüblicher Handys

Im Gegensatz zum querformatigen PC-Bildschirm ist ein mobiles Layout außerdem meist hochkant orientiert, da die meisten Smartphones vom Nutzer zuerst einmal in dieser Orientierung gehalten werden. Das Layout muss an diese anderen Seitenverhältnisse ebenso angepasst werden, wie es letztendlich gleichzeitig als Hoch- und Querformat-Layout funktionieren muss, wenn der Nutzer das Smartphone dreht und sich die Browser-Orientierung anpasst.

Die Art der Navigation auf Smartphones gibt dann weitere Designprinzipien vor. So haben die meisten Smartphones berührungsempfindliche Bildschirme und die Websites werden mit Fingertipps anstatt Mausklicks bedient. Oft ist es aufgrund einer Ein-Hand-Bedienung unterwegs sogar der Daumen, der für die Navigation genutzt wird. Hält man am PC-Bildschirm einmal den eigenen Daumen neben den Cursor der Maus, sieht man schnell, um wie viel größer – und damit ungenauer – das „Bedieninstrument" Daumen gegenüber einem Mauspfeil ist.

Die Konsequenz daraus: Sämtliche anklickbaren Elemente müssen mobil deutlich größer gestaltet sein als auf einer klassischen PC-Website.

Folglich haben Buttons und Links im Design einer mobilen Website einen vergleichsweise großen Platzanteil. Nichts ist für einen Nutzer störender, als laufend den falschen Link aufzurufen, weil Links zu klein und eng beieinander gestaltet wurden und nicht zielgenau mit dem Finger angesteuert werden können. Gleiches gilt dann auch für die Gestaltung von Formularen und deren Eingabefeldern.

Im Design sollte dann auch auf allzu filigrane Details verzichtet werden. Tragen diese an einem großen PC-Bildschirm noch zu einem positiven optischen Gesamteindruck bei, werden sie am kleinen Smartphone-Bildschirm bestenfalls gar nicht wahrgenommen und benötigen trotzdem wertvolle Übertragungszeit über eine Funkverbindung.

Schließlich ist beim Design tendenziell der Kontrast höher als der einer klassischen Website. Fast jeder Smartphone-Nutzer kennt die Situation, bei der Nutzung im Freien und bei hellem Sonnenschein kaum etwas auf dem Bildschirm erkennen zu können. Ein hoher Kontrast und die richtige Farbwahl helfen hier, die Website auch in solchen für Smartphones typischen Situationen leicht bedienbar zu machen. Testen Sie in der Praxis daher Layoutentwürfe nicht nur im moderat beleuchteten Büro, sondern immer auch im Freien und bei Sonnenschein.

Navigation/Benutzungsschnittstellen

Wie werden Websites bedient? Bei der Beantwortung dieser Frage zeigt sich ein weiterer deutlicher Unterschied zwischen klassischem Internet und mobilen Websites.

Zuerst einmal erfolgt die Bedienung mobiler Websites mit dem Finger statt mit der Maus. Damit entfällt aber eine für das klassische Internet übliche Bedienungsmethode: das MouseOver, also die automatische Einblendung einer Information, wenn ein bestimmter Bereich mit der Maus berührt wird (Beispiel: Menüs klappen sofort auf, wenn man sie berührt). So etwas kann auf mobilen Websites nicht mehr genutzt werden.

Auf der anderen Seite kommen auf mobilen Websites neue Formen der Steuerung hinzu: Mobile Websites können mit einem Fingerwischen bedient werden, z.B. zum Weiterblättern in einer Diashow. Und auch die Zwei-Finger-Gestensteuerung existiert ausschließlich auf Smartphones und nicht auf klassischen PCs.

Alle diese Unterschiede bedingen dann ein völliges Überdenken des Navigationskonzepts und gegebenenfalls auch ein spezielles Vorgehen beim Aufbau der mobilen Website.

Fallbeispiele: mobile versus klassische Website

An zwei Beispielen sollen einige der bisherigen theoretischen Überlegungen nochmals verdeutlicht werden. Es handelt sich einmal um die Websites eines Buchhandelsunternehmens und zum anderen um den Anbieter von Immobilien.

Beispiel: Buchhändler Barnes & Noble

Vergleicht man die mobile und die klassische Version der Website des Buchhändlers Barnes & Noble unter www.barnesandnoble.com, stellt man eine deutliche Anpassung an die unterschiedlichen Nutzerbedürfnisse bzw. Nutzungssituationen fest.

Die klassische Website orientiert sich stark an der Nutzung eines normalen Ladengeschäfts: Entweder sucht der Besucher eines Buchladens gezielt nach einem Buch oder er will stöbern und sich anregen lassen. Dementsprechend ist die klassische Website aufgebaut: Für die Kunden, die gezielt suchen, bietet sie gleich oben auf der Seite Suchfunktionen und die wichtigsten Menüpunkte. Besucher, die sich anregen lassen und stöbern wollen, finden Bestseller, Sommerbücher, herausgestellte Autoren und vieles mehr (so wie sie in jedem Buchgeschäft auf Auslagetischen angepriesen werden).

Im Gegensatz dazu bietet die mobile Website das, was man unterwegs und außerhalb eines Buchladens benötigt. Das ist zuerst einmal die Funktion für gezieltes Suchen nach einem Buch – man hat eventuell gerade einen Buchtipp bekommen, während man mit einer guten Freundin im Café sitzt, und will sofort danach suchen. Deshalb ist in der mobilen Version das Suchfeld ebenfalls zentral oben angeordnet.

Als zweitwichtigste Anwendung unterwegs sieht Barnes & Noble das Suchen nach einem Buchladen an – eine Funktion, die mobil sehr prominent platziert ist, im klassischen Web dagegen erst fast am Ende der Seite zu finden ist.

Dass solche Entscheidungen über die Platzierung von Funktionen stark abhängig von der Branche und den Website-Inhalten sind, zeigt der Vergleich des gerade betrachteten Buchhändlers mit einer Newsseite wie z.B. www.spiegel.de (bzw. m.spiegel.de). Auf einer solchen Seite geht es um die neuesten Meldungen – sowohl am stationären PC als auch mobil. Deshalb sind diese in beiden Fällen zentral. Sie sind in der mobilen Version nur gekürzt und teilweise ohne Bilder zu finden – wegen des dann geringeren Platzbedarfs. Die Suchfunktion aber, mit der auf einem Nachrichtenportal in älteren Nachrichtenmeldungen recherchiert werden kann, ist auf der mobilen Version m.spiegel.de ganz unten an weniger prominenter Stelle platziert. Dies folgt aus der Tatsache, dass man unterwegs zwar aktuelle Meldungen verfolgen, aber fast nie in alten Meldungen recherchieren will. Das ist eine typische Anwendung für ausführliche Recherchen am PC.

Beispiel: INRES Real Estate

INRES Real Estate ist ein Anbieter hochwertiger Immobilien. Beim Vergleich der Layouts für klassisches und mobiles Internet fällt sofort der gute Wiedererkennungseffekt ins Auge. Ein Nutzer, der die klassische Website kennt, fühlt sich auf der mobilen Website sofort „richtig und zuhause".

Die Suchfunktionen (Art der Immobilie, Region) sind für beide Versionen grundlegend gleich. Sie wurden aber an die Nutzung unterwegs angepasst, indem auf der mobilen Website zusätzlich in der Umgebung des aktuellen Standortes des Nutzers gesucht werden kann.

Ein Vergleich mit der Übersichtsseite zeigt deutlich, wie sich Layout und Inhalt der mobilen Seite an die neuen Bedingungen anpassen. Die Angaben zu jedem einzelnen Objekt wurden auf zentrale Angaben beschränkt und das Suchfeld wurde oben statt rechts auf der Seite platziert. Es ist außerdem mit einem Fingertipp ein- und ausblendbar. Auf die platzaufwändige Präsentation eines ausgesuchten Objekts wurde verzichtet, um dem Nutzer unnötiges Scrollen zu den Suchergebnissen zu ersparen.

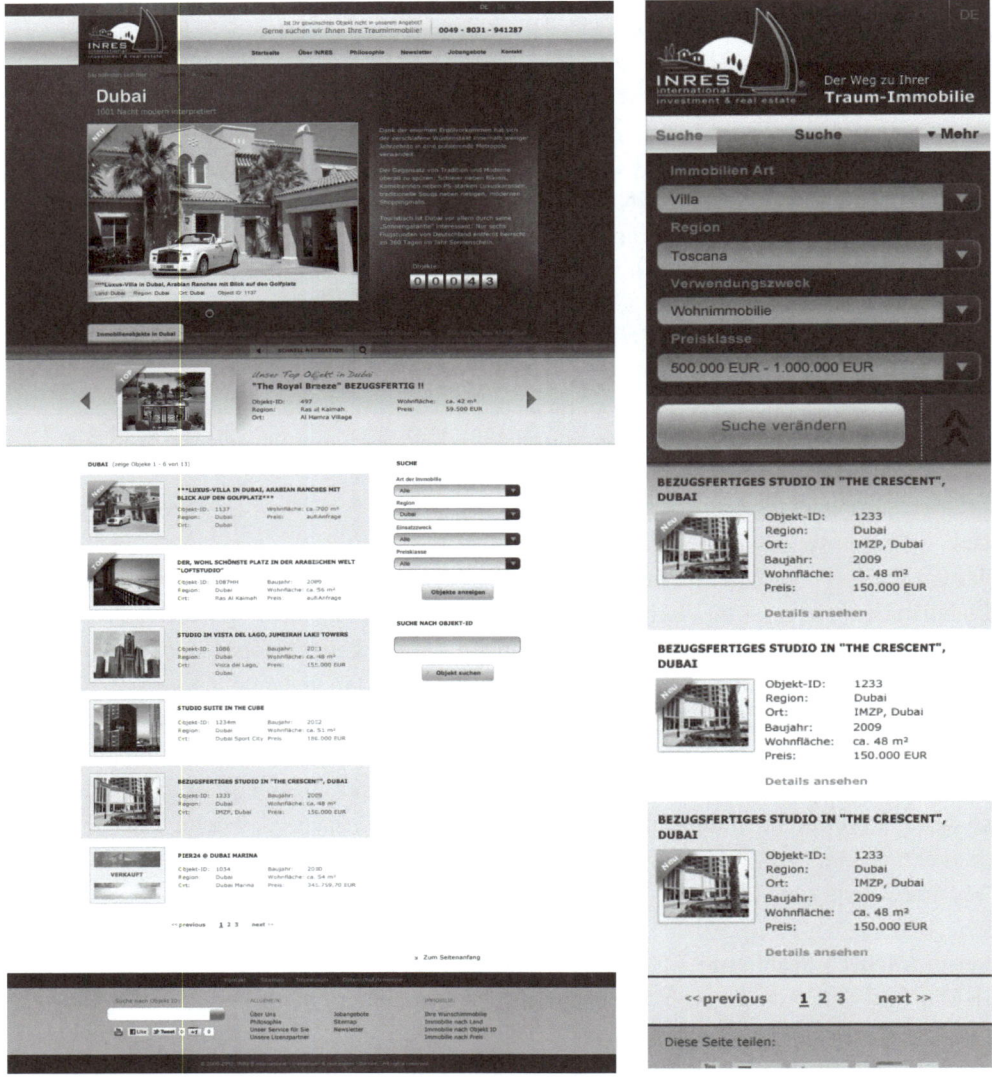

INRES Real Estate: Links klassische, rechts mobile Website
(Layout des Grafikers Bernhard Lehner für die Suchergebnisseite)

Der besonderen Nutzungssituation unterwegs entsprechend wurde in der mobilen Version außerdem großer Wert auf Weiterleitungsfunktionen gelegt. So kann der Nutzer sehr leicht ein PDF-Dokument mit sehr umfangreichen (und auf einem kleinen mobilen Display praktisch nicht darstellbaren) Daten zu einer Immobilie an seine E-Mail-Adresse weiterleiten. Er kann dann das PDF oder über einen Link die große Darstellung später am PC zuhause ausführlich betrachten. So werden die schnelle Nutzung des mobilen Internets unterwegs und die intensivere Informationsrecherche am klassischen PC beispielhaft miteinander verbunden.

Ein weiterer innovativer Ansatz in diesem Fallbeispiel ist die Weitergabe der Immobilien von Handy zu Handy. Dazu kann ein Nutzer mit nur einem Fingertipp einen QR Code auf seinem Display erzeugen, den ein anderer Smartphone-Nutzer einfach abscannt und so das Immobilienobjekt sofort auf dem eigenen Handy angezeigt bekommt (Livetest auf m.inres-realestate.com).

Die Brücke zwischen den Medien: QR Codes

Den Durchbruch erlebten sie 2011 und sind inzwischen überall zu sehen: QR Codes. In gedruckten Anzeigen und Katalogen bieten sie ausführliche und multimediale Informationen, auf Plakaten sind sie für die Sofort-Bestellung gedacht und auf Produktverpackungen erhalten Käufer direkt am Regal ausführliches Hintergrundwissen zum Produkt. Auf der klassischen Website sind sie ebenso zu finden wie in TV-Spots oder auf Kleidung. Kurz: An jedem Ort können QR Codes eine Brücke zwischen den Medien sein.

1994 von der Firma Denso Wave Incorporated für die Produktionslogistik bei Toyota entwickelt, verbreitete sich der Code mit dem Siegeszug der Smartphones zuerst in Japan und ab 2007 auch in Europa. Inzwischen haben in einer Umfrage 70 Prozent der deutschen Befragten angegeben, diese Codes zu kennen (in Japan waren es bereits 2005 73,3 Prozent).

Die Orte, an denen QR Codes gescannt werden, sind dabei so vielfältig wie deren mögliche Einsatzzwecke, die die im Folgenden abgebildete Untersuchung von comScore im Juni 2011 zeigt.

Wo werden QR Codes genutzt?	
Zuhause	57,4 Prozent
bei der Arbeit	22,6 Prozent
Öffentlichkeit und öffentl. Verkehrsmittel	20,0 Prozent

Einzelhandel	17,8 Prozent
Supermarkt	17,2 Prozent
Restaurant	5,7 Prozent

Rechtliches zum QR Code

Die Nutzung eines QR Codes ist lizenz- und kostenfrei möglich. Der Entwickler Denso Wave hat die Nutzungslizenzen frei gegeben. Inzwischen sind QR Codes sogar international standardisiert.

Wichtig aber: Der Begriff „QR Code" unterliegt in Japan, Europa und den USA dem Schutz eines eingetragenen Warenzeichens. Auf die Verwendung dieses Begriffs sollte daher entweder ganz verzichtet werden, oder es ist mindestens eine Kennzeichnung und ein Hinweis auf den Inhaber des eingetragenen Warenzeichens (Denso Wave Incorporated) anzubringen.

Aufbau, Inhalte und Erzeugung von QR Codes

QR Codes haben technisch einen festen Aufbau. Es gibt sie aber in 40 verschiedenen Größen, die eine jeweils unterschiedlich große Datenmenge aufnehmen können. Der QR-Code enthält dabei immer die drei charakteristischen großen Kästen, anhand derer der Code und seine Position erkannt werden, und den kleinen Kasten, mit dem die Ausrichtung des Codes bestimmt wird.

In diesen Codes können nun verschiedene Arten von Information verschlüsselt werden. Dies ist in der Praxis sehr oft eine Internetadresse des mobilen Internets. Es gibt aber weitere Inhaltstypen, für die der QR-Code-Leser die jeweils passende Aktion ausführt. Die folgende Tabelle gibt einen Überblick.

Inhaltstypen von QR Codes		
Inhaltstyp	Beispiel	Aktion des QR-Code-Lesers
URL / Internetadresse		Öffnen des Browsers auf dem Smartphone und Anzeigen der URL

vCard/Adress-datensatz		Eintrag ins Adressbuch des Smartphones (meist nach Sicherheits-rückfrage)
Text		Anzeigen des Textes
Telefonnummer		Starten des Telefons und Anruf (meist nach Bestätigung mit einem Klick)
SMS		Versenden der im QR Code gespeicherten SMS
E-Mail		Versenden einer im QR Code vorformulierten E-Mail

Bookmark		Einfügen eines Bookmarks in die Lesezeichen des Browsers auf dem Smartphone

Erstellung von QR Codes

Die Erzeugung der QR-Codes ist sehr einfach. Im Internet stehen verschiedene Generatoren zur Verfügung. Einige davon hier beispielhaft zur Auswahl:

- http://qrcode.kaywa.com/
- http://www.qrcode-generator.de/
- http://www.qr-code-erstellen.de/

Sie geben dort nur die Internetadresse ein, die nach dem Scannen aufgerufen werden soll und erhalten direkt den QR Code als Grafik. Nicht alle Generatoren beherrschen dabei aber alle Anwendungsfälle.

QR Codes im Marketing

Der Einsatz von QR Codes ist sehr vielfältig. Im Folgenden finden Sie eine Klassifizierung der Einsatzbereiche, in die konkrete Anwendungen eingeordnet werden können.

Sofortaufnahme von Interessensimpulsen

Viele Werbemittel, von Anzeigen bis zu Plakaten, lösen ein spontanes Interesse an einem Produkt, einer Dienstleistung oder einem Unternehmen aus. Das Ziel des Marketings ist es, dieses Interesse auszulösen, es zu intensivieren und zu einer konkreten Handlung zu führen.

Hier kann der QR Code gute Dienste leisten, da er dem Beworbenen eine sofortige Reaktionsmöglichkeit bietet und so sofort ein zweiter Kontakt zwischen Unternehmen und Kunden realisiert wird.

Erweiterte Information

Im Vergleich zu anderen Medien (Print, TV, Radio etc.) ist das Medium Internet als einziges gewissermaßen unbegrenzt hinsichtlich der vermittelbaren Informationsmenge. Werbemittel in anderen Medien sind im Umfang eingeschränkt (Druckfläche, Sendezeit etc.). Mit dem QR Code können diese begrenzten Werbemittel aber ins mobile Internet hinein verlängert werden. So entsteht quasi unendlicher Platz für weiterführende Informationen. Eine wesentlich ausführlichere Information des Kunden/Interessenten ist so möglich, indem ihm weiterführende Texte, mehr Bildmaterial, Verwendungshinweise,

Hintergrundinformationen zu Herstellung und Herkunft, Meinungen anderer Kunden, etc. angeboten werden.

Werbemittel multimedial erweitern

Multimediale Inhalte, wie sie das mobile Internet bietet, wirken bei Konsumenten psychologisch meist intensiver als nur die Informationsaufnahme per Text und Bild. Eine per QR Code mit einem Video, einer Animation oder auch nur einer Diashow erweiterte Print-Werbung kann daher deren Wirkung deutlich erhöhen. Print-Anzeigen oder Produktverpackungen werden so quasi „selbst" multimedial.

Aktuellhalten nicht-aktueller Medien

Gedruckte Informationen lassen sich nicht aktuell halten – sie sind ein für alle Mal auf Papier verewigt. Durch einen QR Code kann gedruckten Werbemitteln aber eine neue Aktualität zugutekommen, da die nach dem Abscannen angezeigten Informationen sogar sekundenaktuell sein können. So entstehen völlig neue Möglichkeiten, in gedruckte Werbemittel zeitabhängige und aktuelle Aspekte einzubringen.

Verortung nicht-ortsbezogener Medien

Die meisten Medien bieten ihre Inhalte nicht abhängig vom Ort an. Gedruckte Mailings haben unabhängig vom Ort, an dem sie gelesen werden, ebenso die gleichen Inhalte wie Fernsehspots im Ausstrahlungsgebiet exakt gleich sind.

Über einen QR Code in Verbindung mit der Standorterkennung des Smartphones können solche Werbemittel aber mit ortsabhängigen Informationen versehen werden. So kann z.B. ein für ganz Deutschland gedruckter Flyer abhängig vom Standort des Konsumenten per QR Code das nächstgelegene Ladengeschäft anzeigen, in dem das beworbene Produkt erhältlich ist.

Interaktivität

Das Medium Internet ist interaktiv. Die Nutzer können leicht selbst aktiv werden. Mit QR Codes kann diese Interaktivität in Werbemittel anderer Medien eingebracht werden.

So ist z.B. eine Sofort-Bestell-Option per QR Code in eine gedruckte Anzeige integrierbar, mit der der Konsument sofort und an jedem Ort eine Bestellung oder die Anforderung von weiterem Informationsmaterial (per Post oder E-Mail) oder eine direkte Bestellung des Produkts auslösen kann. Aber auch TV-Kampagnen, bei der Konsumenten bei jeder Ausstrahlung durch Abscannen des eingeblendeten QR Codes Punkte sammeln können, ist so denkbar.

Social Media „offline"

Gefällt-mir-Buttons oder das Teilen von Informationen waren lange Zeit nur innerhalb des Mediums Internet möglich und üblich. Über geeignete QR Codes können Schaufenster von Ladengeschäften, gedruckte Anzeigen oder auch die Produkte selbst mit vielfältigen Social-Media-Kanälen verbunden werden und so Facebook & Co. stärker in die reale Welt auch jenseits der klassischen Internetnutzung integriert werden. Eine Fanpage für einen realen Ort wird so zu dessen Social-Media-Entsprechung.

Fallbeispiele für den Einsatz von QR Codes

Fallbeispiel Pattex (Henkel)

Bei der Henkel AG & Co. KGaA hat die New-Media-Verantwortliche Dr. Salima Douven die Bedeutung und Chancen von QR Codes bereits sehr früh erkannt. Sie begann bereits 2010 ein 14 Länder umfassendes Projekt, um die Produktverpackungen der Marke Pattex mittels QR Codes umfangreich zu erweitern und für den Kunden nutzwertiger und wertvoller zu machen.

Ausgangspunkt bei der Planung des gesamten Projekts war die Situation des Kunden. Dieser steht heutzutage oft fast verloren vor den Regalen im Baumarkt und wird von einer Vielzahl von Klebstoffen mehr verwirrt, als dass ihm geholfen würde. Eigentlich benötigt er Beratung, aber die Mitarbeiter in Läden haben heutzutage meist keine fachlichen Kenntnisse mehr rund um das Thema Kleben. Henkel wollte seinen (bestehenden und potenziellen) Kunden eine Hilfestellung bei der Auswahl von Klebstoffen direkt im Laden anbieten.

Inzwischen hat Henkel auf jeder Verpackung eines Pattex-Produkts einen QR Code angebracht und bietet dem Endkunden so eine hochwertige Beratung – und zwar direkt im Baumarkt und während der Kaufentscheidung. Ein Kleberatgeber hilft ihm nach dem Abscannen des QR Codes bei der Auswahl des richtigen Produkts für seinen persönlichen Anwendungsfall. So findet er sich in der oft verwirrenden Vielfalt der angebotenen Produkte schnell zurecht.

Ein zweites Anwendungsszenario kam bei der Konzeption dieses mobilen Internetangebots ebenfalls hinzu: Hat der Kunde den Klebstoff einmal gekauft, benötigt er Informationen über dessen konkrete Anwendung. Die exakte Vorgehensweise für einen optimalen Klebeerfolg ist für ihn genauso wertvoll wie Tipps und Verwendungshinweise zum Produkt, wenn der Klebstoff einmal längere Zeit in der Werkstatt oder im Bastelkeller gelegen hat.

Schließlich wird der Service über die mobile Website durch hilfreiche Tipps ergänzt, z.B. durch eine Seite „Klebstoff auf der Kleidung?", die im praktischen Alltag des Kunden sicherlich eine Rolle spielt.

Pattex zeigt so, wie ein Produkt mit einer mobilen Website deutlich aufgewertet werden kann, wenn konsequent vom Kundenbedarf her gedacht wird. Die Erweiterung der Produktverpackung per QR Code transportiert umfassende Informationen, die ohne mobiles Internet kaum direkt von Hersteller zu Endkunde kommuniziert werden könnten. Pattex wird so vom reinen Produktlieferanten zum Berater und Servicepartner des Kunden und bindet diesen auf diesem Weg langfristig an die Marke.

Beispiel Naturlehrpfad (US Army Bamberg)

Mit QR Codes können verschiedenste Medien sehr gut multimedial erweitert und aktuell gehalten werden. Das Beste aus jedem Medium zu nutzen, zeigt sehr schön ein Projekt, das die Biologin Dr. Beate Bugla und das Unternehmen MagList OnlineManagement für die US Army Bamberg umgesetzt haben: einen multimedialen Naturlehrpfad auf Basis von QR Codes.

Auch wenn es wenig bekannt ist: Die US Army ist immer wieder mit dem Thema Naturschutz beschäftigt. Ihre (meist nicht öffentlich zugänglichen) Gelände in Deutschland sind sehr oft naturbelassen und beherbergen auch seltenere Pflanzenarten. Diese werden auch regelmäßig durch Biologen erfasst und kartiert. Als für die Familien, die mit den Armee-Angehörigen vor Ort leben, ein Naturlehrpfad erstellt werden sollte, kam die Idee einer multimedialen Ergänzung auf.

Auch in diesem Fall wurde ganz vom Kunden her gedacht: Wie kann dem Besucher des Naturlehrpfads ein Mehrwert geschaffen werden? Ein Beispiel: An einem Teich mit Fröschen wird auf einer Tafel über diese berichtet. Was aber, wenn die Frösche gerade nicht da sind und quaken? Über einen QR Code kann dann der Sound abgerufen werden.

Zum anderen verändert sich natürlich die Natur über den Jahreslauf und nicht jeder Besucher kann alles erleben. Mithilfe von QR Codes kann über Zusatzinformationen und Diashows dem Nutzer viel mehr über die Natur vermittelt werden, als nur auf den – da gedruckt – immer gleichen Informationstafeln.

Der Autor

Thomas Hörner ist Berater, Autor und Dozent für E-Commerce, Mobile Commerce und strategisches Onlinemarketing. Seit Mitte der 90er-Jahre beschäftigt er sich beruflich mit E-Commerce und veröffentlicht für namhafte Verlage und ausgesuchte Fachzeitschriften. In Seminaren vermittelt er seine langjährigen E-Commerce-Erfahrungen ebenso wie in persönlichen Beratungen. Als Vorstand des Berufsverbands BeraterDigital ist er in der gesamten Branche gut vernetzt.

Kontakt zum Autor: www.thomas-hoerner.de

Videomarketing
Die Überzeugungskraft bewegter Bilder nutzen

Peter Pfänder

Videomarketing ist zurzeit sicherlich eine der spannendsten und Erfolgversprechendsten Onlinestrategien zur Neukundengewinnung und Kundenbindung.

Dieser Beitrag soll Mitarbeiter im Marketing und Unternehmer bei der Planung, Umsetzung und Kontrolle von Videomarketing-Maßnahmen unterstützen. Der Aufbau entspricht dem chronologischen Ablauf einer realen Umsetzung und kann somit Schritt für Schritt als praktischer Leitfaden genutzt werden.

Aspekte zur Förderung von Geschäftsmodellen, deren Kerntätigkeit auf Videowerbung und Videomarketing basiert, werden hier nicht berücksichtigt.

Was umfasst Videomarketing?

Videomarketing ist eine moderne Art des Online-Marketings, bei der Videos und Bewegtbilder eingesetzt werden, um Verkaufsbotschaften zu kommunizieren und zu verbreiten. Videomarketing ist ein aufmerksamkeitsstarkes Instrument für die Imagepflege und die PR-Arbeit und trägt zur Kundengewinnung bei. Zur Platzierung und Verbreitung der Videos dienen Videoplattformen, soziale Netzwerke und die eigene Internetseite.

Die Wirkung von Videos auf potenzielle Kunden ist nachweislich besonders hoch. Das Erlebnis von Sehen und Hören sorgt im wahrsten Sinne des Wortes für eine emotional ansprechende Unternehmenserstpräsentation und bindet die Aufmerksamkeit des Beobachters.

So lassen sich erheiternde genauso wie ernsthafte oder komplexe Inhalte auf unterhaltsame Art transportieren. Wer sich bei der Vermarktung seiner Produkte innovativer Instrumente bedient, stellt sich selbst als aufgeschlossen dar. Das lässt Rückschlüsse auf die Qualität der Produkte und Dienstleistungen zu.

Videos und ihre Einsatzgebiete
Einmal erstellt, lässt sich ein Video auf vielfältige Weise einsetzen. Es ergänzt nicht nur den eigenen Internetauftritt und erhöht nachweislich die Klickrate und Verweildauer auf der Internetseite. Es bietet sich auch zur Einführung von neuen Produkten, Marken und Unternehmen an.

Eine Auswahl möglicher Einsatzgebiete für Videos:

- Optimierung der eigenen Internetseite
- Imagestärkung
- Einsatz als Video-Page
- Erklärung von Produkten/Dienstleistungen, Förderung des Abverkaufs
- Verstärkung der Pressearbeit: Platzierung in Presseportalen, Möglichkeit zum Download, Versand per Mail
- Platzierung im Bereich Social Media (Marktplätze, Netzwerke)
- Optimierung und Modernisierung des Service (Beschreibungen, Erklärungen)
- Instrument zur Kundenbindung und Kundenfindung
- Einbindung eines Videos auf der Visitenkarte (QR Code)

Die Pluspunkte des Videomarketings

Bewegtbilder binden nicht nur die Aufmerksamkeit des Betrachters; mithilfe von Worten und Bildern lassen sich komplexe Sachverhalte, z.B. die Funktionsweise eines Gerätes, auch sehr gut verständlich darstellen – eine angenehme und unterhaltsame Art der Informationsaufnahme. Menschen, die Produkte oder Dienstleistungen erklären, schaffen Nähe und Vertrauen. Es entsteht eine positive emotionale Bindung, die die Kaufbereitschaft des Kunden erhöht.

Videos fördern die Erinnerungsleistung, da sie die Verarbeitung von Sinneseindrücken im menschlichen Gehirn unterstützen:

- Erinnerungsvermögen an Gehörtes   = 20 Prozent
- Erinnerungsvermögen an Gesehenes   = 30 Prozent
- Erinnerungsvermögen an Gehörtes und Gesehenes = 80 Prozent

Vorteile des Videomarketings in der Übersicht:

- Hohe Reichweite/Sichtbarkeit mit wenig Streuverlust
- Günstige Distribution der Videos
- Einfache und transparente Erfolgskontrolle
- Deutliche Erhöhung der Klickrate von Internetseiten mit Videos
- Deutliche Verbesserung der Konversionsrate auf Internetseiten mit Videos
- Emotionale Ansprache der Zielgruppe
- Produkte/Unternehmen können für den Kunden erlebbar gemacht werden
- Besseres Ranking in den Suchmaschinen

Die Zukunft des Videomarketings

Videoinhalte werden in den nächsten Jahren eine zentrale Rolle in der Onlinekommunikation einnehmen. Die hoch emotionale und direkte Ansprache durch ein Video ist durch Text- und Bildinformationen nicht zu ersetzen.

Neben Google werden mittlerweile die meisten Suchanfragen zu Inhalten im Internet über YouTube eingegeben und es ist damit zu rechnen, dass auch Google immer mehr Videoinhalte als Suchergebnis ausgibt.

Für die schon jetzt verfügbaren schnellen Internetverbindungen ist eine Videoübertragung kein Problem mehr und die neue LTE-Technik im mobilen Bereich wird den Videokonsum auf mobilen Endgeräten stark ansteigen lassen. Auch in den eigenen vier Wänden werden Internetvideos durch die neuen IPTV-fähigen Fernseher immer mehr zur Normalität.

Analyse

Der Schritt der Analyse ist wesentlich für die Entscheidung, welches Videoformat produziert werden soll. Im Folgenden konzentrieren wir uns auf die zwei wichtigsten Aspekte:

Wonach sucht meine Zielgruppe, um mich zu finden?
Um das herauszufinden, ist es sinnvoll, sich das Analyse-Tool von Google anzuschauen. Mit diesem Tool ist es möglich, qualifizierte Keywords zu finden. Erstellen Sie im Vorfeld eine Liste der möglichen Keywords, die Ihre potenziellen Kunden für die Suche nach Ihrer Leistung nutzen könnten.

Die besten Keywords für ein Unternehmen sind übrigens meistens nicht die offensichtlichen, denn diese werden häufig gesucht und unterliegen einem strengen Wettbewerb.

Sinnvoll ist es, Nischenwörter zu finden, also Keywords, die nicht nur Besucher auf die Homepage bringen, sondern möglichst auch Käufer, die schon ganz gezielt suchen.

Das Google-Analyse-Tool bietet Informationen zu folgenden Aspekten:
- Wettbewerb
- Monatliche globale Suchanfrage
- Monatliche lokale Suchanfrage
- Vorschläge zu ähnlichen Keywords

Optimal sind Keywords mit einem niedrigen Wettbewerb und einer hohen Suchanfrage; ein solches Wort zu finden, und dabei die Werte zu erhalten, ist jedoch schwierig.

Stellen Sie sich vor, Sie führen einen Spielwarenhandel mit hochwertigen handgefertigten Holzspielzeugen. Jene Kunden, die bei Ihnen kaufen wollen bzw. Ihre Produkte suchen, geben *nicht* das Wort „Spielzeug" ein, sondern Begriffe wie „hochwertiges Holzspielzeug". Denn die Kunden, die einfach nur nach „Spielzeug" suchen, wollen in der Regel Massenproduktionen beispielsweise von Toys"R"Us zu günstigen Preisen. Diese Kunden werden, auch wenn sie auf Ihrer Seite landen, nicht bei Ihnen kaufen. Also spezifizieren Sie Ihre Keywords zielgruppengerecht.

Keywordanalyse			
Meine Keywords	Wettbewerb	Monatliche globale Suchanfrage	Monatliche lokale Suchanfrage
...			
...			

Was macht der Wettbewerb?

Grundsätzlich ist es wichtig, sich von der Konkurrenz abzuheben und Alleinstellungsmerkmale herauszuarbeiten. Hierfür müssen Sie wissen, was die Konkurrenz unternimmt und vor allem, wie sie sich im Internet präsentiert.

Im Bereich des Videomarketings sollten Sie folgenden Fragen auf den Grund gehen:

- Präsentieren meine Konkurrenten Videos im Netz? Wenn ja, welche und wo?
- Was bewirken die Videos und welche Zielgruppen sprechen sie mit den Videos an?
- Was kann ich anders und besser machen als meine Konkurrenten?

Mit den entsprechenden Antworten ist es möglich, ein Unternehmen individuell darzustellen und sich so von den Wettbewerbern abzuheben.

Suchen Sie Ihre Konkurrenz unter möglichen Keywords, die Ihre Kunden voraussichtlich benutzen würden, um Sie und Ihr Unternehmen im Netz zu finden. Es ist wichtig zu wissen, unter welchen Keywords Ihre direkte Konkurrenz zu finden ist, denn dort müssen Sie ebenfalls präsent sein – am besten mit einem besseren Ranking. Verfahren Sie in gleicher Weise bei den gängigen Videoportalen und analysieren Sie, was Ihre Konkurrenz dort zu bieten hat.

Wettbewerbsanalyse				
Meine optimierten Keywords	Video vorhanden	Wettbewerb	Videoqualität, Relevanz zum Keyword	Potenzial für eigenes Video
...				
...				

Konzeption/Ziele

Messbare Ziele definieren

Die Ziele, die mit Videomarketing erreicht werden sollen, müssen möglichst konkret formuliert werden. Sonst lassen sie sich weder effizient umsetzen noch – und das ist besonders wichtig – messen.

Folgende Marketingziele können durch den Einsatz von Videomarketing deutlich schneller erreicht werden:

- Image verbessern
- Bekanntheit steigern
- Neukunden gewinnen
- Kunden binden
- Kundenservice verbessern
- Umsatz steigern

Je nach Unternehmensschwerpunkt ist es auch sinnvoll, Videos mit qualitativ besonders hochwertigen Informationen zu erstellen, um sich damit als Experte zu positionieren. Es muss klar definiert sein, was Sie nach außen hin kommunizieren möchten und wie Sie auf andere wirken wollen.

Welches Videoformat ist das passende?
Um die oben genannten Marketingziele zu erreichen, bietet sich eine Vielzahl von Videoformaten an. Nachfolgend finden Sie die zurzeit gängigsten Videoformen:

- Image-Video
  Ein Image-Video zeigt ein ganzheitliches Bild des Unternehmens. Die Vorteile:
  - Unternehmen erlebbar machen
  - Bekanntheit steigern
  - Image darstellen/festigen
  - Ranking bei Suchmaschinen verbessern
  - Eigene Internetseite aufwerten
  - Mitarbeiteridentifikation steigern

- Produktvideo/Dienstleistungsvideo
  Produkt- und Dienstleistungsvideos zeigen und erklären Produkte und Dienstleistungen mit dem entsprechenden Nutzen im praktischen Einsatz. Die Vorteile:
  - Produkt/Dienstleistung erlebbar machen
  - Mehrwert, Funktionalität besser darstellen
  - Abverkauf steigern
  - Vertriebsunterstützung
  - Bekanntheit des Produktes steigern
  - Besseres Ranking bei Suchmaschinen
  - Aufwertung der eigenen Internetseite
  - Aufbau eines Expertenstatus

- Service-Video
  Service-Videos zeigen die Handhabung und Wartung oder geben Tipps zur Fehlerbehebung. Die Vorteile:
  - Entlastung der Service-Hotline
  - Steigerung der Kundenzufriedenheit

- Steigerung der Kundenbindung
- Optimierte Darstellung von Mehrwert, Funktionalität
- Besseres Ranking bei Suchmaschinen
- Aufwertung der eigenen Internetseite

■ Recruiting-Video

Recruiting-Videos zeigen das Unternehmen, dessen Philosophie und Werte, den Arbeitsplatz und die Mitarbeiter. Sie dienen der Gewinnung neuer Mitarbeiter. Die Vorteile:

- Image des Unternehmens verbessern
- Unternehmen erlebbar machen
- Bekanntheit steigern
- Mitarbeiter gewinnen
- Ranking bei Suchmaschinen verbessern
- Aufwertung der eigenen Internetseite
- Mitarbeiteridentifikation steigern

■ Virales Video

Virale Videos verbreiten sich meist automatisch über die Nutzer, die ihre Erfahrung, Faszination oder Freude teilen wollen. Virale Videos sind daher z.B. überraschend, lustig oder hoch emotional – auf jeden Fall faszinieren sie und binden die Aufmerksamkeit. Die Vorteile:

- Hohe Werbewirkung
- Steigerung der Bekanntheit
- Besseres Ranking bei Suchmaschinen
- Aufwertung der eigenen Internetseite
- Steigerung der Mitarbeiteridentifikation

Videoformate und ihre Vorteile					
	Image-Video	Produkt-/ Dienst-leistungs-video	Service-Video	Recrui-ting-Video	Virales Video
Image verbessern	+++	+++	+++	+	+++
Bekanntheit steigern	+	++	+	+	+++
Besseres Ranking	+	+++	+++	+	+++
Neukunden gewinnen	+	+++	+	+	+++
Abverkauf steigern	+	+++	+		
Vertrieb unterstützen	+	+++	+++		

Kunden binden		+++	+++		
Service verbessern		+++	+++		
Service-Hotline entlasten		+++	+++		
Kundenzufriedenheit steigern		+++	+++		
Mehrwert, Funktionalität besser darstellen	++	+++	++		
Mitarbeiter gewinnen	++	++	+	+++	++
Mitarbeiteridentifikation steigern	+++	++			+++

Drehbuch und Storyboard schreiben

Nach erfolgter Analyse und Festlegung der Marketingziele ist es an der Zeit, den Inhalt festzulegen. Hierfür müssen ein Drehbuch und ein Storyboard erstellt werden. Wie kann ich den potenziellen Kunden ansprechen, mit welcher Geschichte ist mein Marketingziel am besten zu erreichen?

Ein Drehbuch schildert den Verlauf einer Handlung. Beachten Sie, dass sich ein gesprochener Text erheblich von einem gelesenen unterscheidet. Schreiben Sie also so, wie Sie sprechen. Im Drehbuch werden die Lichtsituation (drinnen oder draußen), der Ort und die beteiligten Personen beschrieben. Mit einem Drehbuch organisiert man die Dreharbeiten.

Ein Storyboard visualisiert das Drehbuch. Mittels einer skizzenhaften Darstellung werden einzelne Szenen konkret festgelegt. Hier wird die Story das erste Mal mit Blickwinkel, Perspektiven und Einstellungen präsentiert. Aus einem Storyboard wird die Einstellung der Kamera ersichtlich.

Inhalt und Technik müssen qualitativ hochwertig sein. Dabei ist zu entscheiden, mit welcher Technik ein Inhalt am besten umgesetzt werden kann. Beide Komponenten sollten sich gegenseitig ergänzen und unterstützen.

Videoproduktion

Bei der Produktion von Videos gibt es mittlerweile eine riesige Bandbreite an Qualitäten und Ausführungen: Angefangen bei der wackeligen Eigenproduktion, die einen hohen Authentizitätswert hat, bis hin zum hollywoodreifen Imagefilm mit sechsstelligem Budget. Beides hat seine Berechtigung; wichtig ist nur, dass das Format und die Qualität zum angestrebten Ziel passen.

Aspekte der Umsetzung

▶ Webvideos sollten eine maximale Länge von drei Minuten nicht überschreiten, da ein zu langes Video die Absprungrate nachweislich erhöht.

Im Vorfeld sind grundsätzliche Entscheidungen zu treffen: Wird außen gedreht oder wird das Video z.B. in einem Green Screen Studio gefilmt? Für die anschließende Bearbeitung gibt es eine Vielzahl an Möglichkeiten. So lässt sich in einem 3-D-Programm ein virtuelles Studio bauen, das dann in das vorliegende Video eingebaut wird. Darüber hinaus können ein bewegter Hintergrund, bewegte Gegenstände oder ein statischer, einfarbiger Hintergrund integriert werden.

Wenn man sich für ein Studio entschieden hat oder für eine bestimmte Aufmachung im Video, welche z.B. durch die Farbgebung, den Einbau des Logos usw. strikte Verbindungen zum Unternehmen aufweist, sollte man diese bei weiteren Produktionen beibehalten. Das erhöht den Wiedererkennungswert.

Auch muss entschieden werden, ob, und wenn ja, welche Einblendungen wann zum Einsatz kommen. Gibt es einen Off-Sprecher oder einen sprechenden Schauspieler? Wird im Hintergrund Musik eingespielt? Diese grundsätzlichen Aspekte sind im Drehbuch festzuhalten.

Bevor Sie mit der Konzeption und Erstellung eines Webvideos starten, nutzen Sie folgende Punkte als Checkliste:

Checkliste Videoproduktion

- Warum und mit welchen Erwartungen soll das Video produziert werden?
- Beschreiben Sie kurz das Produkt, die Leistung, die Information, das Unternehmen, den Aspekt, um die es in dem Video gehen soll.
- Was sind die Hauptbotschaften des Videos?
- Wie lange soll das Video aktuell sein; ist eine Serie geplant?
- Soll das Video aus mehreren Einzelvideos bestehen?
- Liegen bereits Videos vor, die in Teilen genutzt werden könnten?
- Gibt es Objekte, Produkte oder Leistungen, die auf jeden Fall gezeigt und genannt werden sollen?
- Gibt es Dinge oder Aussagen, die auf keinen Fall gezeigt oder genannt werden dürfen?
- Wo könnten Probleme durch Genehmigungen, Gefahrenbereiche etc. auftauchen?
- Beschreiben Sie kurz die Zielgruppe.
- Wie soll das Thema umgesetzt werden? Wollen Sie ein kreatives Feuerwerk oder eher eine sachliche Umsetzung?
- Gibt es ein fixes Budget?
- Wann muss das Video fertig gestellt sein?

Platzierung der Videos

Wo sollte man das Video am besten hosten? Auf der eigenen Webseite oder auf Videoportalen wie YouTube und Co.? Vielleicht sogar überall, wo dies möglich ist?

YouTube ist die zweitgrößte Suchmaschine neben Google, sehr bekannt und bedienerfreundlich strukturiert. Die Besucher von YouTube können ihre Suchanfrage direkt auf dem Portal eingeben oder aber den Weg über eine Eingabe bei Google gehen. Die Videos auf YouTube lassen sich darüber hinaus in andere Seiten einbetten, wo sie Informationen transportieren und verbreiten. Problematisch ist jedoch, dass die potenziellen Kunden damit zwar die Popularität von YouTube steigern, nicht aber die Bekanntheit der Homepage des jeweiligen Unternehmens.

▶ **Das Ziel von Videomarketing sollte aber sein, die Kunden auf die gewünschte Unternehmensseite zu leiten.**

Dafür gibt es Tricks wie den Einbau des Firmenlogos in das Video. Oder: Man führt den Nutzer auf die Channel-Seite von YouTube, wo Links der jeweiligen Webseiten integriert werden können.

Möglich ist auch der direkte Einbau des Videos auf der eigenen Webpage. Dies sollte aber nur durch einen Einbettungscode erfolgen, da sonst die Ladezeiten für den Betrachter zu lang werden. Aufmerksamkeitsfördernd wäre eine Listung, die um eine Thumbnail ergänzt wird. Eine Thumbnail ist ein Vorschaubild in der Google-Suche.

Damit das Video auf Ihrer Homepage von Google überhaupt gefunden wird, müssen Meta-Informationen eingebaut werden, wie ein Titel und eine Beschreibung. Sinnvoll und effektiv ist auch die Verbindung beider Varianten. So könnten Sie sowohl in der organischen Suche von Google auftauchen als auch von der Popularität und der damit verbundenen hohen User-Zahl von YouTube profitieren. Mit diesem Mix lässt sich eine möglichst hohe Reichweite erzielen.

Grundsätzlich sollten Sie sich nicht nur auf YouTube beschränken. Am besten stellen Sie die Videos auf verschiede Portale, da diese ebenfalls von Google durchsucht werden. Das führt zu einem besseren Ranking. Achten Sie aber bitte auf das thematisch passende Umfeld.

Übersicht der Videoportale

Hier eine Übersicht zur Planung Ihrer Video-Platzierung nach Unique Visitors. Ein Unique Visitor ist ein Besucher einer Website, der in einem definierten Zeitraum nur einmal gezählt wird, unabhängig davon, wie oft er in diesem Zeitraum die Website erneut aufgerufen hat.

	Website	Unique Visitors		Website	Unique Visitors
1	YouTube.com	34.000.000	11	megavideo.com	929.000
2	myvideo.de	4.100.000	12	mediathek. daserste.de	760.000
3	movie2k.to	2.900.000	13	maxdome.de	690.000
4	videos.t-online.de	2.400.000	14	diziizle.net	560.000
5	clipfish.de	2.000.000	15	videobash.com	520.000
6	dailymotion.com	1.800.000	16	sevenload.com	430.000
7	rtl-now.rtl.de	1.800.000	17	voxnow.de	430.000
8	kinox.to	1.800.000	18	directorslive.com	430.000
9	vimeo.com	1.200.000	19	metacafe.com	390.000
10	ardmediathek.de	1.100.000	20	justin.tv	380.000

Google Ad Planner, Oktober 2012

Tools der VSEO

Die Sichtbarkeit von Videos in Suchmaschinen ist von mehreren Faktoren abhängig. Dabei punktet aktuell nicht der Inhalt; ausschlaggebend ist der begleitende Text des Videos, wie Titel und Beschreibung. Die Texte sind sorgfältig zu formulieren. Zudem muss überprüft werden, nach welchen Begriffen die potenziellen Kunden wirklich suchen. Nur so lassen sich der Titel und weitere begleitende Texte in Bezug auf ein Keyword optimieren. Dafür bietet sich ebenfalls das Google-Keyword-Tool an. Die Beschreibungen und der Titel der Videos sollten aufeinander abgestimmt sein und möglichst am Anfang die relevanten Keywords enthalten. Jedoch dürfen nicht immer die gleichen Keywords benutzt werden. Synonyme und Schreibvarianten sind empfehlenswert.

Es ist sinnvoll, für jedes Video eine eigene Seite einzurichten, eine so genannte Microsite. Nur dann ist garantiert, dass die Seite effektiv optimiert werden kann. Denn jedes Video/jede Website wird unter anderen Suchkriterien gefunden.

Über das Google-Webmaster-Tool kann man einen (M)RSS-Feed als XML-Video-Sitemap bei Google anmelden. Auch wenn der Feed keine Option darstellt, ist es empfehlenswert, eine XML-Sitemap für die Videoinhalte der Homepage zu kreieren; denn dann kann Google diese Inhalte finden und indexieren. Und das ist die Voraussetzung, um über Google gefunden zu werden.

Bei den Videoportalen selber spielen ebenfalls zahlreiche Ranking-Faktoren eine Rolle. Außerdem fungieren sie inzwischen als Suchmaschinen. Auch hier sind der Titel des Videos, seine Beschreibung, die Anzahl der Fans sowie Bewertungen, Aufrufe und Kommentare ausschlaggebend. Sie sollten den Wachstumsfaktor der Anzahl Ihrer Kommentare unterstützen, indem Sie zwei eigene Kommentare zum Video eingeben. Die Zahl der Abonnenten und das Alter des YouTube-Accounts spielen ebenso eine wichtige Rolle und sollten immer in die Analyse mit einbezogen werden.

Eine Option sind die sog. Tags, Schlagwörter, die auf vielen Videoportalen frei vergeben werden können. Über diese Schlagwörter wird Ihre Seite schneller gefunden.

Jedes Video erhält nach dem Hochladen eine eigene URL. Dieser Link lässt sich auf einer Homepage einbetten sowie sinnvollerweise auch in die Beschreibungen der Videos, denn damit werden die Linkpopularitäten der Internetseiten erhöht.

Optimieren Sie zudem den Dateinamen der Videos. Es empfiehlt sich, Keywords aus dem Titel in den Dateinamen mit aufzunehmen. Das Wort Video sollte in den Texten, die das Video begleiten, erscheinen, denn meistens wird nach Produkten/Dienstleistungen usw. speziell mit dem Begriff „Video" gesucht.

Optimieren Sie außerdem das Start-Bild, denn es fungiert als Eye-Catcher für Ihre potenziellen Kunden und erhöht die Klickrate. Ein spannendes Start-Bild wird die Konsumenten neugierig machen und sie zum Klick bewegen.

Wenn die Möglichkeit gegeben ist, wie beispielsweise auf Facebook, dann sollte das Video immer hochgeladen und nie nur eingebettet werden. Das ist langfristig technisch von Vorteil.

Virale Effekte sind ein erstrebenswertes Ziel! Dafür ist es sinnvoll und förderlich, Videolinks per E-Mail zu versenden, sie auf sozialen Netzwerken oder auf Blogs zu posten und zu verlinken.

Wenn Sie Videos und Kanäle zum eigenen Thema recherchieren wollen, um zu erfahren, was Ihre Konkurrenz anbietet, können Sie die Google-Site-Abfrage benutzen (beispielsweise: youtube.com/*solaranlagen).

So haben Sie die Möglichkeit festzustellen, was Ihre Konkurrenz gut oder aber auch schlecht macht und dies dementsprechend zu bedenken und können außerdem vermeiden, Themen doppelt oder ähnlich wie Ihre Konkurrenz zu bearbeiten, denn Sie wollen ja individuell sein und aus der Masse hervorstechen.

Checkliste Video Search Engine Optimization

- Titel (maximal 70 Zeichen inkl. Leerzeichen): Der Titel des Videos sollte die Suchbegriffe (Keywords) Ihrer potenziellen Kunden beinhalten. Der Titel muss unbedingt zum Videoinhalt passen. Binden Sie wenn möglich den Begriff „Video" in den Titel ein.
- Beschreibung: In der Beschreibung werden alle Keywords in einem gut lesbaren Text eingebunden. Nennen Sie hier auch Namen, Produkte und Firmen.
- Tags: Hier werden alle recherchierten Keywords eingegeben. Die Reihenfolge ist dabei nicht von Bedeutung.

■ URL: Sollten Sie Ihre Videos auf der eigenen Internetseite oder auf Portalen wie Facebook hochladen, dann empfiehlt sich für jedes Video eine eigene URL mit einer Kurzbeschreibung des Inhaltes oder einem Keyword. Beispielsweise: http://www.Spielwarenschmitz.de/hochwertiges_kinder spielzeug

Erfolgskontrolle

Wie bei allen Online-Marketing-Aktivitäten spielt die Erfolgskontrolle und die damit verbundene Optimierung nach den Ergebnissen der Auswertung eine entscheidende Rolle. Folgende Kennzahlen sind hierbei im Videomarketing ausschlaggebend:

■ Views: Wie oft wurde das Video angeklickt?
■ Laufzeit: Wie lange wurde das Video angesehen?
■ Conversion-Rate: Wie oft wurde aus dem Video eine weitere Aktion gestartet?
■ Viraler Effekt: Wie oft wurde das Video weitergeleitet?
■ Anzahl und Qualität von Kommentaren, Bewertungen
■ Ranking bei Suchmaschinen

YouTube bietet beispielsweise zusätzlich zu der Funktion als Provider und reichweitenstarkes Portal noch ein Analyse-Tool an: YouTube Insight. Mit dessen Analyse-Ergebnissen lassen sich die Tags, der Titel und auch die Beschreibungen der Videos optimieren. Außerdem kann man die eigenen Videoaktivitäten bewerten und Entscheidungen treffen, inwieweit das Videomarketing in seiner bestehenden Form Wirkung gezeigt hat.

Selber machen oder einen Dienstleister beauftragen?

Grundsätzlich können Sie Ihre Video-Marketingstrategie selbst erarbeiten und umsetzen. Da sich dies aber aus mehreren Kompetenzbereichen und teilweise komplexen Sachverhalten zusammensetzt, sollten Sie überlegen, ob Sie teilweise oder komplett einen Dienstleister beauftragen.

Folgende Übersicht gibt Ihnen hier Entscheidungskriterien an die Hand und zeigt mögliche Dienstleister auf, die zur Umsetzung beauftragt werden könnten.

Die genannten Kosten sind ca.-Angaben und können je nach Dienstleister und Umfang stark variieren.

Analyse selbst erstellen

Problem: Komplexes Fachwissen zur Nutzung der Analyse-Tools muss erarbeitet werden.
Dienstleister: SEO/SEM-Agentur, Fullservice-Dienstleister
Kosten: ab 500 Euro

Konzeption selbst erstellen

Problem: Fehlende Erfahrung in Bezug auf die realistische Einschätzung der Erreichbarkeit von Video-Marketingzielen.
Schwierige Beurteilung von Wirkung und Überschneidung der unterschiedlichen Videoformate.

Dienstleister: Agenturen für Videomarketing, Werbeagenturen, Fullservice-Dienstleister

Kosten: ab 1.200 Euro

Drehbuch und Storyboard selbst erstellen

Problem: Fehlende Erfahrung bei der Storyerstellung, der richtigen Lauflänge, der richtigen Kameraeinstellung, der richtigen Beleuchtung und des Filmschnittes.

Dienstleister: Drehbuchautoren, Regisseure, Fullservice-Dienstleister

Kosten: ab 800 Euro

Video selbst produzieren

Problem: Kamera-, Licht- und Tonequipment zur Erstellung von hochwertigen Videos muss gemietet oder gekauft werden.

Dienstleister: Filmproduzent, Fullservice-Dienstleister

Kosten: ab 1.000 Euro

VSEO selbst durchführen

Problem: Komplexes Fachwissen zur Nutzung der Tools muss erarbeitet werden.
Fehlende Erfahrung bei der Platzierung der Videos.

Dienstleister: Agenturen für Videomarketing, Fullservice-Dienstleister

Kosten: ab 300 Euro

Literaturtipps

Da dieser Bereich recht neu ist und Wissen somit extrem schnell veraltet, kann ich keine Buchempfehlung aussprechen. Dem Leser empfehle ich, unter dem Begriff „Videomarketing" im Internet nach aktuellen Buchtiteln zu suchen.

Der Autor

Peter Pfänder ist geschäftsführender Gesellschafter der P2 Medien GmbH und begleitet mittelständische Unternehmen bei der Konzeption und Umsetzung von Video- und Online-Marketingmaßnahmen. Zuvor war er jahrelang Geschäftsführer und strategischer Kundenberater einer Werbeagentur. Für Fragen und Anregungen steht er Ihnen gerne zur Verfügung: mail@p2-medien.de

Summatives Marketing
Müssen Marken heute gemeinsam mit den Kunden geführt werden?

Gero Wendt

Zu Beginn des 21. Jahrhunderts haben sich nicht nur für das Marketing wichtige Rahmenbedingungen geändert. Die Welt ist schneller, vernetzter, komplexer und damit auch unvorhersehbarer geworden. So konnten noch vor wenigen Jahren stabile Marketingplanungen mindestens für ein Jahr getroffen werden. Heute machen Marketeers ihre Planungen eher für Quartale und müssen durch die vernetzten Interessen der unterschiedlichen Stakeholder (Anspruchsgruppen) außerdem sehr viel schneller auf aktuelle Entwicklungen (Trends, Konkurrenzaktivitäten etc.) reagieren.

Und das führt auch im Marketing zu einem Paradigmenwechsel, d.h., es müssen neue Wege eingeschlagen werden, die befeuert durch Social Media auch schon beschritten werden. Dabei geht es anscheinend um die stärkere Einbindung der Konsumenten in Entscheidungen, die für das Marketing relevant sind. Diese Prozesse gehen in Marketing und Kommunikation aktuell in zwei Stoßrichtungen: Massen-Individualisierung von Produkten (mass customization) und Partizipation (co-creation).

In diesem abschließenden Kapitel möchte ich mit der Definition und einer kurzen theoretischen Fundierung des Konzeptes „Summatives Marketing" über diese Ansätze hinausgehen. Und mit dieser Vision einen Denkanstoß für erfolgreiches Marketing im 21. Jahrhundert geben.

Im Sinne dieses Buches, das den umsetzbaren Austausch zwischen Theorie und Praxis befördern will, stelle ich dieses Konzept direkt auf den Prüfstand des erfahrenen Marketeers und strategischen Planers Henrique da Rosa.

Definition: Summatives Marketing bedeutet die aktive Beteiligung der Konsumenten an der Führung einer Marke, d.h. an der Definition ihrer aktuellen und zukünftigen Kernwerte und damit an ihrer strategischen Ausrichtung.

Die drei wichtigsten Begründungszusammenhänge für mein Konzept sind:
- Komplexität
- Vernetzung
- Sozialität

„Komplexität ist die Einheit in der Vielheit."
Niklas Luhmann, Soziologe

Um dieses Zitat richtig einzuordnen, genügt ein Blick auf unseren eigenen Körper oder unser Gehirn, aber genauso gut kann man Vogelschwärme, Fußballmannschaften, Unternehmen, Marken, aber auch Phänomene wie die Occupy-Bewegung, die „Arabische Revolution" oder die Piraten-Partei als Beleg heranziehen. Allen Beispielen gemein ist, dass sie sich-selbst-organisierende Systeme repräsentieren, die eine mehr oder weniger deutliche Identität nach Innen und Außen ausbilden (vgl. Corporate oder Brand Identity etc.).

▶ **Bewegten sich Marken früher in stabilen und damit gut steuerbaren Umfeldern muss Marken-Management heute mit einer deutlich erhöhten Komplexität klar kommen.**

Kompliziertes kann man vereinfachen, Komplexes bleibt komplex. Kompliziertes ist nämlich linear, d.h. eine bestimmte Ursache hat stets denselben Effekt. In diesem Sinne stellt eine Armbanduhr ein kompliziertes System dar, aber kein komplexes, denn trotz der Vielzahl an Einzelteilen ist der beabsichtige Effekt, d.h. die möglichst exakte Zeitmessung, immer derselbe.

Komplexe Systeme zeichnen sich dagegen durch nichtlineare Verknüpfungen aus, d.h. es kommt zwischen den einzelnen Teilen des Systems zu Wechselwirkungen bzw. Rückkopplungen mit exponentiellen Effekten, die das Gesamtsystem unvorhersehbar verändern. Daher brauchen komplexe Probleme auch immer komplexe Lösungssysteme, denn Bewältigungsstrategien („Coping") wie beispielsweise das rationale Durchdringen aller Details oder die Konzentration auf einzelne Faktoren, die versuchen aus einem komplexen System ein kompliziertes zu machen, müssen scheitern.

„Man soll die Dinge so einfach machen wie möglich, aber nicht einfacher."
Albert Einstein

Peter Kruse, Professor für Organisationspsychologie, hat das Problem in seinem sehr lesenswerten Buch „Erfolgreiches Management von Instabilität" schon vor einigen Jahren dargestellt und auf der Basis seiner Erkenntnisse das Beratungsunternehmen next practice gegründet. Warum diese Erkenntnisse (auch im Marketing) wichtig sind, verdeutlicht die umseitige Übersicht, in der die alten Handlungs-/ Bewältigungsstrategien (Management von Stabilität) den neuen zum Management von Instabilität gegenübergestellt werden. Zur Veranschaulichung der unterschiedlichen Handlungs-/ Bewältigungsstrategien verwendet Kruse sehr eingängige Analogien aus der Seefahrt.

Meiner Meinung nach bietet die Perspektive von Kruse eine sehr gute Möglichkeit, die Notwendigkeit zu dem gerade stattfindenden Paradigmenwechsel in Marketing und Werbung hin zu mehr Partizipation (Summatives Marketing) zu illustrieren. Denn auch im Marketing bewegt sich „unser Schiff" in unbekannten Gewässern und ist auf der Suche nach „unbekannten Küsten" (Markt-Chancen). Insofern muss Management von Instabilität betrieben werden, um der Komplexität der Situation gerecht zu werden. Und wie beim Segeln hilft in diesen Gewässern nur das vorsichtige Ausloten (Sensibilisierung der Wahrnehmung) und Manövrieren (Feedback-Schleifen und Flexibilität bei kleinsten Veränderungen), um nicht an den Untiefen der sich rasch veränderten (Markt-)Realitäten zu kentern.

Hilfreich ist dabei natürlich als langfristiges Ziel eine Vision, die aber kein Dogma sein darf, denn manchmal muss man auch vom Weg abkommen, um nicht auf der Strecke zu bleiben. Außerdem benötigt man Intuition, mit der man in neuen Situationen schnell bekannte Muster erkennen und dadurch rasch reagieren kann. Man könnte jetzt vielleicht argumentieren, dass der erfahrene Marketeer auf der Basis seines bewussten und unbewussten Wissens (Marke, Märkte, Konkurrenz, Verbraucher) intuitiv (Handlungs-)Muster erkennt und dadurch zu richtigen Entscheidungen kommt. Das kann in Einzelfällen, bei den immer seltener anzutreffenden langjährig mit einer Marke betrauten Experten in Unternehmen und Agenturen, sogar gelingen, aber wenn sich die Welt bzw. die Märkte gerade fundamental ändern, führen Intuitionen, die unter anderen Bedingungen gelernt wurden, zwangsläufig in die Irre.

Man muss also immer up to date bleiben, um alte Muster unbedenklich nutzen zu können. Denn ansonsten ist man zwar ein intuitiver Experte, aber leider einer von gestern und nicht mehr von heute.

Wenn man dann noch bedenkt, dass unser Gehirn einer Tendenz zu ständiger Selbstüberschätzung unterliegt und dazu neigt, das eigene Verhalten nachträglich zu rationalisieren, kann man sich leicht ausmalen, wie gefährlich selbst ernannte Experten von Gestern (nicht nur im Marketing) heute werden können.

„Weisheit ist die Fähigkeit, die wir benötigen, um mit Komplexität umgehen zu können."
Gert Scobel, Wissenschaftsjournalist

Komplexität muss man zunächst einmal überhaupt aushalten können. Schließlich erfordert sie die Bereitschaft zum Loslassen von (vermeintlichen) Sicherheiten. Vielleicht ist die Unfähigkeit, Komplexität auszuhalten, einer der Gründe, warum Rezepte, Simplifizierungen und Checklisten auch im Marketing so beliebt sind.

Ein Einzelner handelt weise, indem er als Erstes die Komplexität überhaupt wahrnimmt bzw. erkennt. Wer Komplexität nicht erkennt, verhält sich höchstwahrscheinlich sowieso falsch. Außerdem sollte der weise Entscheider keine festen Lösungsmuster (Vor-Urteile) haben, d.h. dazu in der Lage sein, die Perspektive zu wechseln, sich seines eigenen Nicht-Wissens bewusst sein und daher auch seinen eigenen „Wahrheiten" immer wieder misstrauen. Vielleicht erklärt dies, warum es so wenig wirklich weise Menschen gibt.

Ich halte es allerdings für sehr viel wahrscheinlicher, dass eine Gruppe die oben skizzierten Eigenschaften entwickelt, und deshalb deutlich häufiger zu weisen Entscheidungen gelangen wird als ein Einzelner. Da ein Einzelner heute angesichts der immer komplexeren Probleme kaum noch dazu in der Lage ist, alle Zusammenhänge und

Wechselwirkungen eines Problems oder einer Entscheidung zu erfassen, kann die Lösung nur in der Vernetzung von einzelnen Experten zu einer „Schwarm-Intelligenz" liegen, da nur durch die Addition unterschiedlicher Perspektiven ein mehr oder weniger vollständiges, d.h. realistisches Bild der Situation entstehen kann. Denn nur wenn kollektives Wissen mit kollektiver Intuition verbunden werden, lassen sich komplexe Problemstellungen lösen. Erst dann entsteht ein smartes, sich selbst organisierendes System, das die notwendige Flexibilität zur Problemlösung in sich trägt.

	Management von Stabilität		Management von Instabilität	
	Steuerung	**Regelung**	**Versuch und Irrtum**	**Selbst-Organisation**
Systemzustand	Stabil	Stabil	Instabil	Instabil
Organisation	Einfach	Komplex	Einfach	Komplex
Funktionsweise	Ursache – Wirkung	Soll-Ist-Abgleich	Suchbewegung	Muster-Wechsel
Beispiele	Schiff auf hoher See in bekannten Gewässern bei optimalen äußeren Bedingungen Monopolist	Schiff nähert sich bekannter Küste „TOTE" (Test-Operate-Test-Exit) Marktführerschaft	Schiff manövriert im sicheren Hafen „Herumprobieren" Oligopol	Schiff in fremden Gewässern auf der Suche nach unbekannten Küsten Globalisierung/ Hyperwettbewerb
Marketing und Werbung	AIDA (Stufenmodelle)	Management by objectives („klassische" Strategie- und Konzeptions-Entwicklung)	Management by muddling through (Trial-and-Error)	Vision + Intuition + Sensibilisierung der Wahrnehmung + Flexibilität auf kleinste Veränderungen = Selbst-Organisation

Management von Stabilität und Instabilität

(in Anlehnung an Kruse 2004 und mit eigenen Ergänzungen zu Marketing und Werbung)

Das Ende des Geniekults oder das Zeitalter der kollektiven Intelligenz ist angebrochen.
Bei der Initiierung solcher smarten Systeme in Unternehmen kommt es auf die richtige Mischung von Personen für das jeweilige Problem an. Der kanadische Wissenschaftsjournalist und „Erfinder" des viralen Marketings Malcolm Gladwell hat diesbezüglich in seinem Buch „Tipping Point" erstmalig drei bestimmte Basistypen beschrieben, die er „Kenner", „Vermittler" und „Begeisterer" nennt. Auch Kruse versucht im Rahmen seiner Unternehmensberatungen diese Basistypen im jeweiligen Unternehmen zu identifizieren und in Analogie zum Aufbau des menschlichen Gehirns mit ihnen gewissermaßen ein kollektives Gehirn zu „bauen". Dabei emergiert dann eine Intelligenz, die größer ist als die Summe der in ihr verbundenen Einzelintelligenzen, da hier Wissen und Intuition verschiedener Experten transparent und nutzbar gemacht werden.

So kann dann aus der Kombination von kreativen Intelligenzen (Creator) und fachlichen Experten (Owner) eine Art „Großhirn" (Cortex) entstehen, mit dessen Hilfe Ideen und Lösungen gefunden werden können. Aus einer Kombination der fachlichen Experten und den gut vernetzten Vermittlern (Broker) entsteht eine Art „Limbisches System", das die emotionale Bewertung der gefundenen Ideen vornimmt. Und aus der Kombination der Vermittler mit den Kreativen entsteht ein alle Hirntätigkeiten aktivierendes und koordinierendes Energiezentrum, das mit der mit dem Stammhirn verbundenen „formatio reticularis" gleichgesetzt werden kann.

Eine optimale Mischung gibt es nicht, da die Menschen und die zu lösenden Probleme immer wieder einzigartig sind, Teams sollten sich aber auf jeden Fall durch Diversität auszeichnen. Das heißt, Teams sollten immer aus mindestens zwei verschiedenen Basistypen zusammengesetzt werden, damit durch die so entstehende Instabilität der zur Lösungsfindung notwendige Wechsel von Prozessmustern überhaupt erst möglich wird.

Notwendige Basistypen beim Aufbau einer kollektiven Intelligenz

„In evolution, from diversity comes opportunity."
Edward O. Wilson, Evolutionsbiologe

An dieser Stelle nur ein kurzer Warnhinweis in Bezug auf Brainstorming-Sitzungen bei der Entwicklung von kreativen Ideen. Alle aktuellen wissenschaftlichen Erkenntnisse zeigen, dass dabei eher in Ausnahmefällen bessere Ergebnisse erzielt werden, als wenn die Beteiligten zunächst einmal allein über das Thema nachgedacht hätten, dies gilt vermutlich besonders, wenn es nur „Kreative" im Raum gibt. Ansonsten gibt es natürlich unzählige Beispiele dafür, dass die Arbeit im Team *und* an einem gemeinsamen, übergeordneten Ziel (Purpose) zu deutlich besseren Ergebnissen führt.

Dass dabei noch nicht einmal finanzielle Anreize notwendig sind, beweist das Beispiel von Wikipedia, das als Open-Source-Lexikon gleichzeitig mit Microsofts Encarta gestartet wurde und die „Profis" des Weltkonzerns schnell abgehängt hat (das Projekt Encarta wurde inzwischen von Microsoft eingestellt).

Die Notwendigkeit, zur Lösung von komplexen Problemen kollektive Intelligenzen aufzubauen, knüpft nahtlos an Aristoteles an, der schon vor über 2000 Jahren erkannte:„Das Ganze ist mehr als die Summe seiner Teile." Das Mehr, was da entstehen kann und über die einzelnen Teile hinausgeht, wird im Konstruktivismus und der Systemtheorie mit dem Begriff Emergenz beschrieben.

In gewissem Sinne sind wir als Einzelpersonen einzelne Neuronen im kollektiven Gedächtnis der Gesellschaft, und wie in unserem Gehirn kann nur dann Neues entstehen, wenn wir uns mit anderen Neuronen „einschwingen" (synchronisieren).

Vernetzung

„Connectedness bedeutet, die Welt nicht als eine Ansammlung voneinander isolierter Teile zu sehen, sondern als ein lebendiges Netz, in dem alles miteinander verbunden und wechselseitig voneinander abhängig ist."
Gerald Hüther, Neurobiologe

Die Erfindung des Smartphones, der gleichzeitig rasante Anstieg der mobilen Internetnutzung und die Erfolgsgeschichte von Social Media hat die Vernetzungsdichte (Mensch-Mensch und Mensch-Marke) in den letzten Jahren noch einmal deutlich erhöht.

Als Folge der extrem gestiegenen Möglichkeiten zur sozialen Vernetzung müssen Marken heute smarte Systeme werden.

Tim Leberecht, CMO von Frog Design und ein Vordenker auf dem Weltwirtschaftsforum in Davos, definiert: „... Smarte Systeme sind selbstorganisierte Systeme mit eingebauten Feedback-Mechanismen und der Fähigkeit, sich selbst ständig neu zu organisieren, um sich ihren ständig verändernden Umgebungen anpassen zu können. Sie sind fähig, Situationen zu beschreiben und zu analysieren und auf der Basis dieser vorliegenden Daten vorausschauend und anpassungsfähig Entscheidungen zu treffen, wodurch intelligente Aktionen entstehen."

In der Netzwerk-Ökonomie sind natürlich auch Marken stärker vernetzt als früher, sodass Leberecht von Connected Brands spricht: „Connected Brands sind soziale Marken, und wenn sie smart sind, bedeutet ,sozial' soziale Intelligenz ... Angewandt auf Marken, kann soziale Intelligenz als die Kunst verstanden werden, noch die subtilsten Hinweise zur Deutung individuellen Verhaltens zu erkennen, ständig Feedback anzunehmen und sein Verhalten dementsprechend zu verändern."

Wie werden Connected Brands smart?
Zunächst einmal durch den Zusammenschluss vieler Personen, die den Markenkern attraktiv finden und sich deshalb der Marke anschließen wollen, sowie durch die ständige Rückkopplung der Marke mit ihnen (vgl. Beitrag Neuromarketing, Lernen im Gehirn: Attraktivität, Anschlussfähigkeit und Feedback-Schleifen).

Am iPhone von Apple lässt sich das kurz exemplarisch aufzeigen. Die Technik und das Design des iPhones sind vielleicht besonders gut, aber das, was das iPhone so attraktiv macht, ist der Halo-Effekt seines Images, der sich auf seine Besitzer überträgt. Und was das iPhone wirklich smart macht, sind die Apps. Denn erst sie nehmen uns z.B. unangenehmes Suchen nach Taxen in fremden Städten ab oder zeigen uns, was unsere Freunde gerade machen. Und wer entwickelt diese Apps? Tausende und abertausende unabhängige Entwickler stecken Energie, Zeit und Geld in die Entwicklung von Apps für das iPhone, die sie anschließend bei Apple zur Genehmigung einreichen müssen, um dann bei zu bezahlenden Apps noch ein gutes Drittel der Umsatzerlöse an Apple zu überweisen. Zugegebenermaßen handelt es sich bei den Apps und der Motivation, diese zu entwickeln, in den meisten Fällen eher um egoistische als um altruistische Gründe. Doch Altruismus ist kein Luxus, mit dem uns die Natur ausgestattet hat, sondern ein im Gencode des Menschen verankertes Überlebensprogramm.

Sozialität

Dies führt mich zur dritten Begründung für Summatives Marketing, der Sozialität des Menschen. Schon Aristoteles bezeichnet den Menschen als „zoon poltikon", als ein Gemeinschaft bildendes Lebewesen. Und in der Tat haben wir als Spezies nur überleben können, weil sich schon unsere Vorfahren vor 160.000 Jahren zu Gruppen zusammengeschlossen haben. Neben dem Menschen gibt es nur noch sehr, sehr wenige andere Lebewesen, wie beispielsweise Ameisen, Krabben, Ratten, Termiten oder Bienen, die sich im biologischen Sinne zur Eusozialität (Staatenbildung) entwickelt haben.

„Der Homo sapiens ist das, was Biologen ‚eusozial' nennen, d.h., Mitglieder einer Gruppe aus mehreren Generationen neigen dazu, im Rahmen ihrer Arbeitsteilung altruistische Handlungen durchzuführen." (E. Wilson: The social conquest of earth. S. 16) Das bringt evolutionäre Vorteile: Vergleicht man den Erfolg von Individuen innerhalb von Gruppen mit dem Erfolg von Gruppen untereinander, zeigt sich, dass Gruppen hier tendenziell immer besser abschneiden.

In eusozialen Gemeinschaften kommt es daher zum permanenten Ausgleich zwischen den Einzelinteressen der Individuen und den für das Überleben der Gruppe genauso wichtigen Interessen der Gemeinschaft, wie etwa dem Schutz des eigenen Territoriums oder des Nachwuchses.

Durch die genetische Selektion auf mehreren Ebenen gelingt es eusozialen Gemeinschaften nicht nur, individuelle Eigenschaften an die nächste Generation zu vererben, sondern auch für die Gruppe wichtige Eigenschaften wie Empathie, Mitgefühl, Altruismus, Respekt, Pflichtbewusstsein, Kooperationsbereitschaft oder Solidarität weiterzugeben.

Sogar der Aufbau unseres Gehirns mit der immensen Bedeutung des limbischen Systems lässt sich mit der evolutionären Selektion dieser Gruppeneigenschaften erklären, denn unsere Emotionalität ist die Voraussetzung für das Funktionieren von Gemeinschaften, auch wenn sie uns dabei oft im Wege steht. Diese Zusammenhänge erklären, warum im Laufe der Evolution alle eusozialen Lebewesen zum „Beherrscher" ihrer jeweiligen Umwelt werden konnten. Die Überlegenheit von Gruppen gegenüber einzelnen Lebewesen ist also eine evolutionsbiologische Tatsache.

„Menschen müssen eine Sippe haben. Das vermittelt ihnen über ihre eigene und soziale Bedeutung hinaus zusätzliches Selbstverständnis in einer chaotischen Welt. Es macht die Umwelt weniger verwirrend und gefährlich."
Edward O. Wilson

Interessanterweise haben die inzwischen auch im Marketing populären neurobiologischen und neuropsychologischen Modelle genau an der Stelle der Sozialität einen blinden Fleck, denn sie beziehen sich vor allem auf Dominanz, Erregung und Balance (vgl. dazu den Beitrag Neuromarketing). Am ehesten lässt sich dieses „Wir" noch in Balance erkennen, aber die beiden anderen Basismotivationen sind ganz klar ego-getrieben. Dabei liegt es in der menschlichen Natur, einen ständigen Konflikt zwischen Ego (selfish) und Gruppe (selfless/groupish) auszutragen. Denn neben unserem Wunsch, besser zu sein als andere, besteht eben auch der Wunsch, Teil eines größeren Ganzen zu sein (purpose), den im Übrigen alle erfolgreichen Religionen bedienen.

▶ **Die seit den 1980er-Jahren immer stärker werdenden Tendenzen zu einem ego-, geld- und statusgetriebenen Hyper-Individualismus scheinen sich angesichts der nicht mehr zu ignorierenden globalen ökonomischen und ökologischen Probleme in letzter Zeit abzuschwächen.**

Der Wunsch nach Gemeinschaft und dem Glück, das im Erreichen gemeinsamer Ziele liegt, wird momentan stärker. Wenn man dem amerikanischen Trendwatching Report glaubt, ist „Geben das neue Nehmen und Teilen das neue Geben." Das zeigt sich am offenkundigsten im Social Web, wo unterschiedliche Formen der Kooperation entstehen, wie beispielsweise Crowdsourcing (z.B. Wikipedia), Filesharing (Bilder, Präsentationen etc.) oder Crowdfunding, bei dem im Internet Spenden für kulturelle Projekte (Produktion von Filmen oder Musik etc.) eingesammelt werden. Es scheint so zu sein, dass sich der Mensch angesichts der allgegenwärtigen Krisen wieder auf seinen eigentlichen Überlebensvorteil als soziales Tier zurückbesinnt.

„Man kann kein wirklich hervorragendes Leben führen, ohne das Gefühl, dass man etwas angehört, das größer und dauerhafter ist als man selbst."
Mihaly Csikszentmihalyi, Professor für Psychologie und Entdecker des Flow-Phänomens

Was bedeutet das jetzt fürs Marketing und die Führung von Marken?

Marken wurden bzw. werden immer noch in den Marketingabteilungen der Unternehmen entworfen, aber sie entstehen natürlich erst im Kopf des Verbrauchers, der sie, wie in folgender Abbildung dargestellt, zunächst mehr oder weniger aufmerksam über seine Sinne wahrnimmt (vgl. dazu den Beitrag Multisensorisches Marketing), dann auf der Basis eigener Markenerfahrungen und/ oder Vor-Urteile (vgl. Priming und Framing im Beitrag Neuromarketing) bewertet, bevor er sie als möglichst selbstähnliches und stabiles Marken-Muster abspeichert.

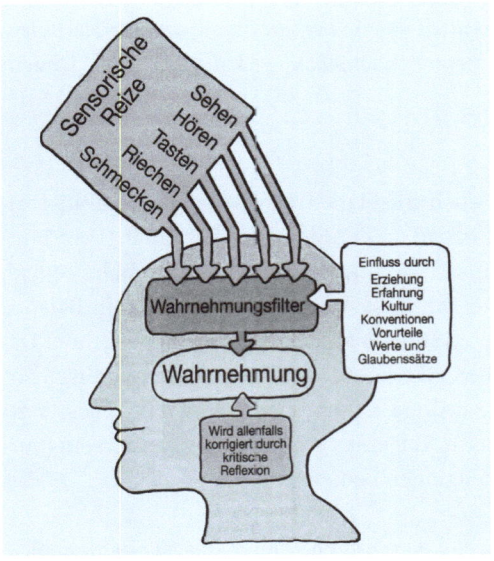

Marken entstehen im Kopf des Verbrauchers (Quelle: Bucher, Otmar: Kopfwelten. Neue Zürcher Zeitung, Zürich 2010, S. 109)

Beim Summativen Marketing sollen die Konsumenten über die bisherigen partizipativen Ansätze wie Mass Customization oder Co-Creation hinaus aktiv an der Führung der Marke, d.h. an der Definition der aktuellen und zukünftigen Kernwerte der Marke und damit an ihrer strategischen Ausrichtung beteiligt werden.

Dabei geht es ausdrücklich nicht um das mehr oder weniger sinnvolle „Gezwitscher" auf der Suche nach Followern (Gefolgschaft) oder Likes („Fans") in den Social Media-Kanälen, sondern um einen Dialog auf Augenhöhe über die Bedeutung der Marke im Leben der eigentlichen Sinn-Erzeuger und der Möglichkeit für die Konsumenten, Teil eines größeren Ganzen zu werden. Durch die Vernetzung der Marke mit mehreren an der „Mitarbeit" interessierten Konsumenten entsteht dabei idealerweise eine kollektive „Schwarm-Intelligenz", mit der die Marke besser durch die Komplexität gesteuert werden kann als von einzelnen Marketeers. Der gemeinsam definierte Markenkern wird dann vergleichbar mit dem Schöpfungsmythos einer Religion zum verbindenden und von anderen differenzierenden Element der „Glaubens"-Gemeinschaft.

Ein solch radikales Vorgehen wirft natürlich einige Fragen auf, die ich hier nur anreißen kann und deren Beantwortung nur die wagen können, die sich im Sinne des Summativen Marketing auf den Weg gemacht haben.

Was passiert, wenn man die Konsumenten am Entwurf der Marke, ihren Kernwerten und ihrer zukünftigen Ausrichtung (Vision) beteiligt? Wird die Marke dann authentischer, attraktiver und bindet treuere Kunden an sich? Oder verliert sie dabei ihr Gesicht?
Zunächst einmal besteht durch die Einbeziehung möglichst vieler Stakeholder der Marke und ihrer jeweils anderen Perspektive die Möglichkeit, den im Marketing überstrapazierten Begriff der „360 Grad-Perspektive" wieder vom Kopf auf die Füße zu stellen. Denn je mehr Perspektiven aus der Sicht des Marketeers auf „meine" Marke in den Pro-

zess der Markenführung eingehen, umso eher habe ich die Möglichkeit, ein wirklich umfassendes und damit realistisches 360-Grad-Bild „meiner" Marke zu bekommen. Und hier geht es ausdrücklich nicht um eine alte oder neue Form von Marktforschung, da beim Summativen Marketing im Gegensatz zur Marktforschung eine aktive Beteiligung der Konsumenten an der Marke angestrebt wird. Summatives Marketing kann darüber hinaus zu einer Erhöhung der Glaubwürdigkeit der Marke führen, denn nur, wenn sich Menschen ernst genommen fühlen, beteiligen sie sich als Markenbotschafter aktiv an der Verbreitung der Marken-Bedeutung. Es handelt sich dann in Anlehnung an den Slogan des Ideen-Portals TED um „Brands worth spreading".

Wer macht da mit? Und warum?
Es ist sehr wahrscheinlich, dass dabei vor allem diejenigen teilnehmen, die sich stark mit der Marke identifizieren, d.h. der Teil der Konsumenten, der schon aktuell Fan und Markenbotschafter ist. Für diese ist es vermutlich belohnend genug, ein noch engerer Teil ihrer „Markenfamilie" werden zu können. Man sollte extrinsische Belohnungen, vor allem Geld, unbedingt vermeiden, da der Antrieb zur Mitarbeit ein intrinsischer sein sollte. Unverhoffte Prämien beispielsweise nach Abschluss eines bestimmten Projekts sollten dagegen unbedingt erfolgen.

Die Gefahr radikaler Veränderungen am Markenkern sind beim Summativen Marketing eher gering, da diese „Mitarbeiter" schon eine hohe Passung zwischen ihren persönlichen Werten und den wichtigsten Markenwerten haben, sodass sie eher konservativ sein werden. Einzelne Extrempositionen werden außerdem vermutlich schon von der Gruppe korrigiert oder lassen sich durch Mehrheitsentscheidungen leicht aussteuern.

Hinzu kommt, dass diese Mitarbeiter aus ihrer langjährigen „Marken-Geschichte" heraus sehr viel über die Marke wissen. Dieser bewusste und unbewusste Schatz an Wissen kann also gehoben werden.

Wie macht man das?
Ähnlich wie bei Prozessen zur (Weiter-)Entwicklung einer Corporate Identity geht es zunächst einmal um das Zusammenstellen möglichst heterogener Teams (Diversität), in denen alle Stakeholder der Marke ihre Perspektive einbringen können („360-Grad"). Hier kann man, wenn man erst einmal kleiner und weniger offen beginnen möchte, mit der Vernetzung innerhalb des Unternehmens starten, denn schließlich können etwa auch Controller oder Lageristen gute Ideen für das Marketing haben. Dabei entsteht ganz nebenbei ein besseres Verständnis der Beteiligten füreinander, sodass Summatives Marketing auch noch einen Beitrag zur Weiterentwicklung der Corporate Identity leisten kann.

Sobald man externe Stakeholder hinzuziehen möchte, steigt natürlich die Komplexität, sodass man über softwaregesteuerte Lösungen nachdenken sollte. Kruse beschreibt in seinem Buch „Management von Instabilität mit nextexpertizer und nextmoderator zwei von seinem Unternehmen entwickelte Tools, die bei solchen Gruppenprozessen sehr hilfreich sein können.

Es gibt aber inzwischen auch Open-Source-Software wie Liquid Feedback (LQFB), die bereits von der Piratenpartei und dem IT-Unternehmen Synaxon AG als Instrument zur

Initiierung, Entwicklung und Abstimmung von Ideen oder Veränderungsvorschlägen genutzt wird.

Das Recruiting von Konsumenten kann problemlos durch einen Aufruf zur Mitarbeit über die vom Unternehmen genutzten Social Media-Kanäle gelingen. Dabei sollte keine Vorauswahl durch das Unternehmen erfolgen, selbst wenn die Gefahr besteht, dass einige Konsumenten „nur mal gucken wollen, was da passiert". Personen, die kein ernsthaftes Interesse haben, werden relativ schnell wieder aussteigen, und Personen, die der Marke vielleicht sogar schaden wollen, werden durch die „Selbstheilungskräfte" der Gruppe sehr schnell an den Rand geschoben, ohne dass das Unternehmen eingreifen muss. Außerdem sehen Systeme wie Liquid Feedback „Mindestwahlbeteiligungen" vor, sodass Vorschläge, die keine ausreichende Mehrheit finden, gar nicht erst verhandelt werden. Man sollte vielleicht den Zugang zu wichtigerem Wissen erst nach einer gewissen Konsolidierungsphase ermöglichen. Aber auch hier gilt, dass die Beteiligung grundsätzlich jederzeit möglich sein muss.

Die Ausgangs- bzw. Ansatzpunkte für Summatives Marketing können je nach Marke, ihrer Stellung im Lebenszyklus oder der aktuellen Situation sehr unterschiedlich sein. So liegt der Fokus bei der Ideenentwicklung für neue Angebote auf anderen Dingen als bei der Problematik, bei einem Launch die Einzigartigkeit des Angebots (USP) zu kommunizieren. Bei einem Start-Up-Unternehmen bilden vermutlich die Gründungsstory und damit die Kernwerte des Gründers den Ausgangspunkt aller Überlegungen der markenführenden Gruppe. Beim Relaunch oder der Weiterentwicklung schon bestehender Marken kann es natürlich auch passieren, dass man sich von Werten verabschieden muss. Durch die aktive Beteiligung möglichst unterschiedlicher Stakeholder kommt es in jedem Fall zu einer summativen Wertschöpfung, da am Ende des Prozesses durch die gemeinsame Arbeit die Markenwerte emergieren. Das Ergebnis ist für andere Konsumenten vermutlich wesentlich attraktiver, als die auf von wenigen Insidern auf der Basis von Marktforschung auf dem „Reißbrett" entwickelten Markenvisionen.

In Ausnahmefällen kann es natürlich auch dazu kommen, dass zentrale Werte des Unternehmensgründers verschwinden, wie es dem Gründer der Synaxon AG ergangen ist (vgl. Brand Eins 6/12), dem die aktive Pflege des Firmenblogs durch alle Mitarbeiter so wichtig war, dass er alle Mitarbeiter verpflichtete, halbjährlich eine bestimmte Anzahl an Blogeinträgen zu verfassen. Im firmeneigenen Liquid-Feedback-System, in dem die Mitarbeiter anonym Initiativen zur Abstimmung stellen können, wurde die Blogregel durch einen Mehrheitsbeschluss gekippt. Der Vorstand – und das ließe sich auch auf die Marketeers im Unternehmen übertragen – besitzen ein Vetorecht, d.h. Vorschläge, die den Bestand des Unternehmens bzw. der Marke substanziell gefährden, können gestoppt werden. Insofern ist alles erlaubt, was das System nicht kaputt macht. Aber daran haben identifizierte Mitarbeiter, ob inner- oder außerhalb des Unternehmens, sowieso kein Interesse.

Besonders leicht haben es bei der Veränderung von Werten natürlich Marken wie etwa Virgin, die in völlig unterschiedlichen Geschäftsfeldern, in diesem Falle Fluggesellschaft, Musik-Label, Einzelhandel etc., unterwegs sind und dadurch schon einen mehrdeutigen (polyvalenten) Markenkern haben. Wobei gerade beim Beispiel Virgin der exzentrische Unternehmensgründer Richard Branson mit seiner eigenen Polyvalenz in gewisser Weise den Markenkern seines Unternehmens exemplarisch verkörpert. Außerdem folgt Virgin vermutlich bewusst dem archetypischen Muster des Rebellen und Outlaw und erzählt diese Geschichten konsequent weiter. Der schon mehrfach zitierte Tim Leberecht hält dieses Fehlen eines stabilen Markenkerns sogar für einen Überlebens- bzw. Wettbewerbsvorteil in den heutigen Märkten, da es der Marke ermöglicht, sehr flexibel auf Veränderungen zu reagieren und sie dabei ggf. sogar leichter ihr „Gesicht" verändern kann: „Eine sehr flexible Marke ist multipolar, mit mehreren Schwerkraftzentren. Heute weiß, morgen schwarz. Sie ist einem lebendigen Organismus mit mehreren Gehirnen vergleichbar, aber diese bewegen ihn in dieselbe Richtung, wie einen Schwarm Vögel oder einen Fischschwarm." (vgl. „Schwarm-Intelligenz")

Was macht der Marketeer?

Das Wichtigste für den Markenverantwortlichen ist zunächst einmal die Bereitschaft, die Marke loszulassen und es ihr dadurch zu ermöglichen, aus dem behüteten „Nest" herauszukommen und „flügge" zu werden. Ganz eng hängt damit der Begriff „Vertrauen" zusammen. Vertrauen ist der Anfang von allem, hat die Deutsche Bank einmal gesagt. Und Vertrauen ist der größte Energiesparer der Welt, denn wenn ich etwa Aufgaben vertrauensvoll delegiere, muss ich keine weitere Energie in die Kontrolle dieser Aufgabe stecken, da sie ja jetzt in meinem Sinne erledigt wird.

Der Marketeer sollte also in mehrerer Hinsicht Vertrauen üben.

- Er sollte darauf vertrauen, dass die mit ihm an der Markenführung beteiligten Konsumenten mit „seiner" Marke verantwortungsvoll und nachhaltig umgehen.
- Außerdem sollte er auch „seiner" Marke vertrauen. Er sollte davon überzeugt sein, dass sie mit ihrer Identität so attraktiv ist, dass sich Menschen gerne mit ihr verbinden wollen und dass sie insofern für viele Konsumenten attraktiv und anschlussfähig ist.
- Als Drittes muss der Marketeer auch sich selbst vertrauen, d.h., er sollte auf der Basis seines bewussten und intuitiven Wissens über die Marke seine eigene Vision für die Marke haben und diese auch mit Leidenschaft vertreten, natürlich ohne diese Vision zu einem Dogma zu machen. Denn „Souveränität ist das Privileg, nicht Recht haben zu müssen", wie es der Kreativitätsforscher Edward de Bono einmal formulierte. Erst dann kann er als Teil der kollektiven Intelligenz gemeinsam weise Entscheidungen zum Wohle der Marke treffen.

Die Verantwortung für die Marke verbleibt beim Marketeer, da sie sich nicht an die Gruppe abgeben lässt, d.h., er muss Vorschläge bewerten, ggf. eigene Mehrheiten für seine Ideen „organisieren" oder sogar von einem möglichen Vetorecht Gebrauch machen. Letzteres sollte aber sehr sparsam dosiert werden, da sich ansonsten die Konsumenten als freiwillige Mitarbeiter schell ausgenutzt fühlen und sich zurückziehen werden.

Risiken und Nebenwirkungen

Auch diese möchte ich natürlich nicht verschweigen. Ob das Konzept auf alle Märkte anwendbar ist, kann ich natürlich nicht sagen. Die Umsetzung von Summativem Marketing fällt Unternehmen, die schon eine Marke mit einer gewissen „Strahlkraft" und dadurch über eine „Fangemeinde" verfügen, sicherlich leichter, aber selbst bei Wasch-, Putz- und Reinigungsmitteln wird es Menschen geben, die sich enger mit der Marke verbinden möchten.

Man muss eigenes Markenwissen abgeben, um an neues Markenwissen zu gelangen. Insofern gibt es ein Geheimhaltungsproblem, inwieweit man den Konsumenten und eventuell auch den Konkurrenten seine Marken-DNS offenlegt. Da muss man mit Sicherheit abwägen, wie weit man im Summativen Marketing gehen möchte.

Auch beim Summativen Marketing kommt man nicht um Führung herum. Und dies ist in offenen, sich selbst organisierenden Systemen natürlich nicht so leicht wie in hierarchisch organisierten Strukturen. Außerdem kann es sein, dass Prozesse durch die Notwendigkeit, die Gruppe zu überzeugen, länger dauern. Wer je mit Großunternehmen zu tun hatte, weiß aber auch, dass dort Entscheidungen durch die Anzahl der Hierarchiestufen auch nicht wirklich schnell getroffen werden.

Loslassen kann schmerzhaft sein, wie alle Eltern, deren Kinder aus dem Haus gegangen sind, schnell bestätigen werden. So muss man sich unter Umständen von Werten verabschieden, an denen beispielsweise der Gründer des Unternehmens hängt.

▶ Das zukünftige Überleben von Marken hängt von der Fähigkeit zu flexiblem Navigieren in komplexen Systemen ab.

Meine Ausführungen zu den drei Faktoren Komplexität, Vernetzung und Sozialität und die dadurch veränderten Rahmenbedingungen für das Marketing zeigen, dass neue Wege beschritten werden müssen. Ein möglicher Weg ist Summatives Marketing, da das sich-selbst-organisierende Kollektiv im 21. Jahrhundert anpassungs- und damit überlebensfähiger ist als die „Super-Egos", die ihre eigene Weltsicht absolut setzen.

Henrique da Rosa

Die Macht der Gewohnheit führt auch in diesem Buch dazu, dass einige Beiträge mit dem Begriff der Zielgruppe arbeiten. Dieser impliziert, dass Unternehmen ihre Produkte und Marken an Verbraucher richten. Und zwar ohne dass Letztere eine aktive Rolle spielen. Zielgruppen wären demnach passive Empfänger von Gütern und natürlich auch von Werbebotschaften.

Spätestens seit dem Cluetrain Manifest aus dem Jahr 2000 hat diese Vorstellung deutliche Risse bekommen. Denn „Märkte sind Gespräche", ein Geben und Nehmen zwischen Unternehmen und Konsumenten, wie es in der ersten von 95 Thesen des Manifests heißt.

Dennoch fällt vielen Entscheidern der Abschied von Marketing und Markenführung als exklusiv von Unternehmensseite aus gesteuerten Prozessen schwer. Denn er geht mit der Sorge einher, die Kontrolle über das womöglich wertvollste Gut an die Verbraucher abzugeben, das viele Unternehmen besitzen: ihre Marken.

Dabei sollte Markenverantwortlichen spätestens seit Hans Domitzlaffs Handbuch der Markentechnik bewusst sein, dass Markenbildung in der Psyche der Verbraucher stattfindet.

> Unternehmen besitzen Marken daher niemals allein, weil sie soziale Phänomene sind. Sie hätten ohne die Bedeutung, die ihnen Verbraucher zuweisen, keinerlei Wert. Weder für Unternehmen, noch für Konsumenten.

So gibt es zahlreiche Markenartikler, die diesem Umstand mit Unbehagen ins Auge blicken und es als riskant erachten, Konsumenten aktiv an der Entwicklung ihrer Marken teilhaben zu lassen. Und doch wächst die Anzahl derer, die angefangen haben, mögliche Chancen auszuloten, die mit einem solchen Vorgehen verbunden sind. Diese Unternehmen haben längst damit begonnen, ihre Kunden in verschiedene Gestaltungsprozesse einzubinden, die die Bedeutung von Marken prägen.

Grob betrachtet lassen sich bei der Entwicklung, Verbraucher in die Marketingaktivitäten der Unternehmen einzubinden, zwei Stoßrichtungen beobachten:
- Massen-Individualisierung von Produkten (mass customization) und
- Partizipation (Co-Creation) in den Bereichen Marketing und Kommunikation.

Zwar gibt es für beide Richtungen prominente Beispiele, die weit vor dem Siegeszug des World Wide Webs realisiert wurden. Es steht jedoch völlig außer Frage, dass das Web 2.0 den Austausch mit Konsumenten drastisch beschleunigt hat. Die Bezeichnung „Mitmachweb" für das Internet bringt dies sehr plakativ auf den Punkt.

Massen-Individualisierung von Produkten (Mass-Customization)

Die westlichen Kulturen teilen allen Unterschieden zum trotz einen Wert, der das Verhalten vieler Verbraucher in zahlreichen Konsummärkten motiviert: Individualität. Der Wunsch, sich von der Masse abzuheben, treibt die Entwicklung und die Trends ganzer Märkte, die im weitesten Sinne Lifestylebedürfnisse befriedigen. Individualität ist der Treibstoff, der vom Auto über Mode bis hin zur Zigarette Milliardenwerte bewegt.

Marken, die die Individualität ihrer Nutzer betonen, haben, wie gesagt, schon lange vor dem Internet von diesem Bedürfnis profitiert. Doch die wenigsten haben frühzeitig erkannt, dass die Massen-Individualisierung ihrer Produkte eine ertragreiche Möglichkeit bietet, Kunden an sich zu binden.

Beispiel Harley-Davidson

Harley-Davidson zählt sicherlich zu den ersten Unternehmen, die aus der Massen-Individualisierung Kapital geschlagen haben. Der erste Antrieb hierzu kam wahrscheinlich von den Bikern selbst. Eingefleischte Harley-Fans fingen nämlich an, ihre Motorräder optisch und mechanisch zu „frisieren", sodass das Unternehmen im Laufe der Zeit den Bedarf erkannte und so genannte Custom Parts für seine Motorräder anbot. Teile also, die nachträglich aus jeder x-beliebigen Harley eine individuelle Harley machen konnten.

Die vom Unternehmen initiierte Harley Owners Group ist der, mit 300.000 Mitgliedern in knapp 1.000 lokalen Abteilungen, größte Motorradclub der Welt. Der Club bildet gewissermaßen die Herzkammer des Markenmythos Harley, da er vom Unternehmen als Plattform für Events und Rallyes, aber auch als wichtige Feedback-Schleife genutzt wird. In gewisser Weise werden bei Harley die Konsumenten schon im Sinne eines Summativen Marketings an der Markenführung beteiligt, denn sie verkörpern und verbreiten mit ihrem way of life, „Live to ride, ride to live", die Kernwerte der Marke Harley-Davidson: Freiheit, Abenteuer, Individualität und Patriotismus (vgl. dazu Batey, 2008).

„Der Mythos Harley-Davidson ist untrennbar mit dem Biker-Mythos verbunden." Mark Batey, Autor von Brand Meaning

 Großes Potenzial dank des World Wide Web.

Da das Prinzip der Massen-Individualisierung große Stückzahlen voraussetzt, um für Anbieter und Kunden bezahlbar zu bleiben, bietet das World Wide Web mittlerweile eine hervorragende Basis, dem Wunsch nach Individualität nachzukommen und gefühlt jedem Verbraucher sein persönliches Unikat anzubieten.

Beispiel Nike

NikeID zum Beispiel ist eine Plattform, auf der Kunden sich aus einer Vielzahl von Optionen „ihren" ganz persönlichen Sneaker kreieren können, der wahlweise sogar ihre Initialen trägt. Berichten aus dem Jahr 2011 zufolge arbeitet ein Wettbewerber sogar daran, sein Individualisierungsangebot in die eigenen Flagshipstores zu integrieren. Der Kunde könnte so nicht nur seinen eigenen Schuh designen, sondern dabei zuschauen, wie er vollautomatisch produziert wird.

Beispiele LEGO und Heinz

Selbst eher konservative Unternehmen wie LEGO oder Heinz sind auf diesen Zug aufgesprungen und bieten ihren Kunden verschiedene Angebote zur Individualisierung ihrer Produkte an.

LEGO nutzte hierfür mit dem „LEGO Digital Designer" eine 2004 eingeführte Software, die auf der Unternehmenswebsite als Download angeboten wurde. Damit wurden die Nutzer in die Lage versetzt, ihre eigenen LEGO-Modelle in 3D erstellen und eine entsprechende Verpackung zu kreieren. Diese konnten sie dann bei „LEGO Design byMe" bestellen und dort auch der weltweiten Marken-Community präsentieren. Im Januar 2012 nahm LEGO dieses Angebot vom Netz. Eine Überarbeitung ist angekündigt, die im Juli 2012 jedoch noch auf sich warten lässt.

Heinz Ketchup ermöglicht seinen Kunden in Deutschland die Individualisierung der Flaschenlabel, indem der Schriftzug „Heinz" und die Bezeichnung der Soße zum Beispiel durch den eigenen Namen oder eine Botschaft ersetzt werden können. Die individuellen Flaschen können sowohl im Rahmen einer flächendeckenden Promotion am POS bedruckt und gekauft oder online über die deutsche Facebook Fanpage bestellt werden.

In anderen Bereichen, wie z.B. dem Automobilmarkt, ist die Möglichkeit der Individualisierung längst Standard. Wageninnenraum und Karosserie können nach vielfältigen Wünschen bis hin zum farblich abgesetzten Dachbogen eine ganz persönliche Note erhalten.

All diese Beispiele, bei denen Produkt- oder Verpackungsgestaltung den Verbrauchern zumindest ein Stück weit geöffnet werden, treffen allem Anschein nach auf großes Interesse. Die Kehrseite der Massen-Individualisierung ist jedoch, dass das Marktpotenzial noch größer ausfallen dürfte, wenn die individuellen Designs allen potenziellen Kunden offen stünden.

Partizipation (Co-Creation)

Im Gegensatz zur Massen-Individualisierung von Produkten stellt die Partizipation von Kunden an Marketing- und Kommunikationsprozessen eine Art des Schulterschlusses zwischen Unternehmen und Kunden dar, der sich nicht an den einzelnen Kunden und sein Bedürfnis nach Individualität richtet. Im Idealfall führt Partizipation die besonderen Fähigkeiten der Unternehmen mit denen ihrer treu ergebenen Kunden zusammen, um sie allen potenziellen Zielgruppen zu öffnen. In diesem Licht erscheint uns die Bezeichnung Summatives Marketing für dieses Ideal als besonders passend.

Genau wie bei der Massen-Individualisierung von Produkten reichen die ersten bekannten Beispiele von Co-Creation weit zurück, bei denen die Verbraucher nicht nur als potenzielle Kunden, sondern als schöpferische Kraft für Unternehmen gewirkt haben.

Beispiel Toyota

So gehen der Name Toyota und das erste Logo der Marke auf einen Prozess zurück, den man heute als Crowdsourcing bezeichnen würde. 1936 suchte die damalige Toyoda Automatic Loom Works Ltd. eine Markenbezeichnung und ein Marken-Signet für ihr erstes Automobil. Der Aufforderung an die Öffentlichkeit, dem Unternehmen Vorschläge zu unterbreiten, folgten zwischen mehreren hundert und weit über 10.000 Einreichungen, je nachdem, welchen Berichten man mehr Glauben schenkt.

Während der Name bis heute geblieben ist, wurde das damals ausgewählte Logo 1989 durch das aktuelle abgelöst.

Seither hat Toyota immer wieder den Schulterschluss mit seinen Kunden gesucht. Als der Autobauer aufgrund einer Unfallserie in den USA in die Negativschlagzeilen geriet, begegnete Toyota 2010 dem drohenden Vertrauens- und Imageverlust zum Beispiel mit einer Kampagne auf Facebook. Toyota-Fahrer sollten dort ihre Erfahrungen in Form von „Auto-Biografien" einreichen. Am Ende kamen weit über 5.000, zum Teil sehr persönliche, Einreichungen zusammen.

Acht dieser Geschichten dienten im weiteren Verlauf der Krisen-Kampagne als Vorlage für Werbefilme. Sie erreichten teils über das Internet, teils durch das Fernsehen ein Publikum, das weit über die eigenen Facebook-Fans hinausging. Vor allem aber berührten die so erzählten, persönlichen Geschichten viele Menschen dank ihres außergewöhnlichen Maßes an Authentizität. Was sich als wirksame Maßnahme erwies, um Kunden an die Volumenmodelle Corolla und Camry zu binden und den wegen der kritischen Berichterstattung drohenden Verlust von Marktanteilen einzudämmen.

Beispiel Snapple

Schon in den 1990er-Jahren ging die aus den USA stammende Softdrink-Marke Snapple einen gewaltigen Schritt weiter.

Gleich, ob schräge Produkt- oder Verpackungsideen – Snapple war grundsätzlich für alle Anregungen offen, die sogar zum festen Bestandteil des Kampagnenkonzepts wurden. In den bis heute populären Werbespots verlas „Wendy from Snapple" hinter dem Empfangsschalter sitzend eine von wöchentlich über 2.000 Zuschriften, die oft originelle Videos, Songs, Artwork oder sonstige Huldigungen an Snapple enthielten.

Das Unternehmen ließ sich ohne Wenn und Aber auf diesen gemeinsamen Schaffensprozess mit den Markenfans ein, ohne dabei auch nur einmal Marktforschung zu bemühen, um das Floprisiko zu reduzieren. Snapple schreckte nicht einmal davor zurück, wenn es um exotisch anmutende Geschmacksvarianten wie zum Beispiel „Ralph's Cantaloupe Cocktail" ging. Eine Variante, die natürlich auch vom Konterfei des Urhebers geziert wurde.

All das differenzierte Snapple nicht nur von Wettbewerbern wie Coca Cola und Pepsi. Die Marke eroberte die Herzen der Amerikaner im Sturm. Betrug der Umsatz des Unternehmens 1989 gerade mal 24 Millionen US-Dollar, so kletterte er bis 1994 auf über 700 Millionen.

Führende Marken lernten schnell dazu und etwa 25 Jahre später mischen viele große Marken im Bereich co-creativer Maßnahmen mit, die sich von klar begrenzten Teilbereichen bis hin zur partizipationsorientierten Kampagne erstrecken. Auch in Deutschland.

Die Liste der Unternehmen und Marken, die hierin ihre Chance sehen, liest sich wie das Who is Who der Schwergewichte. Coca Cola, Danone, Doritos, Heineken, McDonald's und Starbucks sind nur einige Namen, die in diesem Zusammenhang genannt werden können.

Beispiel Coca Cola

Bei Coca Cola fällt auf, dass co-creative Maßnahmen meist mithilfe von Crowdsourcing-Spezialisten wie MoFilm realisiert werden. Das hat zur Folge, dass solche co-creativen Prozesse nur für einen bestimmten Teilnehmerkreis mit bestimmten Fähigkeiten geöffnet werden. Der durchschnittliche Verbraucher hat hier in der Regel keinen Zugang.

Beispiele hierfür finden sich sowohl auf Länder- als auch auf globaler Ebene. So richtete Coca Cola 2009 in Singapur einen Videoanimations-Wettbewerb für Coke Zero aus. Bis September 2012 läuft weltweit die Coke Zero Short Film Competition.

Neben der Content-Generierung für Werbefilme liegt ein weiterer Schwerpunkt der co-creativen Maßnahmen im Bereich Design. David Butler, Coca Colas Global Vice President of Design, signalisiert quasi von höchster Stelle, dass zum Beispiel Designwettbewerbe, wie sie derzeit in Deutschland um die Neugestaltung des Mehrweg-Kastens ausgerichtet werden, fester Bestandteil der Geschäftspolitik des Unternehmens sind: „Was wir in Deutschland tun, ist bezeichnend für die Zukunft, es ist Teil dessen, wie wir in Zukunft arbeiten werden."

Beispiel Doritos

Die Kartoffelchips-Marke aus den USA tritt seit Jahren direkt an ihre Kunden bzw. Markenfans heran, um aus diesem Kreis Ideen für neue Werbespots zu gewinnen. Seit 2007 gebührt dem Siegerbeitrag eine besondere Ehre: Der professionell produzierte Spot wird in den Werbepausen des Superbowl gezeigt. Es erreicht somit ein Publikum, das regelmäßig die 100 Millionen Grenze überschreitet.

Indem Doritos die Beiträge seiner Markenfans zum Kernstück seiner Kampagnen macht, die unter dem Motto „Crash the Superbowl" laufen, nutzt das Unternehmen die Chance, die Beziehung zu seinen Konsumenten zu vertiefen.

Die Attraktivität dieses einem unbegrenzten Teilnehmerkreis zugänglichen Partizipationsprozesses liegt in der enormen Aufmerksamkeit, die die Kampagnen bereits Monate vor dem Superbowl schaffen und die noch lange nach dem Superbowl anhält.

Die mittlerweile auf 2.000 Einsendungen kommende Crowdsourcing-Kampagne zieht nicht zuletzt deshalb so viel Interesse auf sich, weil Doritos 2009 den Reiz für die aktive Teilnahme noch weiter gesteigert hat.

Der Siegerbeitrag erhält nämlich ein Preisgeld von einer Millionen US-Dollar, wenn der Werbespot im von der Tageszeitung USA Today erhobenen Ad Meter den ersten Platz für den beliebtesten Spot belegt.

Wenn es dann wie im Jahr 2009 auf Anhieb zwei Glückliche trifft, die arbeitslos und durch ihre kreative Idee zu Geld gekommen sind, gibt das der durch PR-Maßnahmen angetriebenen Nachberichterstattung zusätzlichen Schub. Genauso wie dem Umsatz, der Doritos zufolge um 16 Prozent im Vergleich zum Vorjahr anstieg.

Beispiel McDonald's

2012 hat McDonald's in Deutschland eine Kampagne durchgeführt, die von dem Unternehmen ebenfalls als großer Erfolg dargestellt wird. Bei der „Mein Burger Kampagne" wurden die Kunden aufgerufen, auf „www.mcdonalds.de/mein burger" ihren eigenen Burger zu kreieren. Da die Internet-User das Produkt nicht frei erfinden, sondern aus einer gewissen Anzahl vorgegebener Möglichkeiten zusammenstellen konnten, war bei diesem Crowdsourcing-Ansatz bei Weitem nicht so viel Kreativität gefragt wie bei Doritos.

Dennoch liegt vielleicht genau hier der Grund für die hohe Reichweite der Kampagne: 1,5 Millionen Websitebesucher wählten aus insgesamt 116.000 eingereichten Burger-Varianten den Sieger-Burger aus. Der später in den Restaurants erhältliche „Pretzenator" war laut Fallstudie von Razorfisch (http://prexamples.com/2012/05/great-case-study-mcdonalds-crowdsourcing-pr-campaign-delivers-tasty-financial-results/) ein voller Erfolg, der durch eine erhöhte Zahl an Restaurantbesuchern und einem gestiegenen Umsatz im Kampagnenzeitraum abgerundet worden sei.

Es gibt auch Negativbeispiele

Die wenigen genannten Beispiele, in denen Unternehmen ihren Kunden Gestaltungs-
möglichkeiten im Bereich Produkt, Design oder Werbung einräumen, dürfen nicht darüber hinwegtäuschen, dass es auch Beispiele gibt, bei denen dies nicht so gut gelungen
ist.

In diesem Zusammenhang lassen sich Aktionen wie die von The Gap im Jahr 2010
nennen, als das Unternehmen sein Logo neu gestalten wollte. Fiel die erste, vom Unternehmen im Internet offiziell präsentierte Variante, bei den Befragten eindeutig durch,
löste der nachfolgende Aufruf von The Gap an die Internetuser, kostenlos eigene Entwürfe zu unterbreiten, einen noch heftigeren Sturm der Entrüstung aus.

In Deutschland dürfte vielen noch ein Fallbeispiel aus dem Jahr 2011 in Erinnerung
sein, als die Labelgestaltung für eine limitierte Auflage des Spülmittels Pril im Mittel-
punkt einer Aktion auf Facebook stand. Als die Marke die Notbremse zog, weil sich für
den Handel kaum akzeptable Entwürfe durchzusetzen drohten, zogen auch hierzulande
viele entrüstete User über das Vorgehen der Marke her.

Die Möglichkeiten sind vielfältig

Gleich welcher Weg bei der gemeinsamen Wertschöpfung von Unternehmen und Kunden beschritten wird – Individualisierung oder Co-Creation –, Summatives Marketing
kann vor allem im Bereich der Co-Creation sehr unterschiedliche Ansatzpunkte haben.

Die genannten Beispiele belegen, dass Unternehmen einerseits immer stärker auf
contentlastige Beiträge setzen, die von ihren Kunden beigesteuert werden. Andererseits
geht es um gestalterische Fragestellungen, die vom Namen über die grafische Gestaltung
von Logos und Verpackungen bis hin zur Gestaltung einzelner Produkte reichen.

Die im Beitrag Integriertes Marketing enthaltenen und weiter gehenden Erkenntnisse
über partizipationsorientierte Kampagnen zeigen jedoch auch die Grenzen solcher Kampagnen auf. Inwieweit McDonald's in Deutschland mit „Mein Burger" oder Doritos in
den USA neue Kunden für sich begeistern konnten, bleibt nämlich unklar.

> ▶ **Klar ist jedoch, dass diese Marken zumindest ihre bestehenden Kunden mit
> solchen gelungenen Maßnahmen an sich binden und darüber hinaus eine Menge
> Aufmerksamkeit erhalten.**

Und dass Marken wie Coca-Cola, Doritos oder McDonald's für viele andere Vorbildcha-
rakter haben, dürfte allen Vorbehalten zum Trotz dafür sorgen, dass uns in Zukunft noch
weitaus konsequentere und umfassendere Spielarten des Summativen Marketings erwarten. Snapple lässt grüßen!

Ist Summatives Marketing praktisch umsetzbar?

Die meisten der oben genannten Beispiele können wohlwollend als Vorstufe des Summativen Marketings bezeichnet werden. Denn sie zeichnen sich durch einen klar be-

grenzten Spielraum aus, der den Markenfans bei der Einflussnahme auf die Marke eingeräumt wird. Eine Mitbestimmung bei der Vision oder den Kernwerten der genannten Marken ist dort jedoch nicht zu erkennen.

Das Beispiel Snapple bildet jedoch eine bemerkenswerte Ausnahme. Die Gründer von Snapple waren aus Sicht der Verwender und der großen Wettbewerber Coca Cola und PepsiCo (Marketing)-Amateure, die das Schicksal ihrer Marke in die Hände ihrer Kunden legten. Genau hierin lag die Ideologie von Snapple, der Markenkern, der von einer immer größeren Kundenschar mitgetragen und mitgestaltet wurde. Insofern ist Snapple meiner Meinung nach tatsächlich ein Beispiel dafür, das Summatives Marketing mit großem Erfolg betrieben werden kann.

Skeptiker mögen nun gleich aus mehreren Gründen die Stirn runzeln. Snapple ist schließlich ein Einzelfall, der eine solche Verallgemeinerung niemals zulässt. Zudem kann man eine Marke nicht in dieser Konsequenz ihren treuen Verbrauchern anvertrauen. Dafür stehen zu hohe Marken- und vielleicht sogar Börsenwerte auf dem Spiel.

Diesen Skeptikern möchte ich entgegenhalten, dass eine solche Vernichtung von Markenwert bei Snapple tatsächlich eingetreten ist. Nach dem Verkauf von Snapple an Quaker Oats zog 1994 ein nach unseren Maßstäben professionelles Marketing ein, das die Marke ihren Fans wieder entriss. Und damit eine Talfahrt in Gang setzte, die den Markenwert von Snapple quasi pulverisierte und Quaker Oats zum Verkauf an PepsiCo zwang, mit dem tatsächlich ein Milliardenverlust einherging.

Dennoch sind wir aus meiner Sicht noch weit davon entfernt, Summatives Marketing in der Praxis als Standardvorgehensweise zu begegnen. Die Gründe dafür sind vielfältig.

Organisatorische Gründe fallen hierbei wohl am wenigsten ins Gewicht. Unternehmen wie Starbucks zeigen bereits seit geraumer Zeit, dass es durchaus praktikabel ist, Verbesserungsvorschläge von vielen tausend Markenfans und Franchisern über eigens eingerichtete Blogs zu erfassen, auszuwerten und dann auch umzusetzen.

Gero Wendt sieht aber eine andere Problematik, die im heutigen Hyperwettbewerb fatal sein kann: Ein derart tief gehender Austausch mit Markenfans, wie er im Rahmen des Summativen Marketings erforderlich ist, kann bis zu einer Richtungsentscheidung viel Zeit kosten. Möglicherweise zu viel Zeit.

Summatives Marketing muss daher von Anfang an in Unternehmen und Marken angelegt sein.

Die Führung bestehender Marken ihren einflussreichsten Verwendern zu öffnen, verlangt nach einer sehr offenen Unternehmens- und Managementkultur, zu der auch selbstverständlich das „Loslassen" gehört. Eine solche Vorgehensweise entspräche für die meisten Markenartikler in Deutschland einer Revolution, die derzeit noch utopisch erscheint.

Anders dagegen sieht es bei jungen Unternehmen oder Marken aus, die ihr Geschäft um eine Überzeugung herumbauen, die von potenziellen Kunden von Anfang an geteilt und mit Begeisterung mitgetragen wird. Diesen Unternehmen steht Summatives Marketing als Zukunftsoption offen.

⯈ **Junge Unternehmen können Summatives Marketing zu einem Teil ihres Schöpfungsmythos machen, zu einem Teil ihrer Daseinsberechtigung oder zu einem USP für eine neue Generation von Herausforderern, die „let's share" eben nicht mehr nur auf den Sharholder Value beziehen.**

Vom Zeitalter des „Chief Executice Customers", das IBM kürzlich in Anzeigen ausrief, sind wir noch weit entfernt. Dennoch zeichnet sich ab, dass wir der Vision von Tim Leberecht kurzfristig näherkommen werden: „Angewandt auf Marken, kann soziale Intelligenz als die Kunst verstanden werden, noch die subtilsten Hinweise zur Deutung individuellen Verhaltens zu erkennen, ständig Feedback anzunehmen und sein Verhalten dementsprechend zu verändern."

Diese Vision wird aus meiner Sicht nicht vorrangig von einer neuen Generation von Unternehmen und Marken getragen werden, sondern von „Big Data" – der Möglichkeit also, die in Massenmärkten verborgenen Bedürfnisse von Menschen zu erkennen, zu analysieren und zu Mustern zu verdichten, die aus zig Millionen Interaktionen im sozialen Web, mit E-Commerce Platformen und stationärem Handel resultieren.

So wird „Big Data" womöglich die nächste Entwicklungsstufe im Marketing prägen, die von den Vorstufen des Summativen Marketings wie Massenindividualisierung und Partizipation profitieren und sich genauso wie diese als unternehmens- und managementkonforme Alternative zum Summativen Marketing etablieren wird.

Literaturtipps

- Batey, Mark: Brand Meaning, Taylor&Francis, New York 2008
- Brooks, David: The social animal, Random House, New York 2011 (auf Deutsch: Das soziale Tier, DVA München 2012)
- Christakis, Nicholas/ Fowler, James: Connected, Fischer, Frankfurt am Main 2010
- Earls, Mark: Herd. How to Change Mass Behaviour by Harnessing Our True Nature, John Wiley, Chistester 2010
- Haidt, Jonathan: The righteous mind, Allen Lane, London 2012
- Hüther, Gerald/ Spannbauer Christa: Connectedness – Warum wir ein neues Weltbild brauchen, Huber, Bern 2012
- Kruse, Peter: Management von Instabilität, Gabal, Offenbach 2004
- Scobel, Gert: Weisheit. Über das was uns fehlt, Dumont, Köln 2008
- Wilson, Edward O.: The Social Conquest of Earth, Liveright, New York 2012

Stichwortverzeichnis